古代纪历文献丛刊①

钦定协纪辨方书

[清] 允 禄 撰
闵兆才 编校

(下册)

华龄出版社

钦定四库全书·子部七
钦定协纪辨方书·术数类六（阴阳五行之属）

下册目录

钦定四库全书·钦定协纪辨方书卷二十四

钦定四库全书·钦定协纪辨方书卷二十五

钦定四库全书·钦定协纪辨方书卷二十六

钦定四库全书·钦定协纪辨方书卷二十七

钦定四库全书·钦定协纪辨方书卷二十八

钦定四库全书·钦定协纪辨方书卷二十九

钦定四库全书·钦定协纪辨方书卷三十

钦定四库全书·钦定协纪辨方书卷三十一

钦定四库全书·钦定协纪辨方书卷三十二

钦定四库全书·钦定协纪辨方书卷三十三

钦定四库全书·钦定协纪辨方书卷三十四

钦定四库全书·钦定协纪辨方书卷三十五

钦定四库全书·钦定协纪辨方书卷三十六

钦定四库全书

子部

钦定协纪辨方书卷二十四

详校官监察御史臣邱庭澍

灵台郎臣倪廷梅　复勘

总校官知县臣杨懋珩

校对官编修臣杨寿楠

誊录监生臣潘奕基

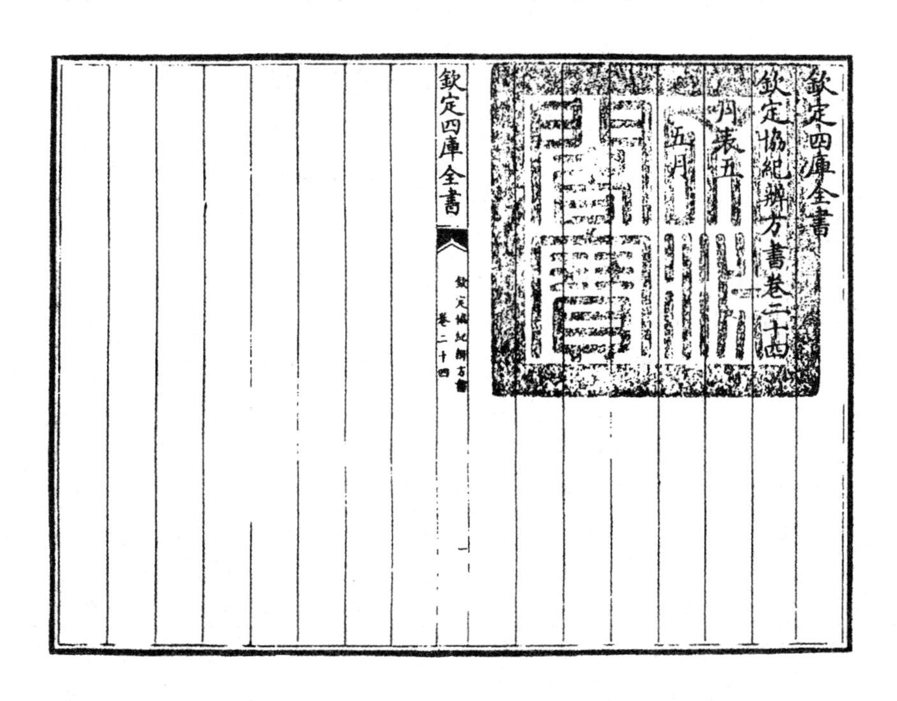
欽定四庫全書

欽定協紀辨方書卷二十四

欽定四庫全書

欽定協紀辨方書　卷二十四

钦定四库全书·钦定协纪辨方书卷二十四

月表五

五　月

五月	甲己年 建庚午	乙庚年 建壬午	丙辛年 建甲午	丁壬年 建丙午	戊癸年 建戊午

芒种五月节,天道西北行,宜向西北行,宜修造西北维。

天德在乾,月德在丙,月德合在辛,月空在壬,宜修造、取土。

月建在午,月破在子,月厌在午,月刑在午,月害在丑,劫煞在亥,灾煞在子,月煞在丑,忌修造、取土。

十五日长星,二十五日短星。

芒种后十六日往亡,夏至前一日四离。

夏至五月中,日躔在未宫为五月将,宜用艮巽坤乾时。

孟年	绿	紫	白	仲年	白	白	黄	季年	赤	碧	黑
	黑	赤	碧		白	绿	紫		黄	白	白
	白	黄	白		碧	黄	赤		紫	白	绿

甲子海中金义破日	
吉神：天恩、六仪、解神、金匮。 **凶神**：月破、大耗、灾煞、天火、厌对、招摇、五虚。	诸事不宜。

乙丑海中金制危日	
吉神：天恩、阴德、圣心、宝光。 **凶神**：月煞、月虚、月害、四击。	**宜**祭祀。 **忌**祈福、求嗣、上册受封、上表章、袭爵受封、会亲友、冠带、出行、上官赴任、临政亲民、结婚姻、纳采问名、嫁娶、进人口、移徙、安床、解除、剃头、整手足甲、求医疗病、裁衣、筑堤防、修造动土、竖柱上梁、修仓库、鼓铸、经络、酝酿、开市、立券、交易、纳财、开仓库、出货财、修置产室、开渠穿井、安碓硙、补垣塞穴、修饰垣墙、破屋坏垣、栽种、牧养、纳畜、破土、安葬、启攒。

丙寅炉中火义成日	
吉神：月德、天恩、母仓、三合、天马、天喜、天医、益后、五合、鸣吠对。 **凶神**：大煞、归忌、白虎。	**宜**上册受封、上表章、袭爵受封、会亲友、入学、出行、上官赴任、临政亲民、结婚姻、纳采问名、嫁娶、进人口、解除、求医疗病、裁衣、筑堤防、修造动土、竖柱上梁、修仓库、鼓铸、经络、酝酿、开市、立券、交易、纳财、安碓硙、栽种、牧养、纳畜、破土、安葬、启攒。 **忌**祭祀、移徙、远回、畋猎、取鱼。

丁卯炉中火义收日	
吉神：天恩、母仓、续世、五合、玉堂、鸣吠对。 **凶神**：河魁、大时、大败、咸池、九坎、九焦、血忌、往亡、复日。	**宜**祭祀。 **忌**祈福、求嗣、上册受封、上表章、袭爵受封、会亲友、冠带、出行、上官赴任、临政亲民、结婚姻、纳采问名、嫁娶、进人口、移徙、安床、解除、剃头、求医疗病、针刺、裁衣、筑堤防、修造动土、竖柱上梁、修仓库、鼓铸、经络、酝酿、开市、立券、交易、纳财、开仓库、出货财、修置产室、开渠穿井、补垣塞穴、捕捉、畋猎、取鱼、乘船渡水、栽种、牧养、纳畜、破土、安葬、启攒。

戊辰大林木专开日	
吉神：天恩、月恩、四相、时德、时阳、生气、要安。 **凶神**：五虚、九空、天牢。	**宜**祭祀、祈福、求嗣、上册受封、上表章、袭爵受封、会亲友、入学、出行、上官赴任、临政亲民、结婚姻、纳采问名、移徙、解除、求医疗病、裁衣、修造动土、竖柱上梁、修置产室、开渠穿井、安碓硙、栽种、牧养。 **忌**进人口、修仓库、开市、立券、交易、纳财、开仓库、出货财、伐木、畋猎、取鱼。

己巳大林木义闭日	
吉神：四相、王日、玉宇。 **凶神**：游祸、血支、重日、元武。	**宜**祭祀、裁衣、筑堤防、纳财、补垣塞穴、栽种、牧养。 **忌**祈福、求嗣、上册受封、上表章、袭爵受封、会亲友、出行、上官赴任、临政亲民、结婚姻、纳采问名、嫁娶、进人口、移徙、安床、解除、求医疗病、疗目、针刺、修造动土、竖柱上梁、开市、开仓库、出货财、修置产室、开渠穿井、破土、安葬、启攒。

庚午路傍土伐建日	
吉神：阳德、官日、金堂、司命、鸣吠。 **凶神**：月建、小时、土府、月刑、月厌、地火、土符。	诸事不宜。

辛未路傍土义除日	
吉神：月德合、守日、吉期、六合。 **凶神**：勾陈。	**宜**祭祀、祈福、求嗣、上册受封、上表章、袭爵受封、会亲友、出行、上官赴任、临政亲民、结婚姻、纳采问名、嫁娶、进人口、移徙、解除、沐浴、剃头、整手足甲、裁衣、修造动土、竖柱上梁、修仓库、经络、立券、交易、纳财、扫舍宇、栽种、牧养、纳畜、安葬。 **忌**求医疗病、酝酿、畋猎、取鱼。

壬申剑锋金义满日	
吉神：月空、相日、驿马、天后、天巫、福德、除神、青龙、鸣吠。 **凶神**：五虚、五离。	**宜**祭祀、祈福、上册受封、上表章、出行、进人口、移徙、解除、沐浴、剃头、整手足甲、裁衣、经络、开市、纳财、补垣塞穴、扫舍宇、破土、安葬。 **忌**袭爵受封、会亲友、上官赴任、临政亲民、结婚姻、纳采问名、安床、求医疗病、修仓库、立券、交易、开仓库、出货财、开渠。

癸酉剑锋金义平日	
吉神：民日、不将、敬安、除神、明堂、鸣吠。 **凶神**：天罡、死神、天吏、致死、天贼、五离。	**宜**沐浴、剃头、整手足甲、扫舍宇、修饰垣墙、平治道涂。 **忌**祈福、求嗣、上册受封、上表章、袭爵受封、会亲友、冠带、出行、上官赴任、临政亲民、结婚姻、纳采问名、嫁娶、进人口、移徙、安床、解除、求医疗病、裁衣、筑堤防、修造动土、竖柱上梁、修仓库、鼓铸、经络、酝酿、开市、立券、交易、纳财、开仓库、出货财、修置产室、开渠穿井、栽种、牧养、纳畜、破土、安葬、启攒。

甲戌山头火制定日	
吉神：三合、临日、时阴、天仓、不将、普护。 **凶神**：死气、天刑。	**宜**祭祀、祈福、上册受封、上表章、会亲友、冠带、上官赴任、临政亲民、结婚姻、纳采问名、嫁娶、进人口、裁衣、修造动土、竖柱上梁、修仓库、经络、酝酿、立券、交易、纳财、安碓硙、纳畜。 **忌**解除、求医疗病、开仓库、出货财、修置产室、栽种。

乙亥山头火义执日	
吉神：五富、不将、福生。 **凶神**：劫煞、小耗、重日、朱雀。	**宜**祭祀、沐浴、捕捉。 **忌**祈福、求嗣、上册受封、上表章、袭爵受封、会亲友、冠带、出行、上官赴任、临政亲民、结婚姻、纳采问名、嫁娶、进人口、移徙、安床、解除、剃头、整手足甲、求医疗病、裁衣、筑堤防、修造动土、竖柱上梁、修仓库、鼓铸、经络、酝酿、开市、立券、交易、纳财、开仓库、出货财、修置产室、开渠穿井、安碓硙、补垣塞穴、修饰垣墙、破屋坏垣、栽种、牧养、纳畜、破土、安葬、启攒。

<table>
<tr><th colspan="2">丙子涧下水伐破日</th></tr>
<tr><td>**吉神**：月德、六仪、解神、金匮、鸣吠对。

凶神：月破、大耗、灾煞、天火、厌对、招摇、四忌、七鸟、五虚、触水龙。</td><td>**宜**祭祀、沐浴。
忌祈福、求嗣、上册受封、上表章、袭爵受封、会亲友、冠带、出行、上官赴任、临政亲民、结婚姻、纳采问名、嫁娶、进人口、移徙、安床、解除、剃头、整手足甲、求医疗病、裁衣、筑堤防、修造动土、竖柱上梁、修仓库、鼓铸、苫盖、经络、酝酿、开市、立券、交易、纳财、开仓库、出货财、修置产室、开渠穿井、安碓硙、补垣塞穴、修饰垣墙、破屋坏垣、伐木、畋猎、取鱼、乘船渡水、栽种、牧养、纳畜、破土、安葬、启攒。</td></tr>
</table>

<table>
<tr><th colspan="2">丁丑涧下水宝危日</th></tr>
<tr><td>**吉神**：阴德、圣心、宝光。

凶神：月煞、月虚、月害、四击、复日。</td><td>**宜**祭祀。
忌祈福、求嗣、上册受封、上表章、袭爵受封、会亲友、冠带、出行、上官赴任、临政亲民、结婚姻、纳采问名、嫁娶、进人口、移徙、安床、解除、剃头、整手足甲、求医疗病、裁衣、筑堤防、修造动土、竖柱上梁、修仓库、鼓铸、经络、酝酿、开市、立券、交易、纳财、开仓库、出货财、修置产室、开渠穿井、安碓硙、补垣塞穴、修饰垣墙、破屋坏垣、栽种、牧养、纳畜、破土、安葬、启攒。</td></tr>
</table>

<table>
<tr><th colspan="2">戊寅城头土伐成日</th></tr>
<tr><td>**吉神**：母仓、月恩、四相、三合、天马、天喜、天医、益后、五合。

凶神：大煞、归忌、白虎。</td><td>**宜**袭爵受封、会亲友、入学、出行、上官赴任、临政亲民、结婚姻、纳采问名、嫁娶、进人口、解除、剃头、整手足甲、求医疗病、裁衣、筑堤防、修造动土、竖柱上梁、修仓库、经络、酝酿、开市、立券、交易、纳财、开仓库、出货财、安碓硙、栽种、牧养、纳畜。
忌祭祀、移徙、远回。</td></tr>
</table>

己卯城头土伐收日	
吉神：天恩、母仓、四相、续世、五合、玉堂。 **凶神**：河魁、大时、大败、咸池、九坎、九焦、血忌、往亡。	**宜**祭祀。 **忌**祈福、求嗣、上册求封、上表章、袭爵受封、会亲友、冠带、出行、上官赴任、临政亲民、结婚姻、纳采问名、嫁娶、进人口、移徙、安床、解除、求医疗病、针刺、裁衣、筑堤防、修造动土、竖柱上梁、修仓库、鼓铸、经络、酝酿、开市、立券、交易、纳财、开仓库、出货财、修置产室、开渠穿井、补垣塞穴、捕捉、畋猎、取鱼、乘船渡水、栽种、牧养、纳畜、破土、安葬、启攒。

庚辰白镴金义开日	
吉神：天恩、时德、时阳、生气、要安。 **凶神**：五虚、九空、天牢。	**宜**祭祀、祈福、求嗣、上册受封、上表章、袭爵受封、会亲友、入学、出行、上官赴任、临政亲民、结婚姻、纳采问名、移徙、解除、求医疗病、裁衣、修造动土、竖柱上梁、修置产室、开渠穿井、安碓硙、栽种、牧养。 **忌**进人口、修仓库、经络、开市、立券、交易、纳财、开仓库、出货财、伐木、畋猎、取鱼。

辛巳白镴金伐闭日	
吉神：月德合、天恩、王日、玉宇。 **凶神**：游祸、血支、重日、元武。	**宜**祭祀、裁衣、筑堤防、修仓库、补垣塞穴、栽种、牧养、纳畜。 **忌**祈福、求嗣、出行、解除、求医疗病、疗目、针刺、酝酿、畋猎、取鱼。

壬午杨柳木制建日	
吉神：月空、天恩、阳德、官日、金堂、司命、鸣吠。 **凶神**：月建、小时、土府、月刑、月厌、地火、土符。	诸事不宜。

癸未杨柳木伐除日	
吉神：天恩、守日、吉期、六合、不将。 **凶神**：触水龙、勾陈。	**宜**袭爵受封、会亲友、出行、上官赴任、临政亲民、结婚姻、嫁娶、进人口、解除、沐浴、剃头、整手足甲、经络、酝酿、立券、交易、纳财、扫舍宇、纳畜、安葬。 **忌**求医疗病、取鱼、乘船渡水。

甲申井泉水伐满日	
吉神：相日、驿马、天后、天巫、福德、不将、除神、青龙、鸣吠。 **凶神**：五虚、八风、五离。	**宜**祭祀、祈福、上册受封、上表章、出行、嫁娶、进人口、移徙、解除、沐浴、剃头、整手足甲、裁衣、经络、开市、纳财、补垣塞穴、扫舍宇、破土、安葬。 **忌**袭爵受封、会亲友、上官赴任、临政亲民、结婚姻、纳采问名、安床、求医疗病、修仓库、立券、交易、开仓库、出货财、取鱼、乘船渡水。

乙酉井泉水伐平日	
吉神：民日、不将、敬安、除神、明堂、鸣吠。 **凶神**：天罡、死神、天吏、致死、天贼、五离。	**宜**沐浴、剃头、整手足甲、扫舍宇、修饰垣墙、平治道涂。 **忌**祈福、求嗣、上册受封、上表章、袭爵受封、会亲友、冠带、出行、上官赴任、临政亲民、结婚姻、纳采问名、嫁娶、进人口、移徙、安床、解除、求医疗病、裁衣、筑堤防、修造动土、竖柱上梁、修仓库、鼓铸、经络、酝酿、开市、立券、交易、纳财、开仓库、出货财、修置产室、开渠穿井、栽种、牧养、纳畜、破土、安葬、启攒。

丙戌屋上土宝定日	
吉神：月德、三合、临日、时阴、天仓、不将、普护。 **凶神**：死气、五墓、天刑。	**宜**祭祀、祈福、求嗣、上册受封、上表章、袭爵受封、会亲友、冠带、出行、上官赴任、临政亲民、结婚姻、纳采问名、嫁娶、进人口、移徙、解除、裁衣、修造动土、竖柱上梁、修仓库、经络、酝酿、立券、交易、纳财、安碓硙、栽种、牧养、纳畜、安葬。 **忌**求医疗病、畋猎、取鱼。

丁亥屋上土伐执日	
吉神：五富、福生。 **凶神**：劫煞、小耗、四穷、七鸟、复日、重日、朱雀。	**宜**祭祀、沐浴、捕捉。 **忌**祈福、求嗣、上册受封、上表章、袭爵受封、会亲友、冠带、出行、上官赴任、临政亲民、结婚姻、纳采问名、嫁娶、进人口、移徙、安床、解除、剃头、整手足甲、求医疗病、裁衣、筑堤防、修造动土、竖柱上梁、修仓库、鼓铸、经络、酝酿、开市、立券、交易、纳财、开仓库、出货财、修置产室、开渠穿井、安碓硙、补垣塞穴、修饰垣墙、破屋坏垣、栽种、牧养、纳畜、破土、安葬、启攒。

戊子霹雳火制破日	
吉神：月恩、四相、六仪、解神、金匮。 **凶神**：月破、大耗、灾煞、天火、厌对、招摇、五虚。	诸事不宜。

己丑霹雳火专危日	
吉神：四相、阴德、圣心、宝光。 **凶神**：月煞、月虚、月害、四击。	**宜**祭祀。 **忌**祈福、求嗣、上册受封、上表章、袭爵受封、会亲友、冠带、出行、上官赴任、临政亲民、结婚姻、纳采问名、嫁娶、进人口、移徙、安床、解除、剃头、整手足甲、求医疗病、裁衣、筑堤防、修造动土、竖柱上梁、修仓库、鼓铸、经络、酝酿、开市、立券、交易、纳财、开仓库、出货财、修置产室、开渠穿井、安碓硙、补垣塞穴、修饰垣墙、破屋坏垣、栽种、牧养、纳畜、破土、安葬、启攒。

庚寅松柏木制成日	
吉神：母仓、三合、天马、天喜、天医、益后、五合、鸣吠对。 **凶神**：大煞、归忌、白虎。	**宜**袭爵受封、会亲友、入学、出行、上官赴任、临政亲民、结婚姻、纳采问名、嫁娶、进人口、求医疗病、裁衣、筑堤防、修造动土、竖柱上梁、修仓库、酝酿、开市、立券、交易、纳财、安碓硙、栽种、牧养、纳畜、破土、启攒。 **忌**祭祀、移徙、远回、经络。

辛卯松柏木制收日	
吉神：月德合、母仓、续世、五合、玉堂、鸣吠对。 **凶神**：河魁、大时、大败、咸池、九坎、九焦、血忌、往亡。	**宜**祭祀。 **忌**上册受封、上表章、出行、上官赴任、临政亲民、嫁娶、进人口、移徙、求医疗病、针刺、鼓铸、酝酿、穿井、补垣塞穴、捕捉、畋猎、取鱼、乘船渡水、栽种。

壬辰长流水伐开日	
吉神：月空、时德、时阳、生气、要安。 **凶神**：五虚、九空、天牢。	**宜**祭祀、祈福、求嗣、上册受封、上表章、袭爵受封、会亲友、入学、出行、上官赴任、临政亲民、结婚姻、纳采问名、移徙、解除、求医疗病、裁衣、修造动土、竖柱上梁、修置产室、安碓硙、栽种、牧养。 **忌**进人口、修仓库、开市、立券、交易、纳财、开仓库、出货财、开渠、伐木、畋猎、取鱼。

癸巳长流水制闭日	
吉神：王日、玉宇。 **凶神**：游祸、血支、重日、元武。	**宜**裁衣、筑堤防、补垣塞穴。 **忌**祈福、求嗣、上册受封、上表章、袭爵受封、会亲友、出行、上官赴任、临政亲民、结婚姻、纳采问名、嫁娶、进人口、移徙、安床、解除、求医疗病、疗目、针刺、修造动土、竖柱上梁、开市、开仓库、出货财、修置产室、开渠穿井、破土、安葬、启攒。

甲午砂石金宝建日	
吉神：天赦、阳德、官日、金堂、司命、鸣吠。 **凶神**：月建、小时、土府、月刑、月厌、地火、土符。	**宜**祭祀。 **忌**祈福、求嗣、上册受封、上表章、袭爵受封、会亲友、冠带、出行、上官赴任、临政亲民、结婚姻、纳采问名、嫁娶、进人口、移徙、远回、安床、解除、剃头、整手足甲、求医疗病、裁衣、筑堤防、修造动土、竖柱上梁、修仓库、鼓铸、苫盖、经络、酝酿、开市、立券、交易、纳财、开仓库、出货财、修置产室、开渠穿井、安碓硙、补垣塞穴、修饰垣墙、平治道涂、破屋坏垣、伐木、畋猎、栽种、牧养、纳畜、破土、安葬、启攒。

乙未砂石金制除日	
吉神：守日、吉期、六合、不将。 **凶神**：勾陈。	**宜**袭爵受封、会亲友、出行、上官赴任、临政亲民、结婚姻、嫁娶、进人口、解除、沐浴、剃头、整手足甲、经络、酝酿、立券、交易、纳财、扫舍宇、纳畜、安葬。 **忌**求医疗病、栽种。

丙申山下火制满日	
吉神：月德、相日、驿马、天后、天巫、福德、不将、除神、青龙、鸣吠。 **凶神**：五虚、五离。	**宜**祭祀、祈福、求嗣、上册受封、上表章、袭爵受封、会亲友、出行、上官赴任、临政亲民、结婚姻、纳采问名、嫁娶、进人口、移徙、解除、沐浴、剃头、整手足甲、求医疗病、裁衣、修造动土、竖柱上梁、修仓库、经络、开市、立券、交易、纳财、开仓库、出货财、补垣塞穴、扫舍宇、栽种、牧养、纳畜、破土、安葬。 **忌**安床、畋猎、取鱼。

丁酉山下火制平日	
吉神：民日、敬安、除神、明堂、鸣吠。 **凶神**：天罡、死神、天吏、致死、天贼、复日、五离。	**宜**沐浴、整手足甲、扫舍宇、修饰垣墙、平治道涂。 **忌**祈福、求嗣、上册受封、上表章、袭爵受封、会亲友、冠带、出行、上官赴任、临政亲民、结婚姻、纳采问名、嫁娶、进人口、移徙、安床、解除、剃头、求医疗病、裁衣、筑堤防、修造动土、竖柱上梁、修仓库、鼓铸、经络、酝酿、开市、立券、交易、纳财、开仓库、出货财、修置产室、开渠穿井、安碓硙、补垣塞穴、破屋坏垣、栽种、牧养、纳畜、破土、安葬、启攒。

戊戌平地木专定日	
吉神：月恩、四相、三合、临日、时阴、天仓、不将、普护。 **凶神**：死气、天刑。	**宜**祭祀、祈福、求嗣、上册受封、上表章、袭爵受封、会亲友、冠带、出行、上官赴任、临政亲民、结婚姻、纳采问名、嫁娶、进人口、移徙、裁衣、修造动土、竖柱上梁、修仓库、经络、酝酿、立券、交易、纳财、开仓库、出货财、安碓硙、牧养、纳畜。 **忌**解除、求医疗病、修置产室、栽种。

己亥平地木制执日	
吉神：四相、五富、福生。 **凶神**：劫煞、小耗、重日、朱雀。	**宜**祭祀、沐浴、捕捉。 **忌**祈福、求嗣、上册受封、上表章、袭爵受封、会亲友、冠带、出行、上官赴任、临政亲民、结婚姻、纳采问名、嫁娶、进人口、移徙、安床、解除、剃头、整手足甲、求医疗病、裁衣、筑堤防、修造动土、竖柱上梁、修仓库、鼓铸、经络、酝酿、开市、立券、交易、纳财、开仓库、出货财、修置产室、开渠穿井、安碓硙、补垣塞穴、修饰垣墙、破屋坏垣、栽种、牧养、纳畜、破土、安葬、启攒。

庚子壁上土宝破日	
吉神：六仪、解神、金匮、鸣吠对。 **凶神**：月破、大耗、灾煞、天火、厌对、招摇、五虚。	诸事不宜。

辛丑壁上土义危日	
吉神：月德合、阴德、圣心、宝光。 **凶神**：月煞、月虚、月害、四击。	**宜**祭祀。 **忌**冠带、求医疗病、酝酿、畋猎、取鱼。

壬寅金箔金宝成日	
吉神：月空、母仓、三合、天马、天喜、天医、益后、五合、鸣吠对。 **凶神**：大煞、归忌、白虎。	**宜**上表章、袭爵受封、会亲友、入学、出行、上官赴任、临政亲民、结婚姻、纳采问名、嫁娶、进人口、求医疗病、裁衣、筑堤防、修造动土、竖柱上梁、修仓库、经络、酝酿、开市、立券、交易、纳财、安碓硙、栽种、牧养、纳畜、破土、启攒。 **忌**祭祀、移徙、远回、开渠。

癸卯金箔金宝收日	
吉神：母仓、续世、五合、玉堂、鸣吠对。 **凶神**：河魁、大时、大败、咸池、九坎、九焦、血忌、往亡。	**宜**祭祀。 **忌**祈福、求嗣、上册受封、上表章、袭爵受封、会亲友、冠带、出行、上官赴任、临政亲民、结婚姻、纳采问名、嫁娶、进人口、移徙、安床、解除、求医疗病、针刺、裁衣、筑堤防、修造动土、竖柱上梁、修仓库、鼓铸、经络、酝酿、开市、立券、交易、纳财、开仓库、出货财、修置产室、开渠穿井、补垣塞穴、捕捉、畋猎、取鱼、乘船渡水、栽种、牧养、纳畜、破土、安葬、启攒。

甲辰覆灯火制开日	
吉神：时德、时阳、生气、要安。 **凶神**：五虚、八风、九空、地囊、天牢。	**忌**祭祀、祈福、求嗣、上册受封、上表章、袭爵受封、会亲友、入学、出行、上官赴任、临政亲民、结婚姻、纳采问名、移徙、解除、求医疗病、裁衣、竖柱上梁、牧养。 **忌**进人口、筑堤防、修造动土、修仓库、开市、立券、交易、纳财、开仓库、出货财、修置产室、开渠穿井、安碓硙、补垣塞穴、修饰垣墙、平治道涂、破屋坏垣、伐木、畋猎、取鱼、乘船渡水、栽种、破土。

乙巳覆灯火宝闭日	
吉神：王日、玉宇。 **凶神**：游祸、血支、重日、元武。	**宜**裁衣、筑堤防、补垣塞穴。 **忌**祈福、求嗣、上册受封、上表章、袭爵受封、会亲友、出行、上官赴任、临政亲民、结婚姻、纳采问名、嫁娶、进人口、移徙、安床、解除、求医疗病、疗目、针刺、修造动土、竖柱上梁、开市、开仓库、出货财、修置产室、开渠穿井、栽种、破土、安葬、启攒。

<table>
<tr><th colspan="2">丙午天河水专建日</th></tr>
<tr><td>吉神：月德、阳德、官日、金堂、司命、鸣吠。

凶神：月建、小时、土府、月刑、月厌、地火、土符、大会、阴阳俱错。</td><td>诸事不宜。</td></tr>
</table>

<table>
<tr><th colspan="2">丁未天河水宝除日</th></tr>
<tr><td>吉神：天愿、守日、吉期、六合。

凶神：复日、八专、勾陈。</td><td>宜祭祀、祈福、求嗣、上册受封、上表章、袭爵受封、会亲友、出行、上官赴任、临政亲民、结婚姻、纳采问名、嫁娶、进人口、移徙、解除、沐浴、整手足甲、裁衣、修造动土、竖柱上梁、修仓库、经络、酝酿、开市、立券、交易、纳财、扫舍宇、栽种、牧养、纳畜。
忌剃头、求医疗病。</td></tr>
</table>

<table>
<tr><th colspan="2">戊申大驿土宝满日</th></tr>
<tr><td>吉神：月恩、四相、相日、驿马、天后、天巫、福德、不将、除神、青龙。

凶神：五虚、五离。</td><td>宜祭祀、祈福、求嗣、上册受封、上表章、袭爵受封、出行、上官赴任、临政亲民、嫁娶、进人口、移徙、解除、沐浴、剃头、整手足甲、求医疗病、裁衣、修造动土、竖柱上梁、经络、开市、纳财、补垣塞穴、扫舍宇、栽种、牧养。
忌会亲友、结婚姻、纳采问名、安床、修仓库、立券、交易、开仓库、出货财。</td></tr>
</table>

己酉大驿土宝平日	
吉神：天恩、四相、民日、敬安、除神、明堂、鸣吠。 **凶神**：天罡、死神、天吏、致死、天贼、五离。	**宜**祭祀、沐浴、剃头、整手足甲、扫舍宇、修饰垣墙、平治道涂。 **忌**祈福、求嗣、上册受封、上表章、袭爵受封、会亲友、冠带、出行、上官赴任、临政亲民、结婚姻、纳采问名、嫁娶、进人口、移徙、安床、解除、求医疗病、裁衣、筑堤防、修造动土、竖柱上梁、修仓库、鼓铸、经络、酝酿、开市、立券、交易、纳财、开仓库、出货财、修置产室、开渠穿井、栽种、牧养、纳畜、破土、安葬、启攒。

庚戌钗钏金义定日	
吉神：天恩、三合、临日、时阴、天仓、普护。 **凶神**：死气、天刑。	**宜**祭祀、祈福、上册受封、上表章、会亲友、冠带、上官赴任、临政亲民、结婚姻、纳采问名、嫁娶、进人口、裁衣、修造动土、竖柱上梁、修仓库、酝酿、立券、交易、纳财、安碓硙、纳畜。 **忌**解除、求医疗病、经络、修置产室、栽种。

辛亥钗钏金宝执日	
吉神：月德合、天恩、五富、福生。 **凶神**：劫煞、小耗、重日、朱雀。	**宜**祭祀、沐浴、捕捉。 **忌**嫁娶、求医疗病、修仓库、酝酿、开市、立券、交易、纳财、开仓库、出货财、畋猎、取鱼。

壬子桑柘木专破日	
吉神：月空、天恩、六仪、解神、金匮、鸣吠对。 **凶神**：月破、大耗、灾煞、天火、厌对、招摇、四废、五虚、阴阳击冲。	诸事不宜。

癸丑桑柘木伐危日	
吉神：天恩、阴德、圣心、宝光。 **凶神**：月煞、月虚、月害、四击、八专、触水龙。	**宜**祭祀。 **忌**祈福、求嗣、上册受封、上表章、袭爵受封、会亲友、冠带、出行、上官赴任、临政亲民、结婚姻、纳采问名、嫁娶、进人口、移徙、安床、解除、剃头、整手足甲、求医疗病、裁衣、筑堤防、修造动土、竖柱上梁、修仓库、鼓铸、经络、酝酿、开市、立券、交易、纳财、开仓库、出货财、修置产室、开渠穿井、安碓硙、补垣塞穴、修饰垣墙、破屋坏垣、取鱼、乘船渡水、栽种、牧养、纳畜、破土、安葬、启攒。

甲寅大溪水专成日	
吉神：母仓、三合、天马、天喜、天医、益后、五合、鸣吠对。 **凶神**：大煞、归忌、八专、白虎。	**宜**袭爵受封、会亲友、入学、出行、上官赴任、临政亲民、进人口、求医疗病、裁衣、筑堤防、修造动土、竖柱上梁、修仓库、经络、酝酿、开市、立券、交易、纳财、安碓硙、栽种、牧养、纳畜、破土、启攒。 **忌**祭祀、结婚姻、纳采问名、嫁娶、移徙、远回、开仓库、出货财。

乙卯大溪水专收日	
吉神：母仓、续世、五合、玉堂、鸣吠对。 **凶神**：河魁、大时、大败、咸池、四耗、九坎、九焦、血忌、往亡。	**宜**祭祀。 **忌**祈福、求嗣、上册受封、上表章、袭爵受封、会亲友、冠带、出行、上官赴任、临政亲民、结婚姻、纳采问名、嫁娶、进人口、移徙、安床、解除、求医疗病、针刺、裁衣、筑堤防、修造动土、竖柱上梁、修仓库、鼓铸、经络、酝酿、开市、立券、交易、纳财、开仓库、出货财、修置产室、开渠穿井、补垣塞穴、捕捉、畋猎、取鱼、乘船渡水、栽种、牧养、纳畜、破土、安葬、启攒。

丙辰沙中土宝开日	
吉神：月德、时德、时阳、生气、要安。 **凶神**：五虚、九空、天牢。	**宜**祭祀、祈福、求嗣、上册受封、上表章、袭爵受封、会亲友、入学、出行、上官赴任、临政亲民、结婚姻、纳采问名、嫁娶、进人口、移徙、解除、求医疗病、裁衣、筑堤防、修造动土、竖柱上梁、修仓库、开市、纳财、开仓库、出货财、修置产室、开渠穿井、安碓硙、栽种、牧养、纳畜。 **忌**伐木、畋猎、取鱼。

丁巳沙中土专闭日	
吉神：王日、玉宇。 **凶神**：游祸、血支、复日、重日、元武。	**宜**裁衣、筑堤防、补垣塞穴。 **忌**祈福、求嗣、上册受封、上表章、袭爵受封、会亲友、出行、上官赴任、临政亲民、结婚姻、纳采问名、嫁娶、进人口、移徙、安床、解除、剃头、求医疗病、疗目、针刺、修造动土、竖柱上梁、开市、开仓库、出货财、修置产室、开渠穿井、破土、安葬、启攒。

<table>
<tr><th colspan="2">戊午天上火义建日</th></tr>
<tr><td>吉神：月恩、四相、阳德、官日、金堂、司命。

凶神：月建、小时、土府、月刑、月厌、地火、土符、小会。</td><td>诸事不宜。</td></tr>
</table>

<table>
<tr><th colspan="2">己未天上火专除日</th></tr>
<tr><td>吉神：四相、守日、吉期、六合。

凶神：八专、勾陈。</td><td>宜祭祀、祈福、求嗣、袭爵受封、会亲友、出行、上官赴任、临政亲民、进人口、移徙、解除、沐浴、剃头、整手足甲、裁衣、修造动土、竖柱上梁、修仓库、经络、酝酿、立券、交易、纳财、开仓库、出货财、扫舍宇、栽种、牧养、纳畜、安葬。
忌结婚姻、纳采问名、嫁娶、求医疗病。</td></tr>
</table>

<table>
<tr><th colspan="2">庚申石榴木专满日</th></tr>
<tr><td>吉神：相日、驿马、天后、天巫、福德、除神、青龙、鸣吠。

凶神：五虚、五离、八专。</td><td>宜祭祀、祈福、上册受封、上表章、出行、进人口、移徙、解除、沐浴、剃头、整手足甲、裁衣、开市、纳财、补垣塞穴、扫舍宇、破土、安葬。
忌袭爵受封、会亲友、上官赴任、临政亲民、结婚姻、纳采问名、嫁娶、安床、求医疗病、修仓库、经络、立券、交易、开仓库、出货财。</td></tr>
</table>

<table>
<tr><th colspan="2">辛酉石榴木专平日</th></tr>
<tr><td>吉神：月德合、民日、敬安、除神、明堂、鸣吠。

凶神：天罡、死神、天吏、致死、天贼、五离。</td><td>宜祭祀、沐浴、剃头、整手足甲、扫舍宇、修饰垣墙、平治道涂。
忌会亲友、出行、求医疗病、修仓库、酝酿、开仓库、出货财、畋猎、取鱼。</td></tr>
</table>

<table>
<tr><th colspan="2">壬戌大海水伐定日</th></tr>
<tr><td>吉神：月空、三合、临日、时阴、天仓、普护。

凶神：死气、地囊、天刑。</td><td>宜祭祀、祈福、上册受封、上表章、会亲友、冠带、上官赴任、临政亲民、结婚姻、纳采问名、嫁娶、进人口、裁衣、竖柱上梁、经络、酝酿、立券、交易、纳财、纳畜。
忌解除、求医疗病、筑堤防、修造动土、修仓库、修置产室、开渠穿井、安碓硙、补垣、修饰垣墙、平治道涂、破屋坏垣、栽种、破土。</td></tr>
</table>

<table>
<tr><th colspan="2">癸亥大海水专执日</th></tr>
<tr><td>吉神：五富、不将、福生。

凶神：劫煞、小耗、四废、重日、朱雀。</td><td>宜祭祀、沐浴。
忌祈福、求嗣、上册受封、上表章、袭爵受封、会亲友、冠带、出行、上官赴任、临政亲民、结婚姻、纳采问名、嫁娶、进人口、移徙、安床、解除、剃头、整手足甲、求医疗病、裁衣、筑堤防、修造动土、竖柱上梁、修仓库、鼓铸、经络、酝酿、开市、立券、交易、纳财、开仓库、出货财、修置产室、开渠穿井、安碓硙、补垣塞穴、修饰垣墙、平治道涂、破屋坏垣、栽种、牧养、纳畜、破土、安葬、启攒。</td></tr>
</table>

右六十干支，从建午者，始芒种，终夏至，其神煞吉凶，用事宜忌，具于表。

（钦定协纪辨方书卷二十四）

钦定四库全书·钦定协纪辨方书卷二十五

月表六

六　月

六　月	甲己年 建辛未	乙庚年 建癸未	丙辛年 建乙未	丁壬年 建丁未	戊癸年 建己未

小暑六月节，天道东行，宜向东行，宜修造东方。

天德在甲，天德合在己，月德在甲，月德合在己、月空在庚，宜修造、取土。

月建在未，月破在丑，月厌在巳，月刑在丑，月害在子，劫煞在申，灾煞在酉，月煞在戌，忌修造、取土。

初十日长星，二十日短星，小暑后二十四日往亡。

土王用事后忌修造动土，巳、午日添母仓。

大暑六月中，日躔在午宫为六月将，宜用癸乙丁辛时。

孟年	碧	白	赤	仲年	紫	黄	绿	季年	白	黑	白
	白	白	黑		赤	碧	白		绿	紫	黄
	黄	绿	紫		黑	白	白		白	赤	碧

甲子海中金义执日	
吉神：天德、月德、天恩、金堂、解神。 **凶神**：月害、大时、大败、咸池、小耗、五虚、九坎、九焦、归忌、天刑。	**宜**祭祀、祈福、求嗣、上册受封、上表章、袭爵受封、会亲友、出行、上官赴任、临政亲民、结婚姻、纳采问名、嫁娶、解除、沐浴、剃头、整手足甲、裁衣、修造动土、竖柱上梁、修仓库、捕捉、牧养、纳畜、安葬。 **忌**移徙、远回、求医疗病、鼓铸、开仓库、出货财、补垣塞穴、畋猎、取鱼、乘船渡水、栽种。

乙丑海中金制破日	
吉神：天恩。 **凶神**：月破、大耗、月刑、四击、九空、朱雀。	诸事不宜。

丙寅炉中火义危日	
吉神：天恩、母仓、五富、五合、金匮、鸣吠对。 **凶神**：游祸。	**宜**会亲友、结婚姻、安床、经络、酝酿、开市、立券、交易、纳财、开仓库、出货财、栽种、牧养、纳畜、破土、启攒。 **忌**祭祀、祈福、求嗣、解除、求医疗病。

丁卯炉中火义成日	
吉神：天恩、母仓、三合、临日、天喜、天医、敬安、五合、宝光、鸣吠对。 **凶神**：大煞。	**宜**上册受封、上表章、袭爵受封、会亲友、入学、出行、上官赴任、临政亲民、结婚姻、纳采问名、嫁娶、进人口、移徙、求医疗病、裁衣、筑堤防、修造动土、竖柱上梁、修仓库、经络、酝酿、开市、立券、交易、纳财、安碓硙、栽种、牧养、纳畜、破土、启攒。 **忌**剃头、穿井。

戊辰大林木专收日	
吉神：天恩、四相、时德、天马、普护。 **凶神**：天罡、五虚、五墓、白虎。	**宜**祭祀、纳财、捕捉。 **忌**祈福、求嗣、上册受封、上表章、袭爵受封、会亲友、冠带、出行、上官赴任、临政亲民、结婚姻、纳采问名、嫁娶、进人口、移徙、安床、解除、求医疗病、裁衣、筑堤防、修造动土、竖柱上梁、修仓库、鼓铸、经络、酝酿、开市、立券、交易、开仓库、出货财、修置产室、开渠穿井、栽种、牧养、纳畜、破土、安葬、启攒。

己巳大林木义开日	
吉神：天德合、月德合、四相、王日、驿马、天后、时阳、生气、福生、玉堂。 **凶神**：月厌、地火、复日、重日、阴错。	**宜**祭祀、入学。 **忌**祈福、求嗣、上册受封、上表章、袭爵受封、会亲友、冠带、出行、上官赴任、临政亲民、结婚姻、纳采问名、嫁娶、进人口、移徙、远回、安床、解除、剃头、整手足甲、求医疗病、裁衣、筑堤防、修造动土、竖柱上梁、修仓库、鼓铸、经络、酝酿、开市、立券、交易、纳财、开仓库、出货财、修置产室、开渠穿井、安碓硙、补垣塞穴、修饰垣墙、平治道涂、破屋坏垣、伐木、畋猎、取鱼、栽种、牧养、纳畜、破土、安葬、启攒。

庚午路傍土伐闭日	
吉神：月空、官日、六合、鸣吠。 **凶神**：天吏、致死、血支、往亡、天牢。	**宜**酝酿、补垣塞穴、破土、安葬。 **忌**祈福、求嗣、上册受封、上表章、袭爵受封、会亲友、冠带、出行、上官赴任、临政亲民、结婚姻、纳采问名、嫁娶、进人口、移徙、安床、解除、求医疗病、疗目、针刺、筑堤防、修造动土、竖柱上梁、修仓库、苫盖、经络、开市、立券、交易、纳财、开仓库、出货财、修置产室、开渠穿井、捕捉、畋猎、取鱼、栽种、牧养、纳畜。

辛未路傍土义建日	
吉神：月德、守日、圣心。 **凶神**：月建、小时、土府、元武。	**宜**祭祀、祈福、求嗣、袭爵受封、会亲友、出行、上官赴任、临政亲民、结婚姻、纳采问名、移徙、解除、裁衣、竖柱上梁、纳财、开仓库、出货财、牧养。 **忌**求医疗病、筑堤防、修造动土、修仓库、酝酿、修置产室、开渠穿井、安碓硙、补垣、修饰垣墙、平治道涂、破屋坏垣、伐木、栽种、破土。

壬申剑锋金义除日	
吉神：阳德、相日、吉期、不将、益后、除神、司命、鸣吠。 **凶神**：劫煞、天贼、五虚、五离。	**宜**祭祀、沐浴、扫舍宇。 **忌**上册受封、上表章、会亲友、冠带、出行、结婚姻、纳采问名、进人口、移徙、安床、求医疗病、裁衣、筑堤防、修造动土、竖柱上梁、修仓库、鼓铸、经络、酝酿、开市、立券、交易、纳财、开仓库、出货财、修置产室、开渠穿井、安碓硙、补垣塞穴、修饰垣墙、破屋坏垣、栽种、牧养、纳畜。

<table>
<tr><th colspan="2">癸酉剑锋金义满日</th></tr>
<tr><td>吉神：民日、天巫、福德、天仓、不将、续世、除神、鸣吠。

凶神：灾煞、天火、血忌、五离、勾陈。</td><td>宜祭祀、沐浴、扫舍宇。
忌祈福、求嗣、上册受封、上表章、袭爵受封、会亲友、冠带、出行、上官赴任、临政亲民、结婚姻、纳采问名、嫁娶、进人口、移徙、安床、解除、剃头、整手足甲、求医疗病、针刺、裁衣、筑堤防、修造动土、竖柱上梁、修仓库、鼓铸、苫盖、经络、酝酿、开市、立券、交易、纳财、开仓库、出货财、修置产室、开渠穿井、安碓硙、补垣塞穴、修饰垣墙、破屋坏垣、栽种、牧养、纳畜、破土、安葬、启攒。</td></tr>
</table>

<table>
<tr><th colspan="2">甲戌山头火制平日</th></tr>
<tr><td>吉神：天德、月德、不将、要安、青龙。

凶神：河魁、死神、月煞、月虚、土符。</td><td>宜祭祀。
忌祈福、求嗣、上册受封、上表章、袭爵受封、会亲友、冠带、出行、上官赴任、临政亲民、结婚姻、纳采问名、嫁娶、进人口、移徙、安床、解除、剃头、整手足甲、求医疗病、裁衣、筑堤防、修造动土、竖柱上梁、修仓库、鼓铸、经络、酝酿、开市、立券、交易、纳财、开仓库、出货财、修置产室、开渠穿井、安碓硙、补垣塞穴、修饰垣墙、平治道涂、破屋坏垣、畋猎、取鱼、栽种、牧养、纳畜、破土、安葬、启攒。</td></tr>
</table>

<table>
<tr><th colspan="2">乙亥山头火义定日</th></tr>
<tr><td>吉神：阴德、三合、时阴、六仪、玉宇、明堂。

凶神：厌对、招摇、死气、重日。</td><td>宜会亲友、冠带、临政亲民、结婚姻、纳采问名、进人口、沐浴、裁衣、修造动土、竖柱上梁、修仓库、经络、酝酿、立券、交易、纳财、安碓硙、牧养、纳畜。
忌嫁娶、解除、求医疗病、修置产室、取鱼、乘船渡水、栽种、破土、安葬、启攒。</td></tr>
</table>

丙子涧下水伐执日	
吉神：金堂、解神、鸣吠对。 **凶神**：月害、大时、大败、咸池、小耗、四忌、七鸟、五虚、九坎、九焦、归忌、触水龙、天刑。	**宜**沐浴、剃头、整手足甲、捕捉。 **忌**祈福、求嗣、上册受封、上表章、袭爵受封、会亲友、冠带、出行、上官赴任、临政亲民、结婚姻、纳采问名、嫁娶、进人口、移徙、远回、安床、解除、求医疗病、筑堤防、修造动土、竖柱上梁、修仓库、鼓铸、经络、酝酿、开市、立券、交易、纳财、开仓库、出货财、修置产室、补垣塞穴、取鱼、乘船渡水、栽种、牧养、纳畜、破土、安葬、启攒。

丁丑涧下水宝破日	
凶神：月破、大耗、月刑、四击、九空、朱雀。	诸事不宜。

戊寅城头土伐危日	
吉神：母仓、四相、五富、五合、金匮。 **凶神**：游祸。	**宜**袭爵受封、会亲友、出行、上官赴任、临政亲民、结婚姻、纳采问名、移徙、安床、裁衣、修造动土、竖柱上梁、修仓库、经络、酝酿、开市、立券、交易、纳财、开仓库、出货财、栽种、牧养、纳畜。 **忌**祭祀、祈福、求嗣、解除、求医疗病。

<table>
<tr><th colspan="2">己卯城头土伐成日</th></tr>
<tr><td>吉神：天德合、月德合、天恩、母仓、四相、三合、临日、天喜、天医、敬安、五合、宝光。

凶神：大煞、复日。</td><td>宜祭祀、祈福、求嗣、上册受封、上表章、袭爵受封、会亲友、入学、出行、上官赴任、临政亲民、结婚姻、纳采问名、嫁娶、进人口、移徙、安床、解除、求医疗病、裁衣、筑堤防、修造动土、竖柱上梁、修仓库、经络、酝酿、开市、立券、交易、纳财、开仓库、出货财、安碓硙、栽种、牧养、纳畜。
忌穿井、畋猎、取鱼。</td></tr>
</table>

<table>
<tr><th colspan="2">庚辰白镴金义收日</th></tr>
<tr><td>吉神：月空、天恩、时德、天马、普护。

凶神：天罡、五虚、白虎。</td><td>宜祭祀、进人口、纳财、捕捉、栽种、牧养、纳畜。
忌祈福、求嗣、上册受封、上表章、袭爵受封、会亲友、冠带、出行、上官赴任、临政亲民、结婚姻、纳采问名、嫁娶、移徙、安床、解除、求医疗病、裁衣、筑堤防、修造动土、竖柱上梁、修仓库、鼓铸、经络、酝酿、开市、立券、交易、纳财、开仓库、出货财、修置产室、开渠穿井、破土、安葬、启攒。</td></tr>
</table>

<table>
<tr><th colspan="2">辛巳白镴金伐开日</th></tr>
<tr><td>吉神：天恩、月恩、王日、驿马、天后、时阳、生气、福生、玉堂。

凶神：月厌、地火、重日。</td><td>宜祭祀、入学。
忌祈福、求嗣、上册受封、上表章、袭爵受封、会亲友、冠带、出行、上官赴任、临政亲民、结婚姻、纳采问名、嫁娶、进人口、移徙、远回、安床、解除、剃头、整手足甲、求医疗病、裁衣、筑堤防、修造动土、竖柱上梁、修仓库、鼓铸、经络、酝酿、开市、立券、交易、纳财、开仓库、出货财、修置产室、开渠穿井、安碓硙、补垣塞穴、修饰垣墙、平治道涂、破屋坏垣、伐木、畋猎、取鱼、栽种、牧养、纳畜、破土、安葬、启攒。</td></tr>
</table>

壬午杨柳木制闭日	
吉神：天恩、官日、六合、不将、鸣吠。 **凶神**：天吏、致死、血支、往亡、天牢。	**宜**经络、酝酿、补垣塞穴、破土、安葬。 **忌**祈福、求嗣、上册受封、上表章、袭爵受封、会亲友、冠带、出行、上官赴任、临政亲民、结婚姻、纳采问名、嫁娶、进人口、移徙、安床、解除、求医疗病、疗目、针刺、筑堤防、修造动土、竖柱上梁、修仓库、苫盖、开市、立券、交易、纳财、开仓库、出货财、修置产室、开渠穿井、捕捉、畋猎、取鱼、栽种、牧养、纳畜。

癸未杨柳木伐建日	
吉神：天恩、守日、不将、圣心。 **凶神**：月建、小时、土府、触水龙、元武。	**宜**祭祀、袭爵受封、会亲友、出行、上官赴任、临政亲民、嫁娶。 **忌**祈福、求嗣、上册受封、上表章、结婚姻、纳采问名、解除、剃头、整手足甲、求医疗病、筑堤防、修造动土、竖柱上梁、修仓库、开仓库、出货财、修置产室、开渠穿井、安碓硙、补垣、修饰垣墙、平治道涂、破屋坏垣、伐木、取鱼、乘船渡水、栽种、破土、安葬、启攒。

甲申井泉水伐除日	
吉神：天德、月德、阳德、相日、吉期、不将、益后、除神、司命、鸣吠。 **凶神**：劫煞、天贼、五虚、八风、五离。	**宜**祭祀、祈福、求嗣、上册受封、上表章、袭爵受封、会亲友、上官赴任、临政亲民、结婚姻、纳采问名、嫁娶、移徙、解除、沐浴、剃头、整手足甲、裁衣、修造动土、竖柱上梁、扫舍宇、栽种、牧养、纳畜、破土、安葬。 **忌**出行、安床、求医疗病、修仓库、开仓库、出货财、畋猎、取鱼。

<table>
<tr><th colspan="2">乙酉井泉水伐满日</th></tr>
<tr><td>吉神：民日、天巫、福德、天仓、不将、续世、除神、鸣吠。

凶神：灾煞、天火、血忌、五离、勾陈。</td><td>宜祭祀、沐浴、扫舍宇。
忌祈福、求嗣、上册受封、上表章、袭爵受封、会亲友、冠带、出行、上官赴任、临政亲民、结婚姻、纳采问名、嫁娶、进人口、移徙、安床、解除、剃头、整手足甲、求医疗病、针刺、裁衣、筑堤防、修造动土、竖柱上梁、修仓库、鼓铸、苫盖、经络、酝酿、开市、立券、交易、纳财、开仓库、出货财、修置产室、开渠穿井、安碓硙、补垣塞穴、修饰垣墙、破屋坏垣、栽种、牧养、纳畜、破土、安葬、启攒。</td></tr>
</table>

<table>
<tr><th colspan="2">丙戌屋上土宝平日</th></tr>
<tr><td>吉神：要安、青龙。

凶神：河魁、死神、月煞、月虚、土符、地囊。</td><td>诸事不宜。</td></tr>
</table>

<table>
<tr><th colspan="2">丁亥屋上土伐定日</th></tr>
<tr><td>吉神：阴德、三合、时阴、六仪、玉宇、明堂。

凶神：厌对、招摇、死气、四穷、七鸟、重日。</td><td>宜会亲友、冠带、临政亲民、沐浴、裁衣、修造动土、竖柱上梁、经络、酝酿、安碓硙、牧养、纳畜。
忌结婚姻、纳采问名、嫁娶、进人口、解除、剃头、求医疗病、修仓库、开市、立券、交易、纳财、开仓库、出货财、修置产室、取鱼、乘船渡水、栽种、破土、安葬、启攒。</td></tr>
</table>

戊子霹雳火制执日	
吉神：四相、金堂、解神。 **凶神**：月害、大时、大败、咸池、小耗、五虚、九坎、九焦、归忌、天刑。	**宜**祭祀、沐浴、剃头、整手足甲、裁衣、捕捉。 **忌**祈福、求嗣、上册受封、上表章、袭爵受封、会亲友、冠带、出行、上官赴任、临政亲民、结婚姻、纳采问名、嫁娶、进人口、移徙、远回、安床、解除、求医疗病、筑堤防、修造动土、竖柱上梁、修仓库、鼓铸、经络、酝酿、开市、立券、交易、纳财、开仓库、出货财、修置产室、补垣塞穴、取鱼、乘船渡水、栽种、牧养、纳畜、破土、安葬、启攒。

己丑霹雳火专破日	
吉神：天德合、月德合、四相。 **凶神**：月破、大耗、月刑、四击、九空、复日、朱雀。	**宜**祭祀。 **忌**祈福、求嗣、上册受封、上表章、袭爵受封、会亲友、冠带、出行、上官赴任、临政亲民、结婚姻、纳采问名、嫁娶、进人口、移徙、安床、解除、剃头、整手足甲、求医疗病、裁衣、筑堤防、修造动土、竖柱上梁、修仓库、鼓铸、经络、酝酿、开市、立券、交易、纳财、开仓库、出货财、修置产室、开渠穿井、安碓硙、补垣塞穴、修饰垣墙、破屋坏垣、伐木、畋猎、取鱼、栽种、牧养、纳畜、破土、安葬、启攒。

庚寅松柏木制危日	
吉神：月空、母仓、五富、五合、金匮、鸣吠对。 **凶神**：游祸。	**宜**上表章、会亲友、结婚姻、安床、酝酿、开市、立券、交易、纳财、开仓库、出货财、栽种、牧养、纳畜、破土、启攒。 **忌**祭祀、祈福、求嗣、解除、求医疗病、经络。

<table>
<tr><th colspan="2">辛卯松柏木制成日</th></tr>
<tr><td>吉神：母仓、月恩、三合、临日、天喜、天医、敬安、五合、宝光、鸣吠对。

凶神：大煞。</td><td>宜祭祀、祈福、求嗣、上册受封、上表章、袭爵受封、会亲友、入学、出行、上官赴任、临政亲民、结婚姻、纳采问名、嫁娶、进人口、移徙、解除、求医疗病、裁衣、筑堤防、修造动土、竖柱上梁、修仓库、经络、酝酿、开市、立券、交易、纳财、开仓库、出货财、安碓硙、栽种、牧养、纳畜、破土、启攒。
忌酝酿、穿井。</td></tr>
</table>

<table>
<tr><th colspan="2">壬辰长流水伐收日</th></tr>
<tr><td>吉神：时德、天马、普护。

凶神：天罡、五虚、白虎。</td><td>宜祭祀、进人口、纳财、捕捉、栽种、牧养、纳畜。
忌祈福、求嗣、上册受封、上表章、袭爵受封、会亲友、冠带、出行、上官赴任、临政亲民、结婚姻、纳采问名、嫁娶、移徙、安床、解除、求医疗病、裁衣、筑堤防、修造动土、竖柱上梁、修仓库、鼓铸、经络、酝酿、开市、立券、交易、开仓库、出货财、修置产室、开渠穿井、破土、安葬、启攒。</td></tr>
</table>

<table>
<tr><th colspan="2">癸巳长流水制开日</th></tr>
<tr><td>吉神：王日、驿马、天后、时阳、生气、福生、玉堂。

凶神：月厌、地火、重日。</td><td>宜祭祀、入学。
忌祈福、求嗣、上册受封、上表章、袭爵受封、会亲友、冠带、出行、上官赴任、临政亲民、结婚姻、纳采问名、嫁娶、进人口、移徙、远回、安床、解除、剃头、整手足甲、求医疗病、裁衣、筑堤防、修造动土、竖柱上梁、修仓库、鼓铸、经络、酝酿、开市、立券、交易、纳财、开仓库、出货财、修置产室、开渠穿井、安碓硙、补垣塞穴、修饰垣墙、平治道涂、破屋坏垣、伐木、畋猎、取鱼、栽种、牧养、纳畜、破土、安葬、启攒。</td></tr>
</table>

<table>
<tr><th colspan="2">甲午砂石金宝闭日</th></tr>
<tr><td>吉神：天德、月德、天赦、官日、六合、不将、鸣吠。

凶神：天吏、致死、血支、往亡、天牢。</td><td>宜祭祀、裁衣、经络、酝酿、补垣塞穴、破土、安葬。</td></tr>
</table>

<table>
<tr><th colspan="2">乙未砂石金制建日</th></tr>
<tr><td>吉神：守日、不将、圣心。

凶神：月建、小时、土府、元武。</td><td>宜祭祀、袭爵受封、出行、上官赴任、临政亲民、嫁娶。
忌祈福、求嗣、上册受封、上表章、结婚姻、纳采问名、解除、剃头、整手足甲、求医疗病、筑堤防、修造动土、竖柱上梁、修仓库、开仓库、出货财、修置产室、开渠穿井、安碓硙、补垣、修饰垣墙、平治道涂、破屋坏垣、伐木、栽种、破土、安葬、启攒。</td></tr>
</table>

<table>
<tr><th colspan="2">丙申山下火制除日</th></tr>
<tr><td>吉神：阳德、相日、吉期、益后、除神、司命、鸣吠。

凶神：劫煞、天贼、五虚、五离。</td><td>宜祭祀、沐浴、扫舍宇。
忌上册受封、上表章、会亲友、冠带、出行、结婚姻、纳采问名、嫁娶、进人口、移徙、安床、求医疗病、裁衣、筑堤防、修造动土、竖柱上梁、修仓库、鼓铸、经络、酝酿、开市、立券、交易、纳财、开仓库、出货财、修置产室、开渠穿井、安碓硙、补垣塞穴、修饰垣墙、破屋坏垣、栽种、牧养、纳畜。</td></tr>
</table>

丁酉山下火制满日	
吉神：民日、天巫、福德、天仓、续世、除神、鸣吠。 **凶神**：灾煞、天火、血忌、五离、勾陈。	**宜**祭祀、沐浴、扫舍宇。 **忌**祈福、求嗣、上册受封、上表章、袭爵受封、会亲友、冠带、出行、上官赴任、临政亲民、结婚姻、纳采问名、嫁娶、进人口、移徙、安床、解除、剃头、整手足甲、求医疗病、针刺、裁衣、筑堤防、修造动土、竖柱上梁、修仓库、鼓铸、苫盖、经络、酝酿、开市、立券、交易、纳财、开仓库、出货财、修置产室、开渠穿井、安碓硙、补垣塞穴、修饰垣墙、破屋坏垣、栽种、牧养、纳畜、破土、安葬、启攒。

戊戌平地木专平日	
吉神：四相、不将、要安、青龙。 **凶神**：河魁、死神、月煞、月虚、土符。	诸事不宜。

己亥平地木制定日	
吉神：天德合、月德合、四相、阴德、三合、时阴、六仪、玉宇、明堂。 **凶神**：厌对、招摇、死气、复日、重日。	**宜**祭祀、祈福、求嗣、上册受封、上表章、袭爵受封、会亲友、冠带、出行、上官赴任、临政亲民、结婚姻、纳采问名、进人口、移徙、解除、沐浴、裁衣、修造动土、竖柱上梁、修仓库、经络、酝酿、立券、交易、纳财、开仓库、出货财、安碓硙、栽种、牧养、纳畜。 **忌**嫁娶、求医疗病、畋猎、取鱼。

庚子壁上土宝执日	
吉神：月空、金堂、解神、鸣吠对。 **凶神**：月害、大时、大败、咸池、小耗、五虚、九坎、九焦、归忌、天刑。	**宜**沐浴、剃头、整手足甲、捕捉。 **忌**祈福、求嗣、上册受封、上表章、袭爵受封、会亲友、冠带、出行、上官赴任、临政亲民、结婚姻、纳采问名、嫁娶、进人口、移徙、远回、安床、解除、求医疗病、筑堤防、修造动土、竖柱上梁、修仓库、鼓铸、经络、酝酿、开市、立券、交易、纳财、开仓库、出货财、修置产室、补垣塞穴、取鱼、乘船渡水、栽种、牧养、纳畜、破土、安葬、启攒。

辛丑壁上土义破日	
吉神：月恩。 **凶神**：月破、大耗、月刑、四击、九空、朱雀。	诸事不宜。

壬寅金箔金宝危日	
吉神：母仓、五富、五合、金匮、鸣吠对。 **凶神**：游祸。	**宜**会亲友、结婚姻、安床、经络、酝酿、开市、立券、交易、纳财、开仓库、出货财、栽种、牧养、纳畜、破土、启攒。 **忌**祭祀、祈福、求嗣、解除、求医疗病、开渠。

<table>
<tr><th colspan="2">癸卯金箔金宝成日</th></tr>
<tr><td>吉神：母仓、三合、临日、天喜、天医、敬安、五合、宝光、鸣吠对。

凶神：大煞。</td><td>宜上册受封、上表章、袭爵受封、会亲友、入学、出行、上官赴任、临政亲民、结婚姻、纳采问名、嫁娶、进人口、移徙、求医疗病、裁衣、筑堤防、修造动土、竖柱上梁、修仓库、经络、酝酿、开市、立券、交易、纳财、安碓硙、栽种、牧养、纳畜、破土、启攒。
忌穿井。</td></tr>
</table>

<table>
<tr><th colspan="2">甲辰覆灯火制收日</th></tr>
<tr><td>吉神：天德、月德、时德、天马、普护。

凶神：天罡、五虚、八风、白虎。</td><td>忌祭祀、祈福、求嗣、上册受封、上表章、袭爵受封、会亲友、出行、上官赴任、临政亲民、结婚姻、纳采问名、嫁娶、进人口、移徙、解除、裁衣、修造动土、竖柱上梁、修仓库、纳财、捕捉、栽种、牧养、纳畜、安葬。
忌求医疗病、开仓库、出货财、畋猎、取鱼。</td></tr>
</table>

<table>
<tr><th colspan="2">乙巳覆灯火宝开日</th></tr>
<tr><td>吉神：王日、驿马、天后、时阳、生气、福生、玉堂。

凶神：月厌、地火、重日。</td><td>宜祭祀、入学。
忌祈福、求嗣、上册受封、上表章、袭爵受封、会亲友、冠带、出行、上官赴任、临政亲民、结婚姻、纳采问名、嫁娶、进人口、移徙、远回、安床、解除、剃头、整手足甲、求医疗病、裁衣、筑堤防、修造动土、竖柱上梁、修仓库、鼓铸、经络、酝酿、开市、立券、交易、纳财、开仓库、出货财、修置产室、开渠穿井、安碓硙、补垣塞穴、修饰垣墙、平治道涂、破屋坏垣、伐木、畋猎、取鱼、栽种、牧养、纳畜、破土、安葬、启攒。</td></tr>
</table>

丙午天河水专闭日	
吉神：官日、六合、鸣吠。 **凶神**：天吏、致死、血支、往亡、天牢、逐阵。	**忌**祈福、求嗣、上册受封、上表章、袭爵受封、会亲友、冠带、出行、上官赴任、临政亲民、结婚姻、纳采问名、嫁娶、进人口、移徙、安床、解除、求医疗病、疗目、针刺、筑堤防、修造动土、竖柱上梁、修仓库、苫盖、开市、立券、交易、纳财、开仓库、出货财、修置产室、开渠穿井、捕捉、畋猎、取鱼、栽种、牧养、纳畜。

丁未天河水宝建日	
吉神：守日、圣心。 **凶神**：月建、小时、土府、八专、玄武、阳错。	**宜**祭祀、袭爵受封、出行、上官赴任、临政亲民。 **忌**祈福、求嗣、上册受封、上表章、结婚姻、纳采问名、嫁娶、解除、剃头、整手足甲、求医疗病、筑堤防、修造动土、竖柱上梁、修仓库、开仓库、出货财、修置产室、开渠穿井、安碓硙、补垣、修饰垣墙、平治道涂、破屋坏垣、伐木、栽种、破土、安葬、启攒。

戊申大驿土宝除日	
吉神：四相、阳德、相日、吉期、不将、益后、除神、司命。 **凶神**：劫煞、天贼、五虚、五离。	**宜**祭祀、沐浴、扫舍宇。 **忌**上册受封、上表章、会亲友、出行、结婚姻、纳采问名、安床、求医疗病、修仓库、立券、交易、纳财、开仓库、出货财、破土、安葬、启攒。

己酉大驿土宝满日	
吉神：天德合、月德合、天恩、四相、民日、天巫、福德、天仓、续世、除神、鸣吠。 **凶神**：灾煞、天火、血忌、复日、五离、勾陈。	**宜**祭祀、祈福、求嗣、上册受封、上表章、袭爵受封、出行、上官赴任、临政亲民、结婚姻、纳采问名、嫁娶、进人口、移徙、解除、沐浴、剃头、整手足甲、裁衣、修造动土、竖柱上梁、修仓库、经络、开市、立券、交易、纳财、开仓库、出货财、补垣塞穴、扫舍宇、栽种、牧养、纳畜。 **忌**会亲友、求医疗病、针刺、畋猎、取鱼。

庚戌钗钏金义平日	
吉神：月空、天恩、要安、青龙。 **凶神**：河魁、死神、月煞、月虚、土符。	诸事不宜。

辛亥钗钏金宝定日	
吉神：天恩、月恩、阴德、三合、时阴、六仪、玉宇、明堂。 **凶神**：厌对、招摇、死气、重日。	**宜**祭祀、祈福、求嗣、袭爵受封、会亲友、冠带、出行、上官赴任、临政亲民、结婚姻、纳采问名、进人口、移徙、沐浴、裁衣、修造动土、竖柱上梁、修仓库、经络、立券、交易、纳财、开仓库、出货财、安碓硙、牧养、纳畜。 **忌**嫁娶、解除、求医疗病、酝酿、修置产室、取鱼、乘船渡水、栽种、破土、安葬、启攒。

壬子桑柘木专执日	
吉神：天恩、金堂、解神、鸣吠对。 **凶神**：月害、大时、大败、咸池、小耗、四废、五虚、九坎、九焦、归忌、天刑。	**宜**沐浴、剃头、整手足甲、捕捉。 **忌**祈福、求嗣、上册受封、上表章、袭爵受封、会亲友、冠带、出行、上官赴任、临政亲民、结婚姻、纳采问名、嫁娶、进人口、移徙、远回、安床、解除、求医疗病、裁衣、筑堤防、修造动土、竖柱上梁、修仓库、鼓铸、经络、酝酿、开市、立券、交易、纳财、开仓库、出货财、修置产室、开渠穿井、安碓硙、补垣塞穴、修饰垣墙、取鱼、乘船渡水、栽种、牧养、纳畜破土、安葬、启攒。

癸丑桑柘木伐破日	
吉神：天恩。 **凶神**：月破、大耗、月刑、四击、九空、八专、触水龙、朱雀、阳破阴冲。	诸事不宜。

甲寅大溪水专危日	
吉神：天德、月德、母仓、五富、五合、金匮、鸣吠对。 **凶神**：游祸、八专。	**宜**上册受封、上表章、袭爵受封、会亲友、出行、上官赴任、临政亲民、移徙、安床、裁衣、修造动土、竖柱上梁、修仓库、经络、酝酿、开市、立券、交易、纳财、栽种、牧养、纳畜、破土、安葬、启攒。 **忌**祭祀、祈福、求嗣、结婚姻、纳采问名、嫁娶、解除、求医疗病、开仓库、出货财、畋猎、取鱼。

<table>
<tr><th colspan="2">乙卯大溪水专成日</th></tr>
<tr><td>吉神：母仓、三合、临日、天喜、天医、敬安、五合、宝光、鸣吠对。

凶神：四耗、大煞。</td><td>宜上册受封、上表章、袭爵受封、会亲友、入学、出行、上官赴任、临政亲民、结婚姻、纳采问名、嫁娶、进人口、移徙、求医疗病、裁衣、筑堤防、修造动土、竖柱上梁、修仓库、经络、酝酿、开市、立券、交易、纳财、安碓硙、牧养、纳畜、破土、启攒。
忌穿井、栽种。</td></tr>
</table>

<table>
<tr><th colspan="2">丙辰沙中土宝收日</th></tr>
<tr><td>吉神：时德、天马、普护。

凶神：天罡、五虚、地囊、白虎。</td><td>宜祭祀、进人口、纳财、捕捉、牧养、纳畜。
忌祈福、求嗣、上册受封、上表章、袭爵受封、会亲友、冠带、出行、上官赴任、临政亲民、结婚姻、纳采问名、嫁娶、移徙、安床、解除、求医疗病、裁衣、筑堤防、修造动土、竖柱上梁、修仓库、鼓铸、经络、酝酿、开市、立券、交易、开仓库、出货财、修置产室、开渠穿井、安碓硙、补垣、修饰垣墙、平治道涂、破屋坏垣、栽种、破土、安葬、启攒。</td></tr>
</table>

<table>
<tr><th colspan="2">丁巳沙中土专开日</th></tr>
<tr><td>吉神：王日、驿马、天后、时阳、生气、福生、玉堂。

凶神：月厌、地火、重日、大会、阴错。</td><td>诸事不宜。</td></tr>
</table>

<table>
<tr><th colspan="2">戊午天上火义闭日</th></tr>
<tr><td>吉神：天愿、四相、官日、六合、不将。

凶神：天吏、致死、血支、往亡、天牢、逐阵。</td><td>宜祭祀。
忌祈福、求嗣、上册受封、上表章、袭爵受封、会亲友、冠带、出行、上官赴任、临政亲民、结婚姻、纳采问名、嫁娶、进人口、移徙、安床、解除、求医疗病、疗目、针刺、筑堤防、修造动土、竖柱上梁、修仓库、苫盖、开市、立券、交易、纳财、开仓库、出货财、修置产室、开渠穿井、捕捉、畋猎、取鱼、栽种、牧养、纳畜。</td></tr>
</table>

<table>
<tr><th colspan="2">己未天上火专建日</th></tr>
<tr><td>吉神：天德合、月德合、四相、守日、圣心。

凶神：月建、小时、土府、复日、八专、元武、阳错。</td><td>宜祭祀、袭爵受封、会亲友、出行、上官赴任、临政亲民、移徙、裁衣、纳财、牧养、纳畜。
忌祈福、求嗣、上册受封、上表章、结婚姻、纳采问名、嫁娶、解除、剃头、整手足甲、求医疗病、筑堤防、修造动土、竖柱上梁、修仓库、开仓库、出货财、修置产室、开渠穿井、安碓硙、补垣、修饰垣墙、平治道涂、破屋坏垣、伐木、畋猎、取鱼、栽种、破土、安葬、启攒。</td></tr>
</table>

<table>
<tr><th colspan="2">庚申石榴木专除日</th></tr>
<tr><td>吉神：月空、阳德、相日、吉期、益后、除神、司命、鸣吠。

凶神：劫煞、天贼、五虚、五离、八专。</td><td>宜祭祀、沐浴、扫舍宇。
忌上册受封、上表章、会亲友、冠带、出行、结婚姻、纳采问名、嫁娶、进人口、移徙、安床、求医疗病、裁衣、筑堤防、修造动土、竖柱上梁、修仓库、鼓铸、经络、酝酿、开市、立券、交易、纳财、开仓库、出货财、修置产室、开渠穿井、安碓硙、补垣塞穴、修饰垣墙、破屋坏垣、栽种、牧养、纳畜。</td></tr>
</table>

辛酉石榴木专满日	
吉神：月恩、民日、天巫、福德、天仓、续世、除神、鸣吠。 **凶神**：灾煞、天火、血忌、五离、勾陈。	**宜**祭祀、沐浴、扫舍宇。 **忌**祈福、求嗣、上册受封、上表章、袭爵受封、会亲友、冠带、出行、上官赴任、临政亲民、结婚姻、纳采问名、嫁娶、进人口、移徙、安床、解除、剃头、整手足甲、求医疗病、针刺、裁衣、筑堤防、修造动土、竖柱上梁、修仓库、鼓铸、苫盖、经络、酝酿、开市、立券、交易、纳财、开仓库、出货财、修置产室、开渠穿井、安碓硙、补垣塞穴、修饰垣墙、破屋坏垣、栽种、牧养、纳畜、破土、安葬、启攒。

壬戌大海水伐平日	
吉神：不将、要安、青龙。 **凶神**：河魁、死神、月煞、月虚、土符。	诸事不宜。

癸亥大海水专定日	
吉神：阴德、三合、时阴、六仪、玉宇、明堂。 **凶神**：厌对、招摇、死气、四废、重日。	**宜**沐浴。 **忌**祈福、求嗣、上册受封、上表章、袭爵受封、会亲友、冠带、出行、上官赴任、临政亲民、结婚姻、纳采问名、嫁娶、进人口、移徙、安床、解除、求医疗病、裁衣、筑堤防、修造动土、竖柱上梁、修仓库、鼓铸、经络、酝酿、开市、立券、交易、纳财、开仓库、出货财、修置产室、开渠穿井、安碓硙、补垣塞穴、修饰垣墙、取鱼、乘船渡水、栽种、牧养、纳畜、破土、安葬、启攒。

右六十干支，从建未者，始小暑，终大暑，其神煞吉凶，用事宜忌，具于表。

（钦定协纪辨方书卷二十五）

钦定四库全书·钦定协纪辨方书卷二十六

月表七

七　月

七　月	甲己年 建壬申	乙庚年 建甲申	丙辛年 建丙申	丁壬年 建戊申	戊癸年 建庚申

立秋七月节，天道北行，宜向北行，宜修造北方。

天德在癸，天德合在戊，月德在壬，月德合在丁，月空在丙，宜修造、取土。

月建在申，月破在寅，月厌在辰，月刑在寅，月害在亥，劫煞在巳，灾煞在午，月煞在未，忌修造、取土。

初八日长星，二十二日短星。

立秋前一日四绝，后九日往亡。

处暑七月中，日躔在巳宫为七月将，宜用甲丙庚壬时。

孟年	黑	赤	白	仲年	白	绿	碧	季年	黄	白	紫
	紫	黄	白		白	黑	赤		碧	白	绿
	绿	碧	白		白	紫	黄		赤	白	黑

甲子海中金义定日	
吉神：天恩、时德、民日、三合、临日、时阴、福生、青龙。 **凶神**：死气。	**宜**祭祀、祈福、求嗣、上册受封、上表章、袭爵受封、会亲友、冠带、出行、上官赴任、临政亲民、结婚姻、纳采问名、嫁娶、进人口、移徙、沐浴、裁衣、修造动土、竖柱上梁、修仓库、经络、酝酿、开市、立券、交易、纳财、安碓硙、牧养、纳畜。 **忌**解除、求医疗病、开仓库、出货财、修置产室、栽种。

乙丑海中金制执日	
吉神：天恩、母仓、明堂。 **凶神**：小耗、归忌。	**宜**会亲友、捕捉、牧养、纳畜。 **忌**冠带、移徙、远回、修仓库、开市、立券、交易、纳财、开仓库、出货财、栽种。

丙寅炉中火义破日	
吉神：月空、天恩、驿马、天后、圣心、解神、五合、鸣吠对。 **凶神**：月破、大耗、月刑、天刑。	诸事不宜。

丁卯炉中火义危日	
吉神：月德合、天恩、益后、五合、鸣吠对。 **凶神**：天吏、致死、五虚、七符、朱雀。	**宜**祭祀、祈福、求嗣、上册受封、上表章、袭爵受封、会亲友、出行、上官赴任、临政亲民、结婚姻、纳采问名、嫁娶、移徙、安床、解除、裁衣、竖柱上梁、立券、交易、牧养、纳畜、安葬、启攒。 **忌**剃头、求医疗病、筑堤防、修造动土、修仓库、修置产室、开渠穿井、安碓硙、补垣、修饰垣墙、平治道涂、破屋坏垣、畋猎、取鱼、栽种、破土。

戊辰大林木专成日	
吉神：天德合、天恩、母仓、三合、天喜、天医、续世、金匮。 **凶神**：月厌、地火、四击、大煞、血忌。	**宜**祭祀、祈福、求嗣、上册受封、上表章、会亲友、入学、进人口、解除、裁衣、筑堤防、修造动土、竖柱上梁、修仓库、经络、酝酿、开市、立券、交易、纳财、安碓硙、牧养、纳畜、安葬。 **忌**出行、上官赴任、临政亲民、结婚姻、纳采问名、嫁娶、移徙、远回、求医疗病、针刺、畋猎、取鱼、栽种。

己巳大林木义收日	
吉神：天愿、六合、五富、要安、宝光。 **凶神**：河魁、劫煞、重日。	**宜**祭祀、祈福、求嗣、上册受封、上表章、袭爵受封、会亲友、上官赴任、临政亲民、结婚姻、纳采问名、嫁娶、进人口、移徙、裁衣、修造动土、竖柱上梁、修仓库、经络、酝酿、开市、立券、交易、纳财、开仓库、出货财、捕捉、栽种、牧养、纳畜。 **忌**出行、求医疗病。

庚午路傍土伐开日	
吉神：天马、时阳、生气、玉宇、鸣吠。 **凶神**：灾煞、天火、复日、白虎。	**宜**祭祀、入学。 **忌**冠带、结婚姻、纳采问名、嫁娶、进人口、求医疗病、苫盖、经络、酝酿、伐木、畋猎、取鱼、破土、安葬、启攒。

辛未路傍土义闭日	
吉神：母仓、金堂、玉堂。 **凶神**：月煞、月虚、血支、天贼、五虚。	诸事不宜。

壬申剑锋金义建日	
吉神：月德、月恩、四相、王日、天仓、不将、除神、鸣吠。 **凶神**：月建、小时、土府、五离、天牢。	**宜**祭祀、祈福、求嗣、上册受封、上表章、袭爵受封、会亲友、出行、上官赴任、临政亲民、结婚姻、纳采问名、嫁娶、进人口、移徙、解除、沐浴、剃头、整手足甲、求医疗病、裁衣、竖柱上梁、纳财、开仓库、出货财、扫舍宇、牧养、纳畜、安葬。 **忌**安床、筑堤防、修造动土、修仓库、修置产室、开渠穿井、安碓硙、补垣、修饰垣墙、平治道涂、破屋坏垣、伐木、畋猎、取鱼、栽种、破土。

癸酉剑锋金义除日	
吉神：天德、四相、阴德、官日、吉期、不将、除神、鸣吠。 **凶神**：大时、大败、咸池、九坎、九焦、往亡、五离、元武。	**宜**祭祀、祈福、求嗣、结婚姻、纳采问名、解除、沐浴、剃头、整手足甲、裁衣、修造动土、竖柱上梁、修仓库、纳财、开仓库、出货财、扫舍宇、牧养、纳畜、破土、安葬。 **忌**上册受封、上表章、会亲友、出行、上官赴任、临政亲民、嫁娶、进人口、移徙、求医疗病、鼓铸、补垣塞穴、捕捉、畋猎、取鱼、乘船渡水、栽种。

甲戌山头火制满日	
吉神：母仓、阳德、守日、天巫、福德、六仪、敬安、司命。 **凶神**：厌对、招摇、天狗、九空。	**宜**上册受封、上表章、会亲友、裁衣、经络、补垣塞穴、栽种、牧养、纳畜。 **忌**祭祀、袭爵受封、上官赴任、临政亲民、结婚姻、纳采问名、嫁娶、进人口、求医疗病、修仓库、开市、立券、交易、纳财、开仓库、出货财、取鱼、乘船渡水。

乙亥山头火义平日	
吉神：相日、普护。 **凶神**：天罡、死神、月害、游祸、五虚、重日、勾陈。	**宜**祭祀、沐浴、修饰垣墙、平治道涂。 **忌**祈福、求嗣、上册受封、上表章、袭爵受封、会亲友、冠带、出行、上官赴任、临政亲民、结婚姻、纳采问名、嫁娶、进人口、移徙、安床、解除、求医疗病、裁衣、筑堤防、修造动土、竖柱上梁、修仓库、鼓铸、经络、酝酿、开市、立券、交易、纳财、开仓库、出货财、修置产室、开渠穿井、栽种、牧养、纳畜、破土、安葬、启攒。

<table>
<tr><th colspan="2">丙子涧下水伐定日</th></tr>
<tr><td>吉神：月空、时德、民日、三合、临日、时阴、福生、青龙、鸣吠对。

凶神：死气、触水龙。</td><td>宜祭祀、祈福、求嗣、上册受封、上表章、袭爵受封、会亲友、冠带、出行、上官赴任、临政亲民、结婚姻、纳采问名、嫁娶、进人口、移徙、沐浴、裁衣、修造动土、竖柱上梁、修仓库、经络、酝酿、开市、立券、交易、纳财、开仓库、出货财、安碓硙、牧养、纳畜、破土、启攒。
忌解除、求医疗病、修置产室、取鱼、乘船渡水、栽种。</td></tr>
</table>

<table>
<tr><th colspan="2">丁丑涧下水宝执日</th></tr>
<tr><td>吉神：月德合、母仓、明堂。

凶神：小耗、归忌。</td><td>宜祭祀、祈福、求嗣、上册受封、上表章、袭爵受封、会亲友、出行、上官赴任、临政亲民、结婚姻、纳采问名、嫁娶、解除、求医疗病、裁衣、修造动土、竖柱上梁、修仓库、纳财、捕捉、栽种、牧养、纳畜、安葬。
忌冠带、移徙、远回、剃头、畋猎、取鱼。</td></tr>
</table>

<table>
<tr><th colspan="2">戊寅城头土伐破日</th></tr>
<tr><td>吉神：天德合、驿马、天后、圣心、解神、五合。

凶神：月破、大耗、月刑、天刑。</td><td>宜沐浴。
忌祭祀、祈福、求嗣、上册受封、上表章、袭爵受封、会亲友、冠带、出行、上官赴任、临政亲民、结婚姻、纳采问名、嫁娶、进人口、移徙、安床、解除、剃头、整手足甲、求医疗病、裁衣、筑堤防、修造动土、竖柱上梁、修仓库、鼓铸、经络、酝酿、开市、立券、交易、纳财、开仓库、出货财、修置产室、开渠穿井、安碓硙、补垣塞穴、修饰垣墙、破屋坏垣、伐木、畋猎、取鱼、栽种、牧养、纳畜、破土、安葬、启攒。</td></tr>
</table>

己卯城头土伐危日	
吉神：天恩、益后、五合。 **凶神**：天吏、致死、五虚、土符、朱雀。	**宜**祭祀、会亲友。 **忌**祈福、求嗣、上册受封、上表章、袭爵受封、冠带、出行、上官赴任、临政亲民、结婚姻、纳采问名、嫁娶、进人口、移徙、安床、解除、求医疗病、筑堤防、修造动土、竖柱上梁、修仓库、开市、立券、交易、纳财、开仓库、出货财、修置产室、开渠穿井、安碓硙、补垣、修饰垣墙、平治道涂、破屋坏垣、栽种、牧养、纳畜、破土。

庚辰白镴金义成日	
吉神：天恩、母仓、三合、天喜、天医、续世、金匮。 **凶神**：月厌、地火、四击、大煞、血忌、复日、大会。	诸事不宜。

辛巳白镴金伐收日	
吉神：天恩、六合、五富、要安、宝光。 **凶神**：河魁、劫煞、重日。	**宜**会亲友、结婚姻、嫁娶、进人口、经络、开市、立券、交易、纳财、开仓库、出货财、捕捉、栽种、牧养、纳畜。 **忌**出行、求医疗病、酝酿。

壬午杨柳木制开日	
吉神：月德、天恩、月恩、四相、天马、时阳、生气、不将、玉宇、鸣吠。 **凶神**：灾煞、天火、白虎。	**宜**祭祀、祈福、求嗣、上册受封、上表章、袭爵受封、会亲友、入学、出行、上官赴任、临政亲民、结婚姻、纳采问名、嫁娶、移徙、解除、裁衣、修造动土、竖柱上梁、修仓库、开市、纳财、开仓库、出货财、修置产室、安碓硙、栽种、牧养、纳畜。 **忌**求医疗病、苫盖、开渠、伐木、畋猎、取鱼。

癸未杨柳木伐闭日	
吉神：天德、天恩、母仓、四相、不将、金堂、玉堂。 **凶神**：月煞、月虚、血支、天贼、五虚、触水龙。	**宜**祭祀。 **忌**祈福、求嗣、上册受封、上表章、袭爵受封、会亲友、冠带、出行、上官赴任、临政亲民、结婚姻、纳采问名、嫁娶、进人口、移徙、安床、解除、剃头、整手足甲、求医疗病、疗目、针刺、裁衣、筑堤防、修造动土、竖柱上梁、修仓库、鼓铸、经络、酝酿、开市、立券、交易、纳财、开仓库、出货财、修置产室、开渠穿井、安碓硙、补垣塞穴、修饰垣墙、破屋坏垣、畋猎、取鱼、乘船渡水、栽种、牧养、纳畜、破土、安葬、启攒。

甲申井泉水伐建日	
吉神：王日、天仓、不将、除神、鸣吠。 **凶神**：月建、小时、土府、五离、天牢。	**宜**袭爵受封、出行、上官赴任、临政亲民、嫁娶、进人口、沐浴、裁衣、纳财、扫舍宇、纳畜。 **忌**祈福、求嗣、上册受封、上表章、会亲友、结婚姻、纳采问名、安床、解除、剃头、整手足甲、求医疗病、筑堤防、修造动土、竖柱上梁、修仓库、立券、交易、开仓库、出货财、修置产室、开渠穿井、安碓硙、补垣、修饰垣墙、平治道涂、破屋坏垣、伐木、栽种、破土、安葬、启攒。

乙酉井泉水伐除日	
吉神：阴德、官日、吉期、不将、除神、鸣吠。 **凶神**：大时、大败、咸池、九坎、九焦、往亡、五离、元武。	**宜**解除、沐浴、剃头、整手足甲、扫舍宇，破土、安葬。 **忌**上册受封、上表章、会亲友、出行、上官赴任、临政亲民、结婚姻、纳采问名、嫁娶、进人口、移徙、求医疗病、鼓铸、立券、交易、补垣塞穴、捕捉、畋猎、取鱼、乘船渡水、栽种。

丙戌屋上土宝满日	
吉神：月空、母仓、阳德、守日、天巫、福德、六仪、敬安、司命。 **凶神**：厌对、招摇、天狗、九空。	**忌**上册受封、上表章、会亲友、裁衣、经络、补垣塞穴、栽种、牧养、纳畜。 **忌**祭祀、袭爵受封、上官赴任、临政亲民、结婚姻、纳采问名、嫁娶、进人口、求医疗病、修仓库、开市、立券、交易、纳财、开仓库、出货财、取鱼、乘船渡水。

丁亥屋上土伐平日	
吉神：月德合、相日、普护。 **凶神**：天罡、死神、月害、游祸、五虚、八风、地囊、重日、勾陈。	**宜**祭祀、上册受封、上表章、袭爵受封、会亲友、出行、上官赴任、临政亲民、结婚姻、纳采问名、移徙、沐浴、裁衣、竖柱上梁、牧养、纳畜。 **忌**祈福、求嗣、嫁娶、解除、剃头、求医疗病、筑堤防、修造动土、修仓库、修置产室、开渠穿井、安碓硙、补垣、修饰垣墙、平治道涂、破屋坏垣、畋猎、取鱼、栽种、破土。

<table>
<tr><th colspan="2">戊子霹雳火制定日</th></tr>
<tr><td>吉神：天德合、时德、民日、三合、临日、时阴、福生、青龙。

凶神：死气。</td><td>宜祭祀、祈福、求嗣、上册受封、上表章、袭爵受封、会亲友、冠带、出行、上官赴任、临政亲民、结婚姻、纳采问名、嫁娶、进人口、移徙、解除、沐浴、裁衣、修造动土、竖柱上梁、修仓库、经络、酝酿、开市、立券、交易、纳财、开仓库、出货财、安碓硙、栽种、牧养、纳畜、安葬。
忌求医疗病、畋猎、取鱼。</td></tr>
</table>

<table>
<tr><th colspan="2">己丑霹雳火专执日</th></tr>
<tr><td>吉神：母仓、明堂。

凶神：小耗、归忌。</td><td>宜捕捉、栽种、牧养、纳畜。
忌冠带、移徙、远回、修仓库、开市、立券、交易、纳财、开仓库、出货财。</td></tr>
</table>

<table>
<tr><th colspan="2">庚寅松柏木制破日</th></tr>
<tr><td>吉神：驿马、天后、圣心、解神、五合、鸣吠对。

凶神：月破、大耗、月刑、复日、天刑。</td><td>诸事不宜。</td></tr>
</table>

辛卯松柏木制危日	
吉神：益后、五合、鸣吠对。 **凶神**：天吏、致死、五虚、土符、朱雀。	**宜**祭祀、会亲友、启攒。 **忌**祈福、求嗣、上册受封、上表章、袭爵受封、冠带、出行、上官赴任、临政亲民、结婚姻、纳采问名、嫁娶、进人口、移徙、安床、解除、求医疗病、筑堤防、修造动土、竖柱上梁、修仓库、酝酿、开市、立券、交易、纳财、开仓库、出货财、修置产室、开渠穿井、安碓硙、补垣、修饰垣墙、平治道涂、破屋坏垣、栽种、牧养、纳畜、破土。

壬辰长流水伐成日	
吉神：月德、母仓、月恩、四相、三合、天喜、天医、续世、金匮。 **凶神**：月厌、地火、四击、大煞、血忌。	**宜**祭祀、祈福、求嗣、上册受封、上表章、会亲友、入学、进人口、解除、裁衣、筑堤防、修造动土、竖柱上梁、修仓库、经络、酝酿、开市、立券、交易、纳财、开仓库、出货财、安碓硙、牧养、纳畜、安葬。 **忌**出行、上官赴任、临政亲民、结婚姻、纳采问名、嫁娶、移徙、远回、求医疗病、针刺、开渠、畋猎、取鱼、栽种。

癸巳长流水制收日	
吉神：天德、四相、六合、五富、不将、要安、宝光。 **凶神**：河魁、劫煞、重日。	**宜**祭祀、祈福、求嗣、上册受封、上表章、袭爵受封、会亲友、上官赴任、临政亲民、结婚姻、纳采问名、嫁娶、进人口、移徙、解除、裁衣、修造动土、竖柱上梁、修仓库、经络、酝酿、开市、立券、交易、纳财、开仓库、出货财、捕捉、栽种、牧养、纳畜。 **忌**出行、求医疗病、畋猎、取鱼。

甲午砂石金宝开日	
吉神：天马、时阳、生气、不将、玉宇、鸣吠。 **凶神**：灾煞、天火、白虎。	**宜**祭祀、入学。 **忌**冠带、结婚姻、纳采问名、进人口、安床、求医疗病、苫盖、经络、酝酿、开仓库、出货财、伐木、畋猎、取鱼。

乙未砂石金制闭日	
吉神：母仓、不将、金堂、玉堂。 **凶神**：月煞、月虚、血支、天贼、五虚。	诸事不宜。

丙申山下火制建日	
吉神：月空、王日、天仓、除神、鸣吠。 **凶神**：月建、小时、土府、五离、天牢。	**宜**袭爵受封、出行、上官赴任、临政亲民、进人口、沐浴、裁衣、纳财、扫舍宇、纳畜。 **忌**祈福、求嗣、上册受封、上表章、会亲友、结婚姻、纳采问名、安床、解除、剃头、整手足甲、求医疗病、筑堤防、修造动土、竖柱上梁、修仓库、立券、交易、开仓库、出货财、修置产室、开渠穿井、安碓硙、补垣、修饰垣墙、平治道涂、破屋坏垣、伐木、栽种、破土、安葬、启攒。

丁酉山下火制除日	
吉神：月德合、阴德、官日、吉期、除神、鸣吠。 **凶神**：大时、大败、咸池、九坎、九焦、往亡、五离、元武。	**宜**祭祀、祈福、求嗣、结婚姻、纳采问名、解除、沐浴、整手足甲、裁衣、修造动土、竖柱上梁、修仓库、扫舍宇、牧养、纳畜、破土、安葬。 **忌**上册受封、上表章、会亲友、出行、上官赴任、临政亲民、嫁娶、进人口、移徙、剃头、求医疗病、鼓铸、补垣塞穴、捕捉、畋猎、取鱼、乘船渡水、栽种。

戊戌平地木专满日	
吉神：天德合、母仓、阳德、守日、天巫、福德、六仪、敬安、司命。 **凶神**：厌对、招摇、天狗、九空。	**宜**上册受封、上表章、袭爵受封、会亲友、出行、上官赴任、临政亲民、结婚姻、纳采问名、嫁娶、进人口、移徙、解除、求医疗病、裁衣、修造动土、竖柱上梁、修仓库、经络、开市、立券、交易、纳财、开仓库、出货财、补垣塞穴、栽种、牧养、纳畜、安葬。 **忌**祭祀、畋猎、取鱼。

己亥平地木制平日	
吉神：相日、普护。 **凶神**：天罡、死神、月害、游祸、五虚、重日、勾陈。	**宜**祭祀、沐浴、修饰垣墙、平治道涂。 **忌**祈福、求嗣、上册受封、上表章、袭爵受封、会亲友、冠带、出行、上官赴任、临政亲民、结婚姻、纳采问名、嫁娶、进人口、移徙、安床、解除、求医疗病、裁衣、筑堤防、修造动土、竖柱上梁、修仓库、鼓铸、经络、酝酿、开市、立券、交易、纳财、开仓库、出货财、修置产室、开渠穿井、栽种、牧养、纳畜、破土、安葬、启攒。

庚子壁上土宝定日	
吉神：时德、民日、三合、临日、时阴、福生、青龙、鸣吠对。 **凶神**：死气、四忌、九虎、复日。	**宜**祭祀、祈福、求嗣、上册受封、上表章、袭爵受封、会亲友、冠带、出行、上官赴任、临政亲民、进人口、移徙、沐浴、裁衣、修造动土、竖柱上梁、修仓库、酝酿、开市、立券、交易、纳财、开仓库、出货财、安碓硙、牧养、纳畜。 **忌**结婚姻、纳采问名、嫁娶、解除、求医疗病、经络、修置产室、栽种、破土、安葬、启攒。

辛丑壁上土义执日	
吉神：母仓、明堂。 **凶神**：小耗、五墓、归忌。	**宜**捕捉。 **忌**冠带、出行、上官赴任、临政亲民、结婚姻、纳采问名、嫁娶、进人口、移徙、远回、安床、解除、求医疗病、修造动土、竖柱上梁、修仓库、酝酿、开市、立券、交易、纳财、开仓库、出货财、修置产室、栽种、牧养、纳畜、破土、安葬、启攒。

壬寅金箔金宝破日	
吉神：月德、月恩、四相、驿马、天后、圣心、解神、五合、鸣吠对。 **凶神**：月破、大耗、月刑、天刑。	**宜**沐浴。 **忌**祭祀、祈福、求嗣、上册受封、上表章、袭爵受封、会亲友、冠带、出行、上官赴任、临政亲民、结婚姻、纳采问名、嫁娶、进人口、移徙、安床、解除、剃头、整手足甲、求医疗病、裁衣、筑堤防、修造动土、竖柱上梁、修仓库、鼓铸、经络、酝酿、开市、立券、交易、纳财、开仓库、出货财、修置产室、开渠穿井、安碓硙、补垣塞穴、修饰垣墙、破屋坏垣、伐木、畋猎、取鱼、栽种、牧养、纳畜、破土、安葬、启攒。

癸卯金箔金宝危日	
吉神：天德、四相、益后、五合、鸣吠对。 **凶神**：天吏、致死、五虚、土符、朱雀。	**宜**祭祀、祈福、求嗣、上册受封、上表章、袭爵受封、会亲友、出行、上官赴任、临政亲民、结婚姻、纳采问名、嫁娶、移徙、安床、解除、裁衣、竖柱上梁、立券、交易、纳财、开仓库、出货财、牧养、纳畜、安葬、启攒。 **忌**求医疗病、筑堤防、修造动土、修仓库、修置产室、开渠穿井、安碓硙、补垣、修饰垣墙、平治道涂、破屋坏垣、畋猎、取鱼、栽种、破土。

甲辰覆灯火制成日	
吉神：母仓、三合、天喜、天医、续世、金匮。 **凶神**：月厌、地火、四击、大煞、血忌、阴错。	**宜**祭祀、入学。 **忌**祈福、求嗣、上册受封、上表章、袭爵受封、会亲友、冠带、出行、上官赴任、临政亲民、结婚姻、纳采问名、嫁娶、进人口、移徙、远回、安床、解除、剃头、整手足甲、求医疗病、针刺、裁衣、筑堤防、修造动土、竖柱上梁、修仓库、鼓铸、经络、酝酿、开市、立券、交易、纳财、开仓库、出货财、修置产室、开渠穿井、安碓硙、补垣塞穴、修饰垣墙、平治道涂、破屋坏垣、伐木、栽种、牧养、纳畜、破土、安葬、启攒。

乙巳覆灯火宝收日	
吉神：六合、五富、不将、要安、宝光。 **凶神**：河魁、劫煞、重日。	**宜**会亲友、结婚姻、嫁娶、进人口、经络、酝酿、开市、立券、交易、纳财、开仓库、出货财、捕捉、牧养、纳畜。 **忌**出行、求医疗病、栽种。

丙午天河水专开日	
吉神：月空、天马、时阳、生气、玉宇、鸣吠。 **凶神**：灾煞、天火、白虎。	**宜**祭祀、入学。 **忌**冠带、结婚姻、纳采问名、嫁娶、进人口、求医疗病、苫盖、经络、酝酿、伐木、畋猎、取鱼。

丁未天河水宝闭日	
吉神：月德合、母仓、金堂、玉堂。 **凶神**：月煞、月虚、血支、天贼、五虚、八风、八专。	**宜**祭祀。 **忌**祈福、求嗣、上册受封、上表章、袭爵受封、会亲友、冠带、出行、上官赴任、临政亲民、结婚姻、纳采问名、嫁娶、进人口、移徙、安床、解除、剃头、整手足甲、求医疗病、疗目、针刺、裁衣、筑堤防、修造动土、竖柱上梁、修仓库、鼓铸、经络、酝酿、开市、立券、交易、纳财、开仓库、出货财、修置产室、开渠穿井、安碓硙、补垣塞穴、修饰垣墙、破屋坏垣、畋猎、取鱼、乘船渡水、栽种、牧养、纳畜、破土、安葬、启攒。

戊申大驿土宝建日	
吉神：天德合、天赦、王日、天仓、不将、除神。 **凶神**：月建、小时、土府、五离、天牢。	**宜**祭祀、祈福、求嗣、上册受封、上表章、袭爵受封、会亲友、出行、上官赴任、临政亲民、结婚姻、纳采问名、嫁娶、进人口、移徙、解除、沐浴、剃头、整手足甲、求医疗病、裁衣、竖柱上梁、纳财、扫舍宇、牧养、纳畜、安葬。

己酉大驿土宝除日	
吉神：天恩、阴德、官日、吉期、除神、鸣吠。 **凶神**：大时、大败、咸池、九坎、九焦、往亡、五离、元武。	**宜**解除、沐浴、剃头、整手足甲、扫舍宇、破土、安葬。 **忌**上册受封、上表章、会亲友、出行、上官赴任、临政亲民、结婚姻、纳采问名、嫁娶、进人口、移徙、求医疗病、鼓铸、立券、交易、补垣塞穴、捕捉、畋猎、取鱼、乘船渡水、栽种。

庚戌钗钏金义满日	
吉神：天恩、母仓、阳德、守日、天巫、福德、六仪、敬安、司命。 **凶神**：厌对、招摇、天狗、九空、复日。	**宜**上册受封、上表章、会亲友、裁衣、补垣塞穴、栽种、牧养、纳畜。 **忌**祭祀、袭爵受封、上官赴任、临政亲民、结婚姻、纳采问名、嫁娶、进人口、求医疗病、修仓库、经络、开市、立券、交易、纳财、开仓库、出货财、取鱼、乘船渡水、破土、安葬、启攒。

辛亥钗钏金宝平日	
吉神：天恩、相日、普护。 **凶神**：天罡、死神、月害、游祸、四穷、九虎、五虚、重日、勾陈。	**宜**祭祀、沐浴、修饰垣墙、平治道涂。 **忌**祈福、求嗣、上册受封、上表章、袭爵受封、会亲友、冠带、出行、上官赴任、临政亲民、结婚姻、纳采问名、嫁娶、进人口、移徙、安床、解除、求医疗病、裁衣、筑堤防、修造动土、竖柱上梁、修仓库、经络、酝酿、开市、立券、交易、纳财、开仓库、出货财、修置产室、开渠穿井、栽种、牧养、纳畜、破土、安葬、启攒。

壬子桑柘木专定日	
吉神：月德、天恩、月恩、四相、时德、民日、三合、临日、时阴、福生、青龙、鸣吠对。 **凶神**：死气。	**宜**祭祀、祈福、求嗣、上册受封、上表章、袭爵受封、会亲友、冠带、出行、上官赴任、临政亲民、结婚姻、纳采问名、嫁娶、进人口、移徙、解除、沐浴、裁衣、修造动土、竖柱上梁、修仓库、经络、酝酿、开市、立券、交易、纳财、开仓库、出货财、安碓硙、栽种、牧养、纳畜、破土、安葬、启攒。 **忌**求医疗病、开渠、畋猎、取鱼。

癸丑桑柘木伐执日	
吉神：天德、天恩、母仓、四相、明堂。 **凶神**：小耗、归忌、八专、触水龙。	**宜**祭祀、祈福、求嗣、上册受封、上表章、袭爵受封、会亲友、出行、上官赴任、临政亲民、解除、求医疗病、裁衣、修造动土、竖柱上梁、修仓库、纳财、开仓库、出货财、捕捉、栽种、牧养、纳畜、安葬。 **忌**冠带、结婚姻、纳采问名、嫁娶、移徙、远回、畋猎、取鱼、乘船渡水。

甲寅大溪水专破日	
吉神：驿马、天后、圣心、解神、五合、鸣吠对。 **凶神**：月破、大耗、月刑、四废、八专、天刑。	诸事不宜。

乙卯大溪水专危日	
吉神：益后、五合、鸣吠对。 **凶神**：天吏、致死、四废、五虚、土符、朱雀、三阴。	诸事不宜。

丙辰沙中土宝成日	
吉神：月空、母仓、三合、天喜、天医、续世、金匮。 **凶神**：月厌、地火、四击、大煞、血忌。	**宜**祭祀、入学。 **忌**祈福、求嗣、上册受封、上表章、袭爵受封、会亲友、冠带、出行、上官赴任、临政亲民、结婚姻、纳采问名、嫁娶、进人口、移徙、远回、安床、解除、剃头、整手足甲、求医疗病、针刺、裁衣、筑堤防、修造动土、竖柱上梁、修仓库、鼓铸、经络、酝酿、开市、立券、交易、纳财、开仓库、出货财、修置产室、开渠穿井、安碓硙、补垣塞穴、修饰垣墙、平治道涂、破屋坏垣、伐木、栽种、牧养、纳畜、破土、安葬、启攒。

丁巳沙中土专收日	
吉神：月德合、六合、五富、要安、宝光。 **凶神**：河魁、劫煞、地囊、重日。	**宜**祭祀、祈福、求嗣、上册受封、上表章、袭爵受封、会亲友、上官赴任、临政亲民、结婚姻、纳采问名、嫁娶、进人口、移徙、解除、裁衣、竖柱上梁、经络、酝酿、开市、立券、交易、纳财、开仓库、出货财、捕捉、牧养、纳畜。 **忌**出行、剃头、求医疗病、筑堤防、修造动土、修仓库、修置产室、开渠穿井、安碓硙、补垣、修饰垣墙、平治道涂、破屋坏垣、畋猎、取鱼、栽种、破土。

戊午天上火义开日	
吉神：天德合、天马、时阳、生气、不将、玉宇。 **凶神**：灾煞、天火、四耗、白虎。	**宜**祭祀、祈福、求嗣、上册受封、上表章、袭爵受封、会亲友、入学、出行、上官赴任、临政亲民、结婚姻、纳采问名、嫁娶、移徙、解除、裁衣、修造动土、竖柱上梁、修仓库、开市、修置产室、开渠穿井、安碓硙、栽种、牧养、纳畜。 **忌**求医疗病、苫盖、伐木、破猎、取鱼。

己未天上火专闭日	
吉神：母仓、金堂、玉堂。 **凶神**：月煞、月虚、血支、天贼、五虚、八专。	诸事不宜。

庚申石榴木专建日	
吉神：王日、天仓、除神、鸣吠。 **凶神**：月建、小时、土府、复日、五离、八专、天牢、阳错。	**宜**袭爵受封、出行、上官赴任、临政亲民、进人口、沐浴、裁衣、纳财、扫舍宇、纳畜。 **忌**祈福、求嗣、上册受封、上表章、会亲友、结婚姻、纳采问名、嫁娶、安床、解除、剃头、整手足甲、求医疗病、筑堤防、修造动土、竖柱上梁、修仓库、经络、立券、交易、开仓库、出货财、修置产室、开渠穿井、安碓硙、补垣、修饰垣墙、平治道涂、破屋坏垣、伐木、栽种、破土、安葬、启攒。

辛酉石榴木专除日	
吉神：阴德、官日、吉期、除神、鸣吠。 **凶神**：大时、大败、咸池、九坎、九焦、往亡、五离、元武。	**宜**解除、沐浴、剃头、整手足甲、扫舍宇、破土、安葬。 **忌**上册受封、上表章、会亲友、出行、上官赴任、临政亲民、结婚姻、纳采问名、嫁娶、进人口、移徙、求医疗病、鼓铸、酝酿、立券、交易、补垣塞穴、捕捉、畋猎、取鱼、乘船渡水、栽种。

壬戌大海水伐满日	
吉神：月德、母仓、月恩、四相、阳德、守日、天巫、福德、六仪、敬安、司命。 **凶神**：厌对、招摇、天狗、九空。	**宜**上册受封、上表章、袭爵受封、会亲友、出行、上官赴任、临政亲民、结婚姻、纳采问名、嫁娶、进人口、移徙、解除、求医疗病、裁衣、修造动土、竖柱上梁、修仓库、经络、开市、立券、交易、纳财、开仓库、出货财、补垣塞穴、栽种、牧养、纳畜、安葬。 **忌**祭祀、开渠、畋猎、取鱼。

癸亥大海水专平日	
吉神：天德、四相、相日、普护。 **凶神**：天罡、死神、月害、游祸、五虚、重日、勾陈。	**宜**祭祀、沐浴、修饰垣墙、平治道涂。 **忌**祈福、求嗣、嫁娶、解除、求医疗病、畋猎、取鱼。

右六十干支，从建申者，始立秋，终处暑，其神煞吉凶，用事宜忌，具于表。

（钦定协纪辨方书卷二十六）

钦定四库全书·钦定协纪辨方书卷二十七

月表八

八　月

八月	甲己年 建癸酉	乙庚年 建乙酉	丙辛年 建丁酉	丁壬年 建己酉	戊癸年 建辛酉

白露八月节,天道东北行,宜向东北行,宜修造东北维。

天德在艮,月德在庚,月德合在乙,月空在甲,宜修造、取土。

月建在酉,月破在卯,月厌在卯,月刑在酉,月害在戌,劫煞在寅,灾煞在卯,月煞在辰,忌修造、取土。

二日、五日长星,十八日、十九日短星。

白露后十八日往亡,秋分前一日四离。

秋分八月中,日躔在辰宫为八月将,宜用艮巽坤乾时。

孟年	白	白	黄	仲年	赤	碧	黑	季年	绿	紫	白
	白	绿	紫		黄	白	白		黑	赤	碧
	碧	黑	赤		紫	白	绿		白	黄	白

甲子海中金义平日	
吉神：月空、天恩、时德、阳德、民日、玉宇、司命。 **凶神**：河魁、死神、天吏、致死、往亡。	**宜**祭祀、沐浴、修饰垣墙、平治道涂。 **忌**祈福、求嗣、上册受封、上表章、袭爵受封、会亲友、冠带、出行、上官赴任、临政亲民、结婚姻、纳采问名、嫁娶、进人口、移徙、安床、解除、求医疗病、裁衣、筑堤防、修造动土、竖柱上梁、修仓库、鼓铸、经络、酝酿、开市、立券、交易、纳财、开仓库、出货财、修置产室、开渠穿井、捕捉、畋猎、取鱼、栽种、牧养、纳畜、破土、安葬、启攒。

乙丑海中金制定日	
吉神：月德合、天恩、母仓、三合、时阴、金堂。 **凶神**：死气、勾陈。	**宜**祭祀、祈福、求嗣、上册受封、上表章、袭爵受封、会亲友、出行、上官赴任、临政亲民、结婚姻、纳采问名、嫁娶、进人口、移徙、解除、裁衣、修造动土、竖柱上梁、修仓库、经络、酝酿、立券、交易、纳财、安碓硙、牧养、纳畜、安葬。 **忌**冠带、求医疗病、畋猎、取鱼、栽种。

丙寅炉中火义执日	
吉神：天恩、解神、五合、青龙、鸣吠对。 **凶神**：劫煞、小耗、地囊、归忌。	**宜**沐浴、捕捉。 **忌**祭祀、祈福、求嗣、上册受封、上表章、袭爵受封、会亲友、冠带、出行、上官赴任、临政亲民、结婚姻、纳采问名、嫁娶、进人口、移徙、远回、安床、解除、剃头、整手足甲、求医疗病、裁衣、筑堤防、修造动土、竖柱上梁、修仓库、鼓铸、经络、酝酿、开市、立券、交易、开仓库、出货财、修置产室、开渠穿井、安碓硙、补垣塞穴、修饰垣墙、平治道涂、破屋坏垣、栽种、牧养、纳畜、破土、安葬、启攒。

<table>
<tr><th colspan="2">丁卯炉中火义破日</th></tr>
<tr><td>吉神：天恩、五合、明堂、鸣吠对。

凶神：月破、大耗、灾煞、天火、月厌、地火、五虚。</td><td>诸事不宜。</td></tr>
</table>

<table>
<tr><th colspan="2">戊辰大林木专危日</th></tr>
<tr><td>吉神：天恩、母仓、六合、不将、敬安。

凶神：月煞、月虚、四击、天刑。</td><td>忌祈福、求嗣、上册受封、上表章、袭爵受封、出行、上官赴任、临政亲民、解除、剃头、整手足甲、求医疗病、裁衣、筑堤防、修造动土、竖柱上梁、修仓库、鼓铸、修置产室、开渠穿井、安碓硙、补垣塞穴、修饰垣墙、破屋坏垣。</td></tr>
</table>

<table>
<tr><th colspan="2">己巳大林木义成日</th></tr>
<tr><td>吉神：三合、临日、天喜、天医、普护。

凶神：重日、朱雀。</td><td>宜祭祀、祈福、上册受封、上表章、袭爵受封、会亲友、入学、上官赴任、临政亲民、结婚姻、纳采问名、嫁娶、进人口、移徙、求医疗病、裁衣、筑堤防、修造动土、竖柱上梁、修仓库、经络、酝酿、开市、立券、交易、纳财、安碓硙、栽种、牧养、纳畜。
忌出行、破土、安葬、启攒。</td></tr>
</table>

庚午路傍土伐收日	
吉神：月德、福生、金匮、鸣吠。 **凶神**：天罡、大时、大败、咸池、天贼、九坎、九焦。	**宜**祭祀、捕捉。 **忌**出行、求医疗病、修仓库、鼓铸、苫盖、经络、开仓库、出货财、补垣塞穴、畋猎、取鱼、乘船渡水、栽种。

辛未路傍土义开日	
吉神：母仓、阴德、时阳、生气、天仓、不将、宝光。 **凶神**：五虚、九空、土符、复日。	**宜**祭祀、祈福、求嗣、上册受封、上表章、袭爵受封、会亲友、入学、出行、上官赴任、临政亲民、嫁娶、移徙、解除、裁衣、竖柱上梁、牧养、纳畜。 **忌**进人口、求医疗病、筑堤防、修造动土、修仓库、酝酿、开市、立券、交易、纳财、开仓库、出货财、修置产室、开渠穿井、安碓硙、补垣、修饰垣墙、平治道涂、破屋坏垣、伐木、畋猎、取鱼、栽种、破土、安葬、启攒。

壬申剑锋金义闭日	
吉神：四相、王日、天马、五富、不将、圣心、除神、鸣吠。 **凶神**：游祸、血支、五离、白虎。	**宜**祭祀、沐浴、剃头、整手足甲、裁衣、筑堤防、修仓库、经络、酝酿、纳财、补垣塞穴、扫舍宇、栽种、牧养、纳畜、破土、安葬。 **忌**祈福、求嗣、上册受封、上表章、袭爵受封、会亲友、出行、上官赴任、临政亲民、结婚姻、纳采问名、嫁娶、进人口、移徙、安床、解除、求医疗病、疗目、针刺、修造动土、竖柱上梁、开市、立券、交易、开仓库、出货财、修置产室、开渠穿井。

<table>
<tr><th colspan="2">癸酉剑锋金义建日</th></tr>
<tr><td>吉神：月恩、四相、官日、六仪、益后、除神、玉堂、鸣吠。

凶神：月建、小时、土府、月刑、厌对、招摇、五离。</td><td>宜祭祀、沐浴、扫舍宇。
忌祈福、求嗣、上册受封、上表章、袭爵受封、会亲友、冠带、出行、上官赴任、临政亲民、结婚姻、纳采问名、嫁娶、进人口、移徙、安床、解除、剃头、整手足甲、求医疗病、裁衣、筑堤防、修造动土、竖柱上梁、修仓库、鼓铸、经络、酝酿、开市、立券、交易、纳财、开仓库、出货财、修置产室、开渠穿井、安碓硙、补垣塞穴、修饰垣墙、平治道涂、破屋坏垣、伐木、取鱼、乘船渡水、栽种、牧养、纳畜、破土、安葬、启攒。</td></tr>
</table>

<table>
<tr><th colspan="2">甲戌山头火制除日</th></tr>
<tr><td>吉神：月空、母仓、守日、吉期、续世。

凶神：月害、血忌、天牢。</td><td>宜祭祀、袭爵受封、出行、上官赴任、临政亲民、解除、沐浴、剃头、整手足甲、扫舍宇、栽种。
忌祈福、求嗣、上册受封、上表章、会亲友、结婚姻、纳采问名、嫁娶、进人口、求医疗病、针刺、修仓库、经络、酝酿、开市、立券、交易、纳财、开仓库、出货财、修置产室、牧养、纳畜、破土、安葬、启攒。</td></tr>
</table>

<table>
<tr><th colspan="2">乙亥山头火义满日</th></tr>
<tr><td>吉神：月德合、相日、驿马、天后、天巫、福德、要安。

凶神：五虚、大煞、重日、元武。</td><td>宜祭祀、祈福、求嗣、上册受封、上表章、袭爵受封、会亲友、出行、上官赴任、临政亲民、结婚姻、纳采问名、进人口、移徙、解除、沐浴、求医疗病、裁衣、修造动土、竖柱上梁、修仓库、经络、开市、立券、交易、纳财、开仓库、出货财、补垣塞穴、牧养、纳畜。
忌嫁娶、畋猎、取鱼、栽种。</td></tr>
</table>

丙子涧下水伐平日	
吉神：时德、阳德、民日、玉宇、司命、鸣吠对。 **凶神**：河魁、死神、天吏、致死、往亡、触水龙。	**宜**祭祀、沐浴、修饰垣墙、平治道涂。 **忌**祈福、求嗣、上册受封、上表章、袭爵受封、会亲友、冠带、出行、上官赴任、临政亲民、结婚姻、纳采问名、嫁娶、进人口、移徙、安床、解除、求医疗病、裁衣、筑堤防、修造动土、竖柱上梁、修仓库、鼓铸、经络、酝酿、开市、立券、交易、纳财、开仓库、出货财、修置产室、开渠穿井、捕捉、畋猎、取鱼、乘船渡水、栽种、牧养、纳畜、破土、安葬、启攒。

丁丑涧下水宝定日	
吉神：母仓、三合、时阴、金堂。 **凶神**：死气、勾陈。	**宜**会亲友、结婚姻、纳采问名、嫁娶、进人口、裁衣、修造动土、竖柱上梁、修仓库、经络、酝酿、立券、交易、纳财、安碓硙、牧养、纳畜。 **忌**冠带、解除、剃头、求医疗病、修置产室、栽种。

戊寅城头土伐执日	
吉神：解神、五合、青龙。 **凶神**：劫煞、小耗、归忌。	**宜**沐浴、捕捉。 **忌**祭祀、祈福、求嗣、上册受封、上表章、袭爵受封、会亲友、冠带、出行、上官赴任、临政亲民、结婚姻、纳采问名、嫁娶、进人口、移徙、远回、安床、解除、剃头、整手足甲、求医疗病、裁衣、筑堤防、修造动土、竖柱上梁、修仓库、鼓铸、经络、酝酿、开市、立券、交易、纳财、开仓库、出货财、修置产室、开渠穿井、安碓硙、补垣塞穴、修饰垣墙、破屋坏垣、栽种、牧养、纳畜、破土、安葬、启攒。

<table>
<tr><th colspan="2">己卯城头土伐破日</th></tr>
<tr><td>吉神：天恩、五合、明堂。

凶神：月破、大耗、灾煞、天火、月厌、地火、五虚、阴道冲阳。</td><td>诸事不宜。</td></tr>
</table>

<table>
<tr><th colspan="2">庚辰白镴金义危日</th></tr>
<tr><td>吉神：月德、天恩、母仓、天愿、六合、敬安。

凶神：月煞、月虚、四击、天刑。</td><td>宜祭祀、祈福、求嗣、上册受封、上表章、袭爵受封、会亲友、出行、上官赴任、临政亲民、结婚姻、纳采问名、嫁娶、进人口、移徙、安床、解除、裁衣、修造动土、竖柱上梁、修仓库、酝酿、开市、立券、交易、纳财、栽种、牧养、纳畜、安葬。</td></tr>
</table>

<table>
<tr><th colspan="2">辛巳白镴金伐成日</th></tr>
<tr><td>吉神：天恩、三合、临日、天喜、天医、不将、普护。

凶神：复日、重日、朱雀。</td><td>宜祭祀、祈福、上册受封、上表章、袭爵受封、会亲友、入学、上官赴任、临政亲民、结婚姻、纳采问名、嫁娶、进人口、移徙、求医疗病、裁衣、筑堤防、修造动土、竖柱上梁、修仓库、经络、开市、立券、交易、纳财、安碓硙、栽种、牧养、纳畜。
忌出行、酝酿、破土、安葬、启攒。</td></tr>
</table>

<table>
<tr><th colspan="2">壬午杨柳木制收日</th></tr>
<tr><td>吉神：天恩、四相、不将、福生、金匮、鸣吠。

凶神：天罡、大时、大败、咸池、天贼、九坎、九焦。</td><td>宜祭祀、捕捉。
忌祈福、求嗣、上册受封、上表章、袭爵受封、会亲友、冠带、出行、上官赴任、临政亲民、结婚姻、纳采问名、嫁娶、进人口、移徙、安床、解除、求医疗病、裁衣、筑堤防、修造动土、竖柱上梁、修仓库、鼓铸、苫盖、经络、酝酿、开市、立券、交易、纳财、开仓库、出货财、修置产室、开渠穿井、补垣塞穴、取鱼、乘船渡水、栽种、牧养、纳畜、破土、安葬、启攒。</td></tr>
</table>

<table>
<tr><th colspan="2">癸未杨柳木伐开日</th></tr>
<tr><td>吉神：天恩、母仓、月恩、四相、阴德、时阳、生气、天仓、不将、宝光。

凶神：五虚、九空、土符、触水龙。</td><td>宜祭祀、祈福、求嗣、上册受封、上表章、袭爵受封、会亲友、入学、出行、上官赴任、临政亲民、结婚姻、纳采问名、嫁娶、移徙、解除、裁衣、竖柱上梁、牧养、纳畜。
忌进人口、求医疗病、筑堤防、修造动土、修仓库、开市、立券、交易、纳财、开仓库、出货财、修置产室、开渠穿井、安碓硙、补垣、修饰垣墙、平治道涂、破屋坏垣、伐木、畋猎、取鱼、乘船渡水、栽种、破土。</td></tr>
</table>

<table>
<tr><th colspan="2">甲申井泉水伐闭日</th></tr>
<tr><td>吉神：月空、王日、天马、五富、不将、圣心、除神、鸣吠。

凶神：游祸、血支、五离、白虎。</td><td>宜祭祀、沐浴、剃头、整手足甲、裁衣、筑堤防、经络、酝酿、纳财、补垣塞穴、扫舍宇、栽种、牧养、纳畜、破土、安葬。
忌祈福、求嗣、上册受封、上表章、袭爵受封、会亲友、出行、上官赴任、临政亲民、结婚姻、纳采问名、嫁娶、进人口、移徙、安床、解除、求医疗病、疗目、针刺、修造动土、竖柱上梁、开市、立券、交易、开仓库、出货财、修置产室、开渠穿井。</td></tr>
</table>

乙酉井泉水伐建日	
吉神：月德合、官日、六仪、益后、除神、玉堂、鸣吠。 **凶神**：月建、小时、土府、月刑、厌对、招摇、五离。	**宜**祭祀、沐浴、扫舍宇。 **忌**会亲友、求医疗病、筑堤防、修造动土、修仓库、修置产室、开渠穿井、安碓硙、补垣、修饰垣墙、平治道涂、破屋坏垣、伐木、畋猎、取鱼、栽种、破土。

丙戌屋上土宝除日	
吉神：母仓、守日、吉期、续世。 **凶神**：月害、血忌、天牢。	**宜**祭祀、袭爵受封、出行、上册受封、临政亲民、解除、沐浴、剃头、整手足甲、扫舍宇、栽种。 **忌**祈福、求嗣、上册受封、上表章、会亲友、结婚姻、纳采问名、嫁娶、进人口、求医疗病、针刺、修仓库、经络、酝酿、开市、立券、交易、纳财、开仓库、出货财、修置产室、牧养、纳畜、破土、安葬、启攒。

丁亥屋上土伐满日	
吉神：相日、驿马、天后、天巫、福德、要安。 **凶神**：五虚、八风、大煞、重日、元武。	**宜**祭祀、祈福、上册受封、上表章、会亲友、出行、进人口、移徙、沐浴、裁衣、经络、开市、立券、交易、纳财、补垣塞穴。 **忌**袭爵受封、上官赴任、临政亲民、结婚姻、纳采问名、嫁娶、剃头、求医疗病、修仓库、开仓库、出货财、取鱼、乘船渡水、破土、安葬、启攒。

戊子霹雳火制平日	
吉神：时德、阳德、民日、玉宇、司命。 **凶神**：河魁、死神、天吏、致死、往亡。	**宜**祭祀、沐浴、修饰垣墙、平治道涂。 **忌**祈福、求嗣、上册受封、上表章、袭爵受封、会亲友、冠带、出行、上官赴任、临政亲民、结婚姻、纳采问名、嫁娶、进人口、移徙、安床、解除、求医疗病、裁衣、筑堤防、修造动土、竖柱上梁、修仓库、鼓铸、经络、酝酿、开市、立券、交易、纳财、开仓库、出货财、修置产室、开渠穿井、捕捉、畋猎、取鱼、栽种、牧养、纳畜、破土、安葬、启攒。

己丑霹雳火专定日	
吉神：母仓、三合、时阴、金堂。 **凶神**：死气、勾陈。	**宜**会亲友、结婚姻、纳采问名、嫁娶、进人口、裁衣、修造动土、竖柱上梁、修仓库、经络、酝酿、立券、交易、纳财、安碓硙、牧养、纳畜。 **忌**冠带、解除、求医疗病、修置产室、栽种。

庚寅松柏木制执日	
吉神：月德、解神、五合、青龙、鸣吠对。 **凶神**：劫煞、小耗、归忌。	**宜**沐浴、捕捉。 **忌**祭祀、移徙、远回、求医疗病、修仓库、经络、开市、立券、交易、纳财、开仓库、出货财、畋猎、取鱼。

<table>
<tr><th colspan="2">辛卯松柏木制破日</th></tr>
<tr><td>吉神：五合、明堂、鸣吠对。

凶神：月破、大耗、灾煞、天火、月厌、地火、五虚、复日、大会。</td><td>诸事不宜。</td></tr>
</table>

<table>
<tr><th colspan="2">壬辰长流水伐危日</th></tr>
<tr><td>吉神：母仓、四相、六合、不将、敬安。

凶神：月煞、月虚、四击、天刑。</td><td>宜祭祀。
忌上册受封、上表章、求医疗病、开渠。</td></tr>
</table>

<table>
<tr><th colspan="2">癸巳长流水制成日</th></tr>
<tr><td>吉神：月恩、四相、三合、临日、天喜、天医、不将、普护。

凶神：重日、朱雀。</td><td>宜祭祀、祈福、求嗣、上册受封、上表章、袭爵受封、会亲友、入学、上官赴任、临政亲民、结婚姻、纳采问名、嫁娶、进人口、移徙、解除、求医疗病、裁衣、筑堤防、修造动土、竖柱上梁、修仓库、经络、酝酿、开市、立券、交易、纳财、开仓库、出货财、安碓硙、栽种、牧养、纳畜。
忌出行、破土、安葬、启攒。</td></tr>
</table>

甲午砂石金宝收日	
吉神：月空、不将、福生、金匮、鸣吠。 **凶神**：天恩、大时、大败、咸池、天贼、九坎、九焦。	**宜**祭祀、捕捉。 **忌**祈福、求嗣、上册受封、上表章、袭爵受封、会亲友、冠带、出行、上官赴任、临政亲民、结婚姻、纳采问名、嫁娶、进人口、移徙、安床、解除、求医疗病、裁衣、筑堤防、修造动土、竖柱上梁、修仓库、鼓铸、苫盖、经络、酝酿、开市、立券、交易、纳财、开仓库、出货财、修置产室、开渠穿井、补垣塞穴、取鱼、乘船渡水、栽种、牧养、纳畜、破土、安葬、启攒。

乙未砂石金制开日	
吉神：月德合、母仓、阴德、时阳、生气、天仓、宝光。 **凶神**：五虚、九空、土符。	**宜**祭祀、祈福、求嗣、上册受封、上表章、袭爵受封、会亲友、入学、出行、上官赴任、临政亲民、结婚姻、纳采问名、嫁娶、进人口、移徙、解除、裁衣、竖柱上梁、开市、纳财、牧养、纳畜。 **忌**求医疗病、筑堤防、修造动土、修仓库、修置产室、开渠穿井、安碓硙、补垣、修饰垣墙、平治道涂、破屋坏垣、伐木、畋猎、取鱼、栽种、破土。

丙申山下火制闭日	
吉神：王日、天马、五富、圣心、除神、鸣吠。 **凶神**：游祸、血支、地囊、五离、白虎。	**宜**祭祀、沐浴、剃头、整手足甲、裁衣、经络、酝酿、纳财、扫舍宇、牧养、纳畜、安葬。 **忌**祈福、求嗣、上册受封、上表章、袭爵受封、会亲友、出行、上官赴任、临政亲民、结婚姻、纳采问名、嫁娶、进人口、移徙、安床、解除、求医疗病、疗目、针刺、筑堤防、修造动土、竖柱上梁、修仓库、开市、立券、交易、开仓库、出货财、修置产室、开渠穿井、安碓硙、补垣、修饰垣墙、平治道涂、破屋坏垣、栽种、破土。

丁酉山下火制建日	
吉神：官日、六仪、益后、除神、玉堂、鸣吠。 **凶神**：月建、小时、土府、月刑、厌对、招摇、五离。	**宜**祭祀、沐浴、扫舍宇。 **忌**祈福、求嗣、上册受封、上表章、袭爵受封、会亲友、冠带、出行、上官赴任、临政亲民、结婚姻、纳采问名、嫁娶、进人口、移徙、安床、解除、剃头、整手足甲、求医疗病、裁衣、筑堤防、修造动土、竖柱上梁、修仓库、鼓铸、经络、酝酿、开市、立券、交易、纳财、开仓库、出货财、修置产室、开渠穿井、安碓硙、补垣塞穴、修饰垣墙、平治道涂、破屋坏垣、伐木、取鱼、乘船渡水、栽种、牧养、纳畜、破土、安葬、启攒。

戊戌平地木专除日	
吉神：母仓、守日、吉期、续世。 **凶神**：月害、血忌、天牢。	**宜**祭祀、袭爵受封、出行、上官赴任、临政亲民、解除、沐浴、剃头、整手足甲、扫舍宇、栽种。 **忌**祈福、求嗣、上册受封、上表章、会亲友、结婚姻、纳采问名、嫁娶、进人口、求医疗病、针刺、修仓库、经络、酝酿、开市、立券、交易、纳财、开仓库、出货财、修置产室、牧养、纳畜、破土、安葬、启攒。

己亥平地木制满日	
吉神：相日、驿马、天后、天巫、福德、要安。 **凶神**：五虚、大煞、重日、元武。	**宜**祭祀、祈福、上册受封、上表章、会亲友、出行、进人口、移徙、沐浴、裁衣、经络、开市、立券、交易、纳财、补垣塞穴。 **忌**袭爵受封、上官赴任、临政亲民、结婚姻、纳采问名、嫁娶、求医疗病、修仓库、开仓库、出货财、破土、安葬、启攒。

<table>
<tr><th colspan="2">庚子壁上土宝平日</th></tr>
<tr><td>吉神：月德、时德、阳德、民日、玉宇、司命、鸣吠对。

凶神：河魁、死神、天吏、致死、四忌、九虎、往亡。</td><td>宜祭祀、沐浴、修饰垣墙、平治道涂。
忌上册受封、上表章、出行、上官赴任、临政亲民、结婚姻、纳采问名、嫁娶、进人口、移徙、求医疗病、经络、捕捉、畋猎、取鱼、安葬。</td></tr>
</table>

<table>
<tr><th colspan="2">辛丑壁上土义定日</th></tr>
<tr><td>吉神：母仓、三合、时阴、金堂。

凶神：死气、五墓、复日、勾陈。</td><td>宜会亲友、裁衣、修仓库、经络、纳财、安碓硙。
忌冠带、出行、上官赴任、临政亲民、结婚姻、纳采问名、嫁娶、进人口、移徙、安床、解除、求医疗病、修造动土、竖柱上梁、酝酿、开市、立券、交易、修置产室、栽种、牧养、纳畜、破土、安葬、启攒。</td></tr>
</table>

<table>
<tr><th colspan="2">壬寅金箔金宝执日</th></tr>
<tr><td>吉神：四相、解神、五合、青龙、鸣吠对。

凶神：劫煞、小耗、归忌。</td><td>宜沐浴、捕捉。
忌祭祀、祈福、求嗣、上册受封、上表章、袭爵受封、会亲友、冠带、出行、上官赴任、临政亲民、结婚姻、纳采问名、嫁娶、进人口、移徙、远回、安床、解除、剃头、整手足甲、求医疗病、裁衣、筑堤防、修造动土、竖柱上梁、修仓库、鼓铸、经络、酝酿、开市、立券、交易、纳财、开仓库、出货财、修置产室、开渠穿井、安碓硙、补垣塞穴、修饰垣墙、破屋坏垣、栽种、牧养、纳畜、破土、安葬、启攒。</td></tr>
</table>

癸卯金箔金宝破日	
吉神：月恩、四相、五合、明堂、鸣吠对。 **凶神**：月破、大耗、灾煞、天火、月厌、地火、五虚。	诸事不宜。

甲辰覆灯火制危日	
吉神：月空、母仓、六合、不将、敬安。 **凶神**：月煞、月虚、四击、天刑。	**宜**祈福、求嗣、袭爵受封、出行、上官赴任、临政亲民、解除、剃头、整手足甲、求医疗病、裁衣、筑堤防、修造动土、竖柱上梁、修仓库、鼓铸、修置产室、开渠穿井、安碓硙、补垣塞穴、修饰垣墙、破屋坏垣。

乙巳覆灯火宝成日	
吉神：月德合、三合、临日、天喜、天医、普护。 **凶神**：重日、朱雀。	**宜**祭祀、祈福、求嗣、上册受封、上表章、袭爵受封、会亲友、入学、上官赴任、临政亲民、结婚姻、纳采问名、嫁娶、进人口、移徙、解除、求医疗病、裁衣、筑堤防、修造动土、竖柱上梁、修仓库、经络、酝酿、开市、立券、交易、纳财、安碓硙、牧养、纳畜。 **忌**出行、畋猎、取鱼、栽种。

丙午天河水专收日	
吉神：福生、金匮、鸣吠。 **凶神**：天罡、大时、大败、咸池、天贼、九坎、九焦。	**宜**祭祀、捕捉。 **忌**祈福、求嗣、上册受封、上表章、袭爵受封、会亲友、冠带、出行、上官赴任、临政亲民、结婚姻、纳采问名、嫁娶、进人口、移徙、安床、解除、求医疗病、裁衣、筑堤防、修造动土、竖柱上梁、修仓库、鼓铸、苫盖、经络、酝酿、开市、立券、交易、纳财、开仓库、出货财、修置产室、开渠穿井、补垣塞穴、取鱼、乘船渡水、栽种、牧养、纳畜、破土、安葬、启攒。

丁未天河水宝开日	
吉神：母仓、阴德、时阳、生气、天仓、宝光。 **凶神**：五虚、八风、九空、土符、八专。	**宜**祭祀、祈福、求嗣、上册受封、上表章、袭爵受封、会亲友、入学、出行、上官赴任、临政亲民、移徙、解除、裁衣、竖柱上梁、牧养。 **忌**结婚姻、纳采问名、嫁娶、进人口、剃头、求医疗病、筑堤防、修造动土、修仓库、开市、立券、交易、纳财、开仓库、出货财、修置产室、开渠穿井、安碓硙、补垣、修饰垣墙、平治道涂、破屋坏垣、伐木、畋猎、取鱼、乘船渡水、栽种、破土。

戊申大驿土宝闭日	
吉神：天赦、王日、天马、五富、不将、圣心、除神。 **凶神**：游祸、血支、五离、白虎。	**宜**祭祀、沐浴、剃头、整手足甲、裁衣、筑堤防、修仓库、经络、酝酿、立券、交易、纳财、补垣塞穴、扫舍宇、栽种、牧养、纳畜、安葬。 **忌**祈福、求嗣、安床、解除、求医疗病、疗目、针刺、畋猎、取鱼。

己酉大驿土宝建日	
吉神：天恩、官日、六仪、益后、除神、玉堂、鸣吠。 **凶神**：月建、小时、土府、月刑、厌对、招摇、五离、小会。	诸事不宜。

庚戌钗钏金义除日	
吉神：月德、天恩、母仓、守日、吉期、续世。 **凶神**：月害、血忌、天牢。	**宜**祭祀、祈福、求嗣、上册受封、上表章、袭爵受封、会亲友、出行、上官赴任、临政亲民、结婚姻、纳采问名、嫁姻、移徙、解除、沐浴、剃头、整手足甲、裁衣、修造动土、竖柱上梁、修仓库、纳财、扫舍宇、栽种、牧养、纳畜、安葬。 **忌**求医疗病、针刺、经络、畋猎、取鱼。

辛亥钗钏金宝满日	
吉神：天恩、相日、驿马、天后、天巫、福德、要安。 **凶神**：四穷、九虎、五虚、大煞、复日、重日、元武。	**宜**祭祀、祈福、上册受封、上表章、会亲友、出行、移徙、沐浴、裁衣、经络、补垣塞穴。 **忌**袭爵受封、上官赴任、临政亲民、结婚姻、纳采问名、嫁娶、进人口、求医疗病、修仓库、酝酿、开市、立券、交易、纳财、开仓库、出货财、破土、安葬、启攒。

壬子桑柘木专平日	
吉神：天恩、四相、时德、阳德、民日、玉宇、司命、鸣吠对。 **凶神**：河魁、死神、天吏、致死、往亡。	**宜**祭祀、沐浴、修饰垣墙、平治道涂。 **忌**祈福、求嗣、上册受封、上表章、袭爵受封、会亲友、冠带、出行、上官赴任、临政亲民、结婚姻、纳采问名、嫁娶、进人口、移徙、安床、解除、求医疗病、裁衣、筑堤防、修造动土、竖柱上梁、修仓库、鼓铸、经络、酝酿、开市、立券、交易、纳财、开仓库、出货财、修置产室、开渠穿井、捕捉、畋猎、取鱼、栽种、牧养、纳畜、破土、安葬、启攒。

癸丑桑柘木伐定日	
吉神：天恩、母仓、月恩、四相、三合、时阴、金堂。 **凶神**：死气、八专、触水龙、勾陈。	**宜**祭祀、祈福、求嗣、袭爵受封、会亲友、出行、上官赴任、临政亲民、进人口、移徙、裁衣、修造动土、竖柱上梁、修仓库、经络、酝酿、立券、交易、纳财、开仓库、出货财、安碓硙、牧养、纳畜。 **忌**冠带、结婚姻、纳采问名、嫁娶、解除、求医疗病、修置产室、取鱼、乘船渡水、栽种。

甲寅大溪水专执日	
吉神：月空、解神、五合、青龙、鸣吠对。 **凶神**：劫煞、小耗、四废、归忌、八专。	**宜**沐浴、捕捉。 **忌**祭祀、祈福、求嗣、上册受封、上表章、袭爵受封、会亲友、冠带、出行、上官赴任、临政亲民、结婚姻、纳采问名、嫁娶、进人口、移徙、远回、安床、解除、剃头、整手足甲、求医疗病、裁衣、筑堤防、修造动土、竖柱上梁、修仓库、鼓铸、经络、酝酿、开市、立券、交易、纳财、开仓库、出货财、修置产室、开渠穿井、安碓硙、补垣塞穴、修饰垣墙、破屋坏垣、栽种、牧养、纳畜、破土、安葬、启攒。

乙卯大溪水专破日	
吉神：月德合、五、合、明堂、鸣吠对。 **凶神**：月破、大耗、灾煞、天火、月厌、地火、四废、五虚、阴错。	诸事不宜。

丙辰沙中土宝危日	
吉神：母仓、六合、敬安。 **凶神**：月煞、月虚、四击、天刑。	**忌**祈福、求嗣、上册受封、上表章、袭爵受封、出行、上官赴任、临政亲民、解除、剃头、整手足甲、求医疗病、裁衣、筑堤防、修造动土、竖柱上梁、修仓库、鼓铸、修置产室、开渠穿井、安碓硙、补垣塞穴、修饰垣墙、破屋坏垣。

丁巳沙中土专成日	
吉神：三合、临日、天喜、天医、普护。 **凶神**：重日、朱雀。	**宜**祭祀、祈福、上册受封、上表章、袭爵受封、会亲友、入学、上官赴任、临政亲民、结婚姻、纳采问名、嫁娶、进人口、移徙、求医疗病、裁衣、筑堤防、修造动土、竖柱上梁、修仓库、经络、酝酿、开市、立券、交易、纳财、安碓硙、栽种、牧养、纳畜。 **忌**出行、剃头、破土、安葬、启攒。

戊午天上火义收日	
吉神：不将、福生、金匮。 **凶神**：天罡、大时、大败、咸池、天贼、四耗、九坎、九焦。	**宜**祭祀、捕捉。 **忌**祈福、求嗣、上册受封、上表章、袭爵受封、会亲友、冠带、出行、上官赴任、临政亲民、结婚姻、纳采问名、嫁娶、进人口、移徙、安床、解除、求医疗病、裁衣、筑堤防、修造动土、竖柱上梁、修仓库、鼓铸、苫盖、经络、酝酿、开市、立券、交易、纳财、开仓库、出货财、修置产室、开渠穿井、补垣塞穴、取鱼、乘船渡水、栽种、牧养、纳畜、破土、安葬、启攒。

己未天上火专开日	
吉神：母仓、阴德、时阳、生气、天仓、宝光。 **凶神**：五虚、九空、土符、八专。	**宜**祭祀、祈福、求嗣、上册受封、上表章、袭爵受封、会亲友、入学、出行、上官赴任、临政亲民、移徙、解除、裁衣、竖柱上梁、牧养、纳畜。 **忌**结婚姻、纳采问名、嫁娶、进人口、求医疗病、筑堤防、修造动土、修仓库、开市、立券、交易、纳财、开仓库、出货财、修置产室、开渠穿井、安碓硙、补垣、修饰垣墙、平治道涂、破屋坏垣、伐木、畋猎、取鱼、栽种、破土。

庚申石榴木专闭日	
吉神：月德、王日、天马、五富、圣心、除神、鸣吠。 **凶神**：游祸、血支、五离、八专、白虎。	**宜**祭祀、沐浴、剃头、整手足甲、裁衣、筑堤防、修仓库、酝酿、立券、交易、纳财、补垣塞穴、扫舍宇、栽种、牧养、纳畜、破土、安葬。 **忌**祈福、求嗣、结婚姻、纳采问名、嫁娶、安床、解除、求医疗病、疗目、针刺、经络、畋猎、取鱼。

<table>
<tr><th colspan="2">辛酉石榴木专建日</th></tr>
<tr><td>吉神：官日、六仪、益后、除神、玉堂、鸣吠。

凶神：月建、小时、土府、月刑、厌对、招摇、复日、五离、阳错。</td><td>宜祭祀、沐浴、扫舍宇。
忌祈福、求嗣、上册受封、上表章、袭爵受封、会亲友、冠带、出行、上官赴任、临政亲民、结婚姻、纳采问名、嫁娶、进人口、移徙、安床、解除、剃头、整手足甲、求医疗病、裁衣、筑堤防、修造动土、竖柱上梁、修仓库、鼓铸、经络、酝酿、开市、立券、交易、纳财、开仓库、出货财、修置产室、开渠穿井、安碓硙、补垣塞穴、修饰垣墙、平治道涂、破屋坏垣、伐木、取鱼、乘船渡水、栽种、牧养、纳畜、破土、安葬、启攒。</td></tr>
</table>

<table>
<tr><th colspan="2">壬戌大海水伐除日</th></tr>
<tr><td>吉神：母仓、四相、守日、吉期、续世。

凶神：月害、血忌、天牢。</td><td>宜祭祀、袭爵受封、出行、上官赴任、临政亲民、移徙、解除、沐浴、剃头、整手足甲、裁衣、修造动土、竖柱上梁、扫舍宇、栽种。
忌祈福、求嗣、上册受封、上表章、会亲友、结婚姻、纳采问名、嫁娶、进人口、求医疗病、针刺、修仓库、经络、酝酿、开市、立券、交易、纳财、开仓库、出货财、修置产室、开渠、牧养、纳畜、破土、安葬、启攒。</td></tr>
</table>

<table>
<tr><th colspan="2">癸亥大海水专满日</th></tr>
<tr><td>吉神：月恩、四相、相日、驿马、天后、天巫、福德、要安。

凶神：五虚、大煞、重日、元武。</td><td>宜祭祀、解除、沐浴。
忌嫁娶、修仓库、开仓库、出货财、破土、安葬、启攒。</td></tr>
</table>

右六十干支，从建酉者，始白露，终秋分，其神煞吉凶，用事宜忌，具于表。

（钦定协纪辨方书卷二十七）

钦定四库全书·钦定协纪辨方书卷二十八

月表九

九 月

九月	甲己年 建甲戌	乙庚年 建丙戌	丙辛年 建戊戌	丁壬年 建庚戌	戊癸年 建壬戌

寒露九月节,天道南行,宜向南行,宜修造南方。

天德在丙,天德合在辛,月德在丙,月德合在辛,月空在壬,宜修造、取土。

月建在戌,月破在辰,月厌在寅,月刑在未,月害在酉,劫煞在亥,灾煞在子,月煞在丑,忌修造、取土。

三日、四日长星,十六日、十七日短星。

寒露后二十七日往亡,土王用事后忌修造动土,巳、午日添母仓。

霜降九月中,日躔在卯宫为九月将,宜用癸乙丁辛时。

孟年	紫	黄	绿	仲年	白	黑	白	季年	碧	白	赤
	赤	碧	白		绿	紫	黄		白	白	黑
	黑	白	白		白	赤	碧		黄	绿	紫

甲子海中金义满日	
吉神：天恩、时德、民日、天符、福德、普护。 **凶神**：灾煞、天火、大煞、归忌、天牢。	**宜**祭祀、沐浴。 **忌**祈福、求嗣、上册受封、上表章、袭爵受封、会亲友、冠带、出行、上官赴任、临政亲民、结婚姻、纳采问名、嫁娶、进人口、移徙、远回、安床、解除、剃头、整手足甲、求医疗病、裁衣、筑堤防、修造动土、竖柱上梁、修仓库、鼓铸、苫盖、经络、酝酿、开市、立券、交易、纳财、开仓库、出货财、修置产室、开渠穿井、安碓硙、补垣塞穴、修饰垣墙、破屋坏垣、栽种、牧养、纳畜、破土、安葬、启攒。

乙丑海中金制平日	
吉神：天恩、母仓、福生。 **凶神**：天罡、死神、月煞、月虚、元武。	诸事不宜。

丙寅炉中火义定日	
吉神：天德、月德、天恩、阳德、三合、临日、时阴、五合、司命、鸣吠对。 **凶神**：月厌、地火、死气、九坎、九焦、孤辰。	**忌**祭祀、出行、上官赴任、临政亲民、结婚姻、纳采问名、嫁娶、移徙、远回、求医疗病、鼓铸、补垣塞穴、伐木、畋猎、取鱼、乘船渡水、栽种。

丁卯炉中火义执日	
吉神：天恩、六合、圣心、五合、鸣吠对。 **凶神**：大时、大败、咸池、小耗、五虚、勾陈。	**宜**祭祀、祈福、会亲友、结婚姻、嫁娶、进人口、经络、酝酿、捕捉、畋猎、纳畜、破土、安葬、启攒。 **忌**剃头、修仓库、开市、立券、交易、纳财、开仓库、出货财、穿井。

戊辰大林木专破日	
吉神：天恩、母仓、不将、益后、解神、青龙。 **凶神**：月破、大耗、四击、五墓、九空、往亡、复日。	**宜**祭祀、沐浴、破屋坏垣。 **忌**祈福、求嗣、上册受封、上表章、袭爵受封、会亲友、冠带、出行、上官赴任、临政亲民、结婚姻、纳采问名、嫁娶、进人口、移徙、安床、解除、剃头、整手足甲、求医疗病、裁衣、筑堤防、修造动土、竖柱上梁、修仓库、鼓铸、经络、酝酿、开市、立券、交易、纳财、开仓库、出货财、修置产室、开渠穿井、安碓硙、补垣塞穴、修饰垣墙、伐木、捕捉、畋猎、取鱼、栽种、牧养、纳畜、破土、安葬、启攒。

己巳大林木义危日	
吉神：阴德、续世、明堂。 **凶神**：游祸、天贼、血忌、重日。	**宜**祭祀、安床、畋猎。 **忌**祈福、求嗣、出行、解除、求医疗病、针刺、修仓库、开仓库、出货财、破土、安葬、启攒。

<table>
<tr><th colspan="2">庚午路傍土伐成日</th></tr>
<tr><td>吉神：月恩、三合、天喜、天医、天仓、不将、要安、鸣吠。

凶神：天刑。</td><td>宜祭祀、祈福、求嗣、袭爵受封、会亲友、入学、出行、上官赴任、临政亲民、结婚姻、纳采问名、嫁娶、进人口、移徙、解除、求医疗病、裁衣、筑堤防、修造动土、竖柱上梁、修仓库、酝酿、开市、立券、交易、纳财、开仓库、出货财、安碓硙、栽种、牧养、纳畜、破土、安葬。
忌苫盖、经络。</td></tr>
</table>

<table>
<tr><th colspan="2">辛未路傍土义收日</th></tr>
<tr><td>吉神：天德合、月德合、母仓、不将、玉宇。

凶神：河魁、月刑、五虚、地囊、朱雀。</td><td>宜祭祀、捕捉。
忌求医疗病、筑堤防、修造动土、修仓库、酝酿、修置产室、开渠穿井、安碓硙、补垣、修饰垣墙、平治道涂、破屋坏垣、畋猎、取鱼、栽种、破土。</td></tr>
</table>

<table>
<tr><th colspan="2">壬申剑锋金义开日</th></tr>
<tr><td>吉神：月空、四相、王日、驿马、天后、时阳、生气、六仪、金堂、除神、金匮、鸣吠。

凶神：厌对、招摇、五离。</td><td>宜祭祀、祈福、求嗣、上册受封、上表章、袭爵受封、入学、出行、上官赴任、临政亲民、移徙、解除、沐浴、剃头、整手足甲、求医疗病、裁衣、修造动土、竖柱上梁、开市、纳财、开仓库、出货财、修置产室、安碓硙、扫舍宇、栽种、牧养。
忌会亲友、结婚姻、纳采问名、嫁娶、安床、立券、交易、开渠、伐木、畋猎、取鱼、乘船渡水。</td></tr>
</table>

癸酉剑锋金义闭日	
吉神：四相、官日、除神、宝光、鸣吠。 **凶神**：月害、天吏、致死、血支、五离。	**宜**祭祀、沐浴、剃头、整手足甲、裁衣、补垣塞穴、扫舍宇。 **忌**祈福、求嗣、上册受封、上表章、袭爵受封、会亲友、冠带、出行、上官赴任、临政亲民、结婚姻、纳采问名、嫁娶、进人口、移徙、安床、解除、求医疗病、疗目、针刺、筑堤防、修造动土、竖柱上梁、修仓库、经络、酝酿、开市、立券、交易、纳财、开仓库、出货财、修置产室、开渠穿井、栽种、牧养、纳畜、破土、安葬、启攒。

甲戌山头火制建日	
吉神：母仓、守日、天马。 **凶神**：月建、小时、土府、白虎、阴位。	诸事不宜。

乙亥山头火义除日	
吉神：相日、吉期、五富、敬安、玉堂。 **凶神**：劫煞、五虚、土符、重日。	**宜**沐浴、扫舍宇。 **忌**祈福、求嗣、上册受封、上表章、会亲友、冠带、结婚姻、纳采问名、嫁娶、进人口、移徙、安床、求医疗病、裁衣、筑堤防、修造动土、竖柱上梁、修仓库、鼓铸、开仓库、出货财、修置产室、开渠穿井、安碓硙、补垣塞穴、修饰垣墙、平治道涂、破屋坏垣、栽种、破土、安葬、启攒。

丙子涧下水伐满日	
吉神：天德、月德、时德、民日、天巫、福德、普护、鸣吠对。 **凶神**：灾煞、天火、大煞、归忌、触水龙、天牢。	**宜**祭祀、祈福、求嗣、上册受封、上表章、袭爵受封、会亲友、出行、上官赴任、临政亲民、结婚姻、纳采问名、嫁娶、进人口、解除、沐浴、裁衣、修造动土、竖柱上梁、修仓库、经络、开市、立券、交易、纳财、开仓库、出货财、补垣塞穴、栽种、牧养、纳畜、破土、安葬、启攒。 **忌**移徙、远回、求医疗病、畋猎、取鱼、乘船渡水。

丁丑涧下水宝平日	
吉神：母仓、福生。 **凶神**：天罡、死神、月煞、月虚、元武。	诸事不宜。

戊寅城头土伐定日	
吉神：阳德、三合、临日、时阴、五合、司命。 **凶神**：月厌、地火、死气、九坎、九焦、复日、孤辰。	**忌**祭祀、祈福、求嗣、上册受封、上表章、袭爵受封、会亲友、冠带、出行、上官赴任、临政亲民、结婚姻、纳采问名、嫁娶、进人口、移徙、远回、安床、解除、剃头、整手足甲、求医疗病、裁衣、筑堤防、修造动土、竖柱上梁、修仓库、鼓铸、经络、酝酿、开市、立券、交易、纳财、开仓库、出货财、修置产室、开渠穿井、安碓硙、补垣塞穴、修饰垣墙、平治道涂、破屋坏垣、伐木、取鱼、乘船渡水、栽种、牧养、纳畜、破土、安葬、启攒。

己卯城头土伐执日	
吉神：天恩、六合、圣心、五合。 **凶神**：大时、大败、咸池、小耗、五虚、勾陈。	**宜**祭祀、祈福、会亲友、结婚姻、嫁娶、进人口、经络酝酿、捕捉、畋猎、纳畜、安葬。 **忌**修仓库、开市、立券、交易、纳财、开仓库、出货财、穿井。

庚辰白镴金义破日	
吉神：天恩、母仓、月恩、不将、益后、解神、青龙。 **凶神**：月破、大耗、四击、九空、往亡。	**宜**祭祀、解除、沐浴、破屋坏垣。 **忌**祈福、求嗣、上册受封、上表章、袭爵受封、会亲友、冠带、出行、上官赴任、临政亲民、结婚姻、纳采问名、嫁娶、进人口、移徙、安床、剃头、整手足甲、求医疗病、裁衣、筑堤防、修造动土、竖柱上梁、修仓库、鼓铸、经络、酝酿、开市、立券、交易、纳财、开仓库、出货财、修置产室、开渠穿井、安碓硙、补垣塞穴、修饰垣墙、伐木、捕捉、畋猎、取鱼、栽种、牧养、纳畜、破土、安葬、启攒。

辛巳白镴金伐危日	
吉神：天德合、月德合、天恩、阴德、不将、续世、明堂。 **凶神**：游祸、天贼、血忌、重日。	**宜**祭祀、上册受封、上表章、袭爵受封、会亲友、上官赴任、临政亲民、结婚姻、纳采问名、嫁娶、移徙、安床、裁衣、修造动土、竖柱上梁、栽种、牧养、纳畜。 **忌**祈福、求嗣、出行、解除、求医疗病、针刺、修仓库、酝酿、开仓库、出货财、畋猎、取鱼。

壬午杨柳木制成日	
吉神：月空、天恩、四相、三合、天喜、天医、天仓、不将、要安、鸣吠。 **凶神**：天刑。	**宜**祭祀、祈福、求嗣、上表章、袭爵受封、会亲友、入学、出行、上官赴任、临政亲民、结婚姻、纳采问名、嫁娶、进人口、移徙、解除、求医疗病、裁衣、筑堤防、修造动土、竖柱上梁、修仓库、经络、酝酿、开市、立券、交易、纳财、开仓库、出货财、安碓硙、栽种、牧养、纳畜、破土、安葬。 **忌**苫盖、开渠。

癸未杨柳木伐收日	
吉神：天恩、母仓、四相、不将、玉宇。 **凶神**：河魁、月刑、五虚、触水龙、朱雀。	**宜**祭祀、捕捉、畋猎。 **忌**祈福、求嗣、上册受封、上表章、袭爵受封、会亲友、冠带、出行、上官赴任、临政亲民、结婚姻、纳采问名、嫁娶、进人口、移徙、安床、解除、剃头、整手足甲、求医疗病、裁衣、筑堤防、修造动土、竖柱上梁、修仓库、鼓铸、经络、酝酿、开市、立券、交易、纳财、开仓库、出货财、修置产室、开渠穿井、安碓硙、补垣塞穴、修饰垣墙、破屋坏垣、取鱼、乘船渡水、栽种、牧养、纳畜、破土、安葬、启攒。

甲申井泉水伐开日	
吉神：王日、驿马、天后、时阳、生气、六仪、金堂、除神、金匮、鸣吠。 **凶神**：厌对、招摇、五离。	**宜**祭祀、祈福、求嗣、上册受封、上表章、袭爵受封、入学、出行、上官赴任、临政亲民、移徙、解除、沐浴、剃头、整手足甲、求医疗病、裁衣、修造动土、竖柱上梁、开市、修置产室、开渠穿井、安碓硙、扫舍宇、栽种、牧养。 **忌**会亲友、结婚姻、纳采问名、嫁娶、安床、立券、交易、开仓库、出货财、伐木、畋猎、取鱼、乘船渡水。

乙酉井泉水伐闭日	
吉神：官日、除神、宝光、鸣吠。 **凶神**：月害、天吏、致死、血支、五离。	**宜**沐浴、剃头、整手足甲、补垣塞穴、扫舍宇。 **忌**祈福、求嗣、上册受封、上表章、袭爵受封、会亲友、冠带、出行、上官赴任、临政亲民、结婚姻、纳采问名、嫁娶、进人口、移徙、安床、解除、求医疗病、疗目、针刺、筑堤防、修造动土、竖柱上梁、修仓库、经络、酝酿、开市、立券、交易、纳财、开仓库、出货财、修置产室、开渠穿井、栽种、牧养、纳畜、破土、安葬、启攒。

丙戌屋上土宝建日	
吉神：天德、月德、母仓、守日、天马。 **凶神**：月建、小时、土府、白虎。	**宜**祭祀、祈福、求嗣、上册受封、上表章、袭爵受封、会亲友、出行、上官赴任、临政亲民、结婚姻、纳采问名、嫁娶、移徙、解除、求医疗病、裁衣、竖柱上梁、纳财、牧养、纳畜、安葬。 **忌**筑堤防、修造动土、修仓库、修置产室、开渠穿井、安碓硙、补垣、修饰垣墙、平治道涂、破屋坏垣、伐木、畋猎、取鱼、栽种、破土。

丁亥屋上土伐除日	
吉神：相日、吉期、五富、敬安、玉堂。 **凶神**：劫煞、五虚、八风、土符、重日。	**宜**沐浴、扫舍宇。 **忌**祈福、求嗣、上册受封、上表章、会亲友、冠带、结婚姻、纳采问名、嫁娶、进人口、移徙、安床、剃头、求医疗病、裁衣、筑堤防、修造动土、竖柱上梁、修仓库、鼓铸、开仓库、出货财、修置产室、开渠穿井、安碓硙、补垣塞穴、修饰垣墙、平治道涂、破屋坏垣、取鱼、乘船渡水、栽种、破土、安葬、启攒。

<table>
<tr><th colspan="2">戊子霹雳火制满日</th></tr>
<tr><td>吉神：时德、民日、天巫、福德、普护。

凶神：灾煞、天火、大煞、归忌、复日、天牢。</td><td>宜祭祀、沐浴。
忌祈福、求嗣、上册受封、上表章、袭爵受封、会亲友、冠带、出行、上官赴任、临政亲民、结婚姻、纳采问名、嫁娶、进人口、移徙、远回、安床、解除、剃头、整手足甲、求医疗病、裁衣、筑堤防、修造动土、竖柱上梁、修仓库、鼓铸、苫盖、经络、酝酿、开市、立券、交易、纳财、开仓库、出货财、修置产室、开渠穿井、安碓硙、补垣塞穴、修饰垣墙、破屋坏垣、栽种、牧养、纳畜、破土、安葬、启攒。</td></tr>
</table>

<table>
<tr><th colspan="2">己丑霹雳火专平日</th></tr>
<tr><td>吉神：母仓、福生。

凶神：天罡、死神、月煞、月虚、元武。</td><td>诸事不宜。</td></tr>
</table>

<table>
<tr><th colspan="2">庚寅松柏木制定日</th></tr>
<tr><td>吉神：月恩、阳德、三合、临日、时阴、五合、司命、鸣吠对。

凶神：月厌、地火、死气、九坎、九焦、行狠。</td><td>忌祭祀、祈福、求嗣、上册受封、上表章、袭爵受封、会亲友、冠带、出行、上官赴任、临政亲民、结婚姻、纳采问名、嫁娶、进人口、移徙、远回、安床、解除、剃头、整手足甲、求医疗病、裁衣、筑堤防、修造动土、竖柱上梁、修仓库、鼓铸、经络、酝酿、开市、立券、交易、纳财、开仓库、出货财、修置垣墙、开渠穿井、安碓硙、补垣塞穴、修饰垣墙、平治道涂、破屋坏垣、伐木、取鱼、乘船渡水、栽种、牧养、纳畜、破土、安葬、启攒。</td></tr>
</table>

辛卯松柏木制执日	
吉神：天德合、月德合、天愿、六合、不将、圣心、五合、鸣吠对。 **凶神**：大时、大败、咸池、小耗、五虚、勾陈。	**宜**祭祀、祈福、求嗣、上册受封、上表章、袭爵受封、会亲友、出行、上官赴任、临政亲民、结婚姻、纳采问名、嫁娶、进人口、移徙、解除、求医疗病、裁衣、修造动土、竖柱上梁、修仓库、经络、开市、立券、交易、纳财、捕捉、栽种、牧养、纳畜、破土、安葬、启攒。

壬辰长流水伐破日	
吉神：月空、母仓、四相、不将、益后、解神、青龙。 **凶神**：月破、大耗、四击、九空、往亡。	**宜**祭祀、解除、沐浴、破屋坏垣。 **忌**祈福、求嗣、上册受封、上表章、袭爵受封、会亲友、冠带、出行、上官赴任、临政亲民、结婚姻、纳采问名、嫁娶、进人口、移徙、安床、剃头、整手足甲、求医疗病、裁衣、筑堤防、修造动土、竖柱上梁、修仓库、鼓铸、经络、酝酿、开市、立券、交易、纳财、开仓库、出货财、修置产室、开渠穿井、安碓硙、补垣塞穴、修饰垣墙、伐木、捕捉、畋猎、取鱼、栽种、牧养、纳畜、破土、安葬、启攒。

癸巳长流水制危日	
吉神：四相、阴德、不将、续世、明堂。 **凶神**：游祸、天贼、血忌、重日。	**宜**祭祀、袭爵受封、会亲友、上官赴任、临政亲民、结婚姻、纳采问名、嫁娶、移徙、安床、裁衣、修造动土、竖柱上梁、纳财、畋猎、栽种、牧养。 **忌**祈福、求嗣、出行、解除、求医疗病、针刺、修仓库、开仓库、出货财、破土、安葬、启攒。

甲午砂石金宝成日	
吉神：三合、天喜、天医、天仓、要安、鸣吠。 **凶神**：天刑。	**宜**袭爵受封、会亲友、入学、出行、上官赴任、临政亲民、结婚姻、纳采问名、嫁娶、进人口、移徙、求医疗病、裁衣、筑堤防、修造动土、竖柱上梁、修仓库、经络、酝酿、开市、立券、交易、纳财、安碓硙、纳畜、破土、安葬。 **忌**苫盖、开仓库、出货财。

乙未砂石金制收日	
吉神：母仓、玉宇。 **凶神**：河魁、月刑、五虚、朱雀。	**宜**捕捉、畋猎。 **忌**祈福、求嗣、上册受封、上表章、袭爵受封、会亲友、冠带、出行、上官赴任、临政亲民、结婚姻、纳采问名、嫁娶、进人口、移徙、安床、解除、剃头、整手足甲、求医疗病、裁衣、筑堤防、修造动土、竖柱上梁、修仓库、鼓铸、经络、酝酿、开市、立券、交易、纳财、开仓库、出货财、修置产室、开渠穿井、安碓硙、补垣塞穴、修饰垣墙、破屋坏垣、栽种、牧养、纳畜、破土、安葬、启攒。

丙申山下火制开日	
吉神：天德、月德、王日、驿马、天后、时阳、生气、六仪、金堂、除神、金匮、鸣吠。 **凶神**：厌对、招摇、五离。	**宜**祭祀、祈福、求嗣、上册受封、上表章、袭爵受封、会亲友、入学、出行、上官赴任、临政亲民、结婚姻、纳采问名、嫁娶、移徙、解除、沐浴、剃头、整手足甲、求医疗病、裁衣、修造动土、竖柱上梁、修仓库、开市、修置产室、开渠穿井、安碓硙、扫舍宇、栽种、牧养、纳畜。 **忌**安床、伐木、畋猎、取鱼。

<table>
<tr><th colspan="2">丁酉山下火制闭日</th></tr>
<tr><td>吉神：官日、除神、宝光、鸣吠。

凶神：月害、天吏、致死、血支、五离。</td><td>宜沐浴、整手足甲、补垣塞穴、扫舍宇。
忌祈福、求嗣、上册受封、上表章、袭爵受封、会亲友、冠带、出行、上官赴任、临政亲民、结婚姻、纳采问名、嫁娶、进人口、移徙、安床、解除、剃头、求医疗病、疗目、针刺、筑堤防、修造动土、竖柱上梁、修仓库、经络、酝酿、开市、立券、交易、纳财、开仓库、出货财、修置产室、开渠穿井、栽种、牧养、纳畜、破土、安葬、启攒。</td></tr>
</table>

<table>
<tr><th colspan="2">戊戌平地木专建日</th></tr>
<tr><td>吉神：母仓、守日、天马。

凶神：月建、小时、土府、复日、白虎、小会、孤阳。</td><td>诸事不宜。</td></tr>
</table>

<table>
<tr><th colspan="2">己亥平地木制除日</th></tr>
<tr><td>吉神：相日、吉期、五富、敬安、玉堂。

凶神：劫煞、五虚、土符、重日。</td><td>宜沐浴、扫舍宇。
忌祈福、求嗣、上册受封、上表章、会亲友、冠带、结婚姻、纳采问名、嫁娶、进人口、移徙、安床、求医疗病、裁衣、筑堤防、修造动土、竖柱上梁、修仓库、鼓铸、开仓库、出货财、修置产室、开渠穿井、安碓硙、补垣塞穴、修饰垣墙、平治道涂、破屋坏垣、栽种、破土、安葬、启攒。</td></tr>
</table>

庚子壁上土宝满日	
吉神：月恩、时德、民日、天巫、福德、普护、鸣吠对。 **凶神**：灾煞、天灾、四忌、九虚、大煞、归忌、天牢。	**宜**祭祀、沐浴。 **忌**祈福、求嗣、上册受封、上表章、袭爵受封、会亲友、冠带、出行、上官赴任、临政亲民、结婚姻、纳采问名、嫁娶、进人口、移徙、远回、安床、解除、剃头、整手足甲、求医疗病、裁衣、筑堤防、修造动土、竖柱上梁、修仓库、鼓铸、苫盖、经络、酝酿、开市、立券、交易、纳财、开仓库、出货财、修置产室、开渠穿井、安碓硙、补垣塞穴、修饰垣墙、破屋坏垣、栽种、牧养、纳畜、破土、安葬、启攒。

辛丑壁上土义平日	
吉神：天德合、月德合、母仓、福生。 **凶神**：天罡、死神、月煞、月虚、地囊、元武。	**宜**祭祀。 **忌**祈福、求嗣、上册受封、上表章、袭爵受封、会亲友、冠带、出行、上官赴任、临政亲民、结婚姻、纳采问名、嫁娶、进人口、移徙、安床、解除、剃头、整手足甲、求医疗病、裁衣、筑堤防、修造动土、竖柱上梁、修仓库、鼓铸、经络、酝酿、开市、立券、交易、纳财、开仓库、出货财、修置产室、开渠穿井、安碓硙、补垣塞穴、修饰垣墙、平治道涂、破屋坏垣、畋猎、取鱼、栽种、牧养、纳畜、破土、安葬、启攒。

壬寅金箔金宝定日	
吉神：月空、四相、阳德、三合、临日、时阴、五合、司命、鸣吠对。 **凶神**：月厌、地火、死气、九坎、九焦、了戾。	**忌**祭祀、祈福、求嗣、上册受封、上表章、袭爵受封、会亲友、冠带、出行、上官赴任、临政亲民、结婚姻、纳采问名、嫁娶、进人口、移徙、远回、安床、解除、剃头、整手足甲、求医疗病、裁衣、筑堤防、修造动土、竖柱上梁、修仓库、鼓铸、经络、酝酿、开市、立券、交易、纳财、开仓库、出货财、修置产室、开渠穿井、安碓硙、补垣塞穴、修饰垣墙、平治道涂、破屋坏垣、伐木、取鱼、乘船渡水、栽种、牧养、纳畜、破土、安葬、启攒。

癸卯金箔金宝执日	
吉神：四相、六合、不将、圣心、五合、鸣吠对。 **凶神**：大时、大败、咸池、小耗、五虚、勾陈。	**宜**祭祀、祈福、求嗣、袭爵受封、会亲友、出行、上官赴任、临政亲民、结婚姻、纳采问名、嫁娶、进人口、移徙、解除、求医疗病、裁衣、修造动土、竖柱上梁、经络、酝酿、捕捉、畋猎、栽种、牧养、纳畜、破土、安葬、启攒。 **忌**修仓库、开市、立券、交易、纳财、开仓库、出货财、穿井。

甲辰覆灯火制破日	
吉神：母仓、益后、解神、青龙。 **凶神**：月破、大耗、四击、九空、往亡。	**宜**祭祀、解除、沐浴。、破屋坏垣。 **忌**祈福、求嗣、上册受封、上表章、袭爵受封、会亲友、冠带、出行、上官赴任、临政亲民、结婚姻、纳采问名、嫁娶、进人口、移徙、安床、剃头、整手足甲、求医疗病、裁衣、筑堤防、修造动土、竖柱上梁、修仓库、鼓铸、经络、酝酿、开市、立券、交易、纳财、开仓库、出货财、修置产室、开渠穿井、安碓硙、补垣塞穴、修饰垣墙、伐木、捕捉、畋猎、取鱼、栽种、牧养、纳畜、破土、安葬、启攒。

乙巳覆灯火宝危日	
吉神：阴德、续世、明堂。 **凶神**：游祸、天贼、血忌、重日。	**宜**祭祀、安床、畋猎。 **忌**祈福、求嗣、出行、解除、求医疗病、针刺、修仓库、开仓库、出货财、栽种、破土、安葬、启攒。

<table>
<tr><th colspan="2">丙午天河水专成日</th></tr>
<tr><td>吉神：天德、月德、三合、天喜、天医、天仓、要安、鸣吠。

凶神：天刑。</td><td>宜祭祀、祈福、求嗣、上册受封、上表章、袭爵受封、会亲友、入学、出行、上官赴任、临政亲民、结婚姻、纳采问名、嫁娶、进人口、移徙、解除、求医疗病、裁衣、筑堤防、修造动土、竖柱上梁、修仓库、经络、酝酿、开市、立券、交易、纳财、安碓硙、栽种、牧养、纳畜、破土、安葬。
忌苫盖、畋猎、取鱼。</td></tr>
</table>

<table>
<tr><th colspan="2">丁未天河水宝收日</th></tr>
<tr><td>吉神：母仓、玉宇。

凶神：河魁、月刑、五虚、八风、八专、朱雀。</td><td>宜捕捉、畋猎。
忌祈福、求嗣、上册受封、上表章、袭爵受封、会亲友、冠带、出行、上官赴任、临政亲民、结婚姻、纳采问名、嫁娶、进人口、移徙、安床、解除、剃头、整手足甲、求医疗病、裁衣、筑堤防、修造动土、竖柱上梁、修仓库、鼓铸、经络、酝酿、开市、立券、交易、纳财、开仓库、出货财、修置产室、开渠穿井、安碓硙、补垣塞穴、修饰垣墙、破屋坏垣、取鱼、乘船渡水、栽种、牧养、纳畜、破土、安葬、启攒。</td></tr>
</table>

<table>
<tr><th colspan="2">戊申大驿土宝开日</th></tr>
<tr><td>吉神：天赦、王日、驿马、天后、时阳、生气、六仪、金堂、除神、金匮。

凶神：厌对、招摇、复日、五离。</td><td>宜祭祀、祈福、求嗣、上册受封、上表章、袭爵受封、会亲友、入学、出行、上官赴任、临政亲民、结婚姻、纳采问名、嫁娶、移徙、解除、沐浴、剃头、整手足甲、求医疗病、裁衣、修造动土、竖柱上梁、修仓库、开市、修置产室、开渠穿井、安碓硙、扫舍宇、栽种、牧养、纳畜。
忌安床、伐木、畋猎、取鱼。</td></tr>
</table>

己酉大驿土宝闭日	
吉神：天恩、官日、除神、宝光、鸣吠。 **凶神**：月害、天吏、致死、血支、五离。	**宜**沐浴、剃头、整手足甲、补垣塞穴、扫舍宇。 **忌**祈福、求嗣、上册受封、上表章、袭爵受封、会亲友、冠带、出行、上官赴任、临政亲民、结婚姻、纳采问名、嫁娶、进人口、移徙、安床、解除、求医疗病、疗目、针刺、筑堤防、修造动土、竖柱上梁、修仓库、经络、酝酿、开市、立券、交易、纳财、开仓库、出货财、修置产室、开渠穿井、栽种、牧养、纳畜、破土、安葬、启攒。

庚戌钗钏金义建日	
吉神：天恩、母仓、月恩、守日、天马 **凶神**：月建、小时、土府、白虎、阳错。	**宜**祭祀、袭爵受封、会亲友、出行、上官赴任、临政亲民、移徙、裁衣、纳财、牧养、纳畜。 **忌**祈福、求嗣、上册受封、上表章、结婚姻、纳采问名、解除、剃头、整手足甲、求医疗病、筑堤防、修造动土、竖柱上梁、修仓库、经络、开仓库、出货财、修置产室、开渠穿井、安碓硙、补垣、修饰垣墙、平治道涂、破屋坏垣、伐木、栽种、破土、安葬、启攒。

辛亥钗钏金宝除日	
吉神：天德合、月德合、天恩、相日、吉期、五富、敬安、玉堂。 **凶神**：劫煞、四穷、九尾、五虚、土符、重日。	**宜**祭祀、祈福、求嗣、上册受封、上表章、袭爵受封、会亲友、出行、上官赴任、临政亲民、移徙、解除、沐浴、剃头、整手足甲、裁衣、竖柱上梁、经络、扫舍宇、牧养、纳畜。 **忌**结婚姻、纳采问名、嫁娶、进人口、求医疗病、筑堤防、修造动土、修仓库、酝酿、开市、立券、交易、纳财、开仓库、出货财、修置产室、开渠穿井、安碓硙、补垣塞穴、修饰垣墙、平治道涂、破屋坏垣、畋猎、取鱼、栽种、破土、安葬。

壬子桑柘木专满日	
吉神：月空、天恩、四相、时德、民日、天巫、福德、普护、鸣吠对。 **凶神**：灾煞、天火、大煞、归忌、天牢。	**宜**祭祀、沐浴。 **忌**祈福、求嗣、上册受封、上表章、袭爵受封、会亲友、冠带、出行、上官赴任、临政亲民、结婚姻、纳采问名、嫁娶、进人口、移徙、远回、安床、解除、剃头、整手足甲、求医疗病、裁衣、筑堤防、修造动土、竖柱上梁、修仓库、鼓铸、苫盖、经络、酝酿、开市、立券、交易、纳财、开仓库、出货财、修置产室、开渠穿井、安碓硙、补垣塞穴、修饰垣墙、破屋坏垣、栽种、牧养、纳畜、破土、安葬、启攒。

癸丑桑柘木伐平日	
吉神：天恩、母仓、四相、福生 **凶神**：天罡、死神、月煞、月虚、八专、触水龙、元武。	诸事不宜。

甲寅大溪水专定日	
吉神：阳德、三合、临日、时阴、五合、司命、鸣吠对。 **凶神**：月厌、地火、死气、四废、九坎、九焦、八专、孤辰、阴错。	**忌**祭祀、祈福、求嗣、上册受封、上表章、袭爵受封、会亲友、冠带、出行、上官赴任、临政亲民、结婚姻、纳采问名、嫁娶、进人口、移徙、远回、安床、解除、剃头、整手足甲、求医疗病、裁衣、筑堤防、修造动土、竖柱上梁、修仓库、鼓铸、经络、酝酿、开市、立券、交易、纳财、开仓库、出货财、修置产室、开渠穿井、安碓硙、补垣塞穴、修饰垣墙、平治道涂、破屋坏垣、伐木、取鱼、乘船渡水、栽种、牧养、纳畜、破土、安葬、启攒。

乙卯大溪水专执日	
吉神：六合、圣心、五合、鸣吠对。 **凶神**：大时、大败、咸池、小耗、四废、五虚、勾陈。	**宜**祭祀、捕捉、畋猎。 **忌**祈福、求嗣、上册受封、上表章、袭爵受封、会亲友、冠带、出行、上官赴任、临政亲民、结婚姻、纳采问名、嫁娶、进人口、移徙、安床、解除、求医疗病、裁衣、筑堤防、修造动土、竖柱上梁、修仓库、鼓铸、经络、酝酿、开市、立券、交易、纳财、开仓库、出货财、修置产室、开渠穿井、安碓硙、补垣塞穴、修饰垣墙、取鱼、乘船渡水、栽种、牧养、纳畜、破土、安葬、启攒。

丙辰沙中土宝破日	
吉神：天德、月德、母仓、益后、解神、青龙。 **凶神**：月破、大耗、四击、九空、往亡。	**宜**祭祀、解除、沐浴、破屋坏垣。 **忌**祈福、求嗣、上册受封、上表章、袭爵受封、会亲友、冠带、出行、上官赴任、临政亲民、结婚姻、纳采问名、嫁娶、进人口、移徙、安床、剃头、整手足甲、求医疗病、裁衣、筑堤防、修造动土、竖柱上梁、修仓库、鼓铸、经络、酝酿、开市、立券、交易、纳财、开仓库、出货财、修置产室、开渠穿井、安碓硙、补垣塞穴、修饰垣墙、伐木、捕捉、畋猎、取鱼、栽种、牧养、纳畜、破土、安葬、启攒。

丁巳沙中土专危日	
吉神：阴德、续世、明堂。 **凶神**：游祸、天贼、血忌、重日。	**忌**祭祀、安床、畋猎。 **忌**祈福、求嗣、出行、解除、剃头、求医疗病、针刺、修仓库、开仓库、出货财、破土、安葬、启攒。

<table>
<tr><th colspan="2">戊午天上火义成日</th></tr>
<tr><td>**吉神**：三合、天喜、天医、天仓、不将、要安。

凶神：四耗、复日、天刑。</td><td>**宜**袭爵受封、会亲友、入学、出行、上官赴任、临政亲民、结婚姻、纳采问名、嫁娶、进人口、移徙、求医疗病、裁衣、筑堤防、修造动土、竖柱上梁、修仓库、经络、酝酿、开市、立券、交易、纳财、安碓硙、纳畜。
忌苫盖、破土、安葬、启攒。</td></tr>
</table>

<table>
<tr><th colspan="2">己未天上火专收日</th></tr>
<tr><td>**吉神**：母仓、玉宇。

凶神：河魁、月刑、五虚、八专、朱雀。</td><td>**宜**捕捉、畋猎。
忌祈福、求嗣、上册受封、上表章、袭爵受封、会亲友、冠带、出行、上官赴任、临政亲民、移徙、纳采问名、嫁娶、进人口、移徙、安床、解除、剃头、整手足甲、求医疗病、裁衣、筑堤防、修造动土、竖柱上梁、鼓铸、经络、酝酿、开市、立券、交易、纳财、开仓库、出货财、修置产室、开渠穿井、安碓硙、补垣塞穴、修饰垣墙、破坏坏垣、栽种、牧养、纳畜、破土、安葬、启攒。</td></tr>
</table>

<table>
<tr><th colspan="2">庚申石榴木专开日</th></tr>
<tr><td>**吉神**：月恩、王日、驿马、天后、时阳、生气、六仪、金堂、除神、金匮、鸣吠。

凶神：厌对、招摇、五离、八专。</td><td>**宜**祭祀、祈福、求嗣、上册受封、上表章、袭爵受封、入学、出行、上官赴任、临政亲民、移徙、解除、沐浴、剃头、整手足甲、求医疗病、裁衣、修造动土、竖柱上梁、开市、开仓库、出货财、修置产室、开渠穿井、安碓硙、扫舍宇、栽种、牧养。
忌会亲友、结婚姻、纳采问名、嫁娶、安床、经络、立券、交易、伐木、畋猎、取鱼、乘船渡水。</td></tr>
</table>

<table>
<tr><th colspan="2">辛酉石榴木专闭日</th></tr>
<tr><td>吉神：天德合、月德合、官日、除神、宝光、鸣吠。

凶神：月害、天吏、致死、血支、五离。</td><td>宜祭祀、沐浴、剃头、整手足甲、裁衣、补垣塞穴、扫舍宇。
忌会亲友、求医疗病、疗目、针刺、酝酿、畋猎、取鱼。</td></tr>
</table>

<table>
<tr><th colspan="2">壬戌大海水伐建日</th></tr>
<tr><td>吉神：月空、母仓、四相、守日、天马。

凶神：月建、小时、土府、白虎。</td><td>宜祭祀、祈福、求嗣、上表章、袭爵受封、会亲友、出行、上官赴任、临政亲民、结婚姻、纳采问名、移徙、解除、求医疗病、裁衣、竖柱上梁、纳财、开仓库、出货财、牧养、纳畜。
忌筑堤防、修造动土、修仓库、修置产室、开渠穿井、安碓硙、补垣、修饰垣墙、平治道涂、破屋坏垣、伐木、栽种、破土。</td></tr>
</table>

<table>
<tr><th colspan="2">癸亥大海水专除日</th></tr>
<tr><td>吉神：四相、相日、吉期、五富、敬安、玉堂。

凶神：劫煞、五虚、土符、重日。</td><td>宜祭祀、沐浴、扫舍宇。
忌上册受封、上表章、嫁娶、求医疗病、筑堤防、修造动土、修仓库、开仓库、出货财、修置产室、开渠穿井、安碓硙、补垣、修饰垣墙、平治道涂、破屋坏垣、栽种、破土、安葬、启攒。</td></tr>
</table>

右六十干支，从建戌者，始寒露，终霜降，其神煞吉凶，用事宜忌，具于表。

（钦定协纪辨方书卷二十八）

钦定四库全书·钦定协纪辨方书卷二十九

月表十

十　月

十月	甲己年 建乙亥	乙庚年 建丁亥	丙辛年 建己亥	丁壬年 建辛亥	戊癸年 建癸亥

立冬十月节,天道东行,宜向东行,宜修造东方。

天德在乙,天德合在庚,月德在甲,月德合在己,月空在庚,宜修造、取土。

月建在亥,月破在巳,月厌在丑,月刑在亥,月害在申,劫煞在申,灾煞在酉,月煞在戌,忌修造、取土。

初一日长星,十四日短星。

立冬前一日四绝,后十日往亡。

小雪十月中,日躔在寅宫为十月将,宜用甲丙庚壬时。

孟年	白	绿	碧	仲年	黄	白	紫	季年	黑	赤	白
	白	黑	赤		碧	白	绿		紫	黄	白
	白	紫	黄		赤	白	黑		绿	碧	白

甲子海中金义除日	
吉神：月德、天恩、天赦、四相、官日、天马、吉期、要安。 **凶神**：大时、大败、咸池、白虎。	**宜**祭祀、祈福、求嗣、上册受封、上表章、袭爵受封、会亲友、出行、上官赴任、临政亲民、结婚姻、纳采问名、嫁娶、移徙、解除、沐浴、剃头、整手足甲、求医疗病、裁衣、修造动土、竖柱上梁、修仓库、纳财、扫舍宇、栽种、牧养、纳畜、安葬。

乙丑海中金制满日	
吉神：天德、天恩、月恩、四相、守日、天巫、福德、玉宇、玉堂。 **凶神**：月厌、地火、九空、大煞、归忌、孤辰。	**宜**祭祀。 **忌**冠带、出行、上官赴任、临政亲民、结婚姻、纳采问名、嫁娶、移徙、远回、求医疗病、伐木、畋猎、取鱼、栽种。

丙寅炉中火义平日	
吉神：天恩、时德、相日、六合、五富、金堂、五合、鸣吠对。 **凶神**：河魁、死神、游祸、五虚、天牢。	**宜**袭爵受封、会亲友、出行、上官赴任、临政亲民、结婚姻、纳采问名、嫁娶、进人口、移徙、裁衣、修造动土、竖柱上梁、修仓库、经络、酝酿、开市、立券、交易、纳财、开仓库、出货财、修饰垣墙、平治道涂、栽种、牧养、纳畜、破土、安葬、启攒。 **忌**祭祀、祈福、求嗣、解除、求医疗病。

丁卯炉中火义定日	
吉神：天恩、阴德、民日、三合、时阴、五合、鸣吠对。 **凶神**：死气、元武。	**宜**袭爵受封、会亲友、冠带、出行、上官赴任、临政亲民、结婚姻、纳采问名、嫁娶、进人口、移徙、裁衣、修造动土、竖柱上梁、修仓库、经络、酝酿、开市、立券、交易、纳财、安碓硙、牧养、纳畜、破土、启攒。 **忌**解除、剃头、求医疗病、修置产室、穿井、栽种。

戊辰大林木专执日	
吉神：天恩、阳德、解神、司命。 **凶神**：小耗、天贼、土符。	**宜**上表章、会亲友、解除、沐浴、剃头、整手足甲、求医疗病、捕捉、畋猎。 **忌**出行、筑堤防、修造动土、修仓库、开市、立券、交易、纳财、开仓库、出货财、修置产室、开渠穿井、安碓硙、补垣、修饰垣墙、平治道涂、破屋坏垣、栽种、破土。

己巳大林木义破日	
吉神：月德合、驿马、天后、天仓、不将、敬安。 **凶神**：月破、大耗、重日、勾陈。	**宜**祭祀、解除、求医疗病、破屋坏垣。 **忌**祈福、求嗣、上册受封、上表章、袭爵受封、会亲友、冠带、出行、上官赴任、临政亲民、结婚姻、纳采问名、嫁娶、进人口、移徙、安床、剃头、整手足甲、裁衣、筑堤防、修造动土、竖柱上梁、修仓库、鼓铸、经络、酝酿、开市、立券、交易、纳财、开仓库、出货财、修置产室、开渠穿井、安碓硙、补垣塞穴、修饰垣墙、伐木、畋猎、取鱼、栽种、牧养、纳畜、破土、安葬、启攒。

庚午路傍土伐危日	
吉神：天德合、月空、不将、普护、青龙、鸣吠。 **凶神**：天吏、致死、五虚。	**宜**祭祀、祈福、求嗣、上册受封、上表章、袭爵受封、会亲友、出行、上官赴任、临政亲民、结婚姻、纳采问名、嫁娶、移徙、安床、解除、裁衣、修造动土、竖柱上梁、修仓库、伐木、栽种、牧养、纳畜、破土、安葬。 **忌**求医疗病、苫盖、经络、畋猎、取鱼。

辛未路傍土义成日	
吉神：三合、临日、天喜、天医、六仪、福生、明堂。 **凶神**：厌对、招摇、四击、往亡。	**宜**祭祀、祈福、会亲友、入学、结婚姻、纳采问名、裁衣、筑堤防、修造动土、竖柱上梁、修仓库、经络、开市、立券、交易、纳财、安碓硙、纳畜。 **忌**上册受封、上表章、出行、上官赴任、临政亲民、嫁娶、进人口、移徙、求医疗病、酝酿、捕捉、畋猎、取鱼、乘船渡水。

壬申剑锋金义收日	
吉神：母仓、除神、鸣吠。 **凶神**：天罡、劫煞、月害、复日、五离、天刑。	**宜**沐浴、扫舍宇、伐木、捕捉、畋猎。 **忌**祈福、求嗣、上册受封、上表章、袭爵受封、会亲友、冠带、出行、上官赴任、临政亲民、结婚姻、纳采问名、嫁娶、进人口、移徙、安床、解除、剃头、整手足甲、求医疗病、裁衣、筑堤防、修造动土、竖柱上梁、修仓库、鼓铸、经络、酝酿、开市、立券、交易、纳财、开仓库、出货财、修置产室、开渠穿井、安碓硙、补垣塞穴、修饰垣墙、破屋坏垣、栽种、牧养、纳畜、破土、安葬、启攒。

癸酉剑锋金义开日	
吉神：母仓、时阳、生气、圣心、除神、鸣吠。 **凶神**：灾煞、天火、五离、朱雀。	**宜**祭祀、入学、沐浴、扫舍宇。 **忌**会亲友、冠带、结婚姻、纳采问名、嫁娶、进人口、求医疗病、经络、酝酿、立券、交易、伐木、畋猎、取鱼。

甲戌山头火制闭日	
吉神：月德、四相、益后、金匮。 **凶神**：月煞、月虚、血支、五虚、八风。	**宜**祭祀。 **忌**祈福、求嗣、上册受封、上表章、袭爵受封、会亲友、冠带、出行、上官赴任、临政亲民、结婚姻、纳采问名、嫁娶、进人口、移徙、安床、解除、剃头、整手足甲、求医疗病、疗目、针刺、裁衣、筑堤防、修造动土、竖柱上梁、修仓库、鼓铸、经络、酝酿、开市、立券、交易、纳财、开仓库、出货财、修置产室、开渠穿井、安碓硙、补垣塞穴、修饰垣墙、破屋坏垣、畋猎、取鱼、乘船渡水、栽种、牧养、纳畜、破土、安葬、启攒。

乙亥山头火义建日	
吉神：天德、月恩、四相、王日、续世、宝光。 **凶神**：月建、小时、土府、月刑、九坎、九焦、血支、重日。	**宜**祭祀、沐浴。 **忌**冠带、嫁娶、求医疗病、针刺、筑堤防、修造动土、修仓库、鼓铸、修置产室、开渠穿井、发碓硙、补垣塞穴、修饰垣墙、平治道涂、破屋坏垣、伐木、畋猎、取鱼、乘船渡水、栽种、破土。

丙子涧下水伐除日	
吉神：官日、天马、吉期、要安、鸣吠对。 **凶神**：大时、大败、咸池、触水龙、白虎。	**宜**袭爵受封、出行、上官赴任、临政亲民、移徙、解除、沐浴、剃头、整手足甲、求医疗病、扫舍宇、破土、启攒。 **忌**取鱼、乘船渡水。

丁丑涧下水宝满日	
吉神：守日、天巫、福德、玉宇、玉堂。 **凶神**：月厌、地火、九空、大煞、归忌、孤辰。	**宜**祭祀。 **忌**祈福、求嗣、上册受封、上表章、袭爵受封、会亲友、冠带、出行、上官赴任、临政亲民、结婚姻、纳采问名、嫁娶、进人口、移徙、远回、安床、解除、剃头、整手足甲、求医疗病、裁衣、筑堤防、修造动土、竖柱上梁、修仓库、鼓铸、经络、酝酿、开市、立券、交易、纳财、开仓库、出货财、修置产室、开渠穿井、安碓硙、补垣塞穴、修饰垣墙、不治道涂、破屋坏垣、伐木、畋猎、牧养、纳畜、破土、安葬、启攒。

戊寅城头土伐平日	
吉神：时德、相日、六合、五富、金堂、五合。 **凶神**：河魁、死神、游祸、五虚、地囊、天牢。	**宜**袭爵受封、会亲友、出行、上官赴任、临政亲民、结婚姻、纳采问名、嫁娶、进人口、移徙、裁衣、竖柱上梁、经络、酝酿、开市、立券、交易、纳财、开仓库、出货财、牧养、纳畜、安葬。 **忌**祭祀、祈福、求嗣、解除、求医疗病、筑堤防、修造动土、修仓库、修置产室、开渠穿井、安碓硙、补垣、修饰垣墙、平治道涂、破屋坏垣、栽种、破土。

<table>
<tr><th colspan="2">己卯城头土伐定日</th></tr>
<tr><td>吉神：月德合、天恩、阴德、民日、三合、时阴、不将、五合。

凶神：死气、元武。</td><td>宜祭祀、祈福、求嗣、上册受封、上表章、袭爵受封、会亲友、冠带、出行、上官赴任、临政亲民、结婚姻、纳采问名、嫁娶、进人口、移徙、解除、裁衣、修造动土、竖柱上梁、修仓库、经络、酝酿、开市、立券、交易、纳财、安碓硙、栽种、牧养、纳畜、安葬。
忌求医疗病、穿井、畋猎、取鱼。</td></tr>
</table>

<table>
<tr><th colspan="2">庚辰白镴金义执日</th></tr>
<tr><td>吉神：天德合、月空、天恩、阳德、不将、解神、司命。

凶神：小耗、天贼、土符。</td><td>宜祭祀、祈福、求嗣、上册受封、上表章、袭爵受封、会亲友、上官赴任、临政亲民、结婚姻、纳采问名、嫁娶、移徙、解除、沐浴、剃头、整手足甲、求医疗病、裁衣、竖柱上梁、捕捉、牧养、纳畜、安葬。
忌出行、筑堤防、修造动土、修仓库、经络、开仓库、出货财、修置产室、开渠穿井、安碓硙、补垣、修饰垣墙、平治道涂、破屋坏垣、畋猎、取鱼、栽种、破土。</td></tr>
</table>

<table>
<tr><th colspan="2">辛巳白镴金伐破日</th></tr>
<tr><td>吉神：天恩、驿马、天后、天仓、不将、敬安。

凶神：月破、大耗、重日、勾陈。</td><td>宜求医疗病、破屋坏垣。
忌祈福、求嗣、上册受封、上表章、袭爵受封、会亲友、冠带、出行、上官赴任、临政亲民、结婚姻、纳采问名、嫁娶、进人口、移徙、安床、剃头、整手足甲、裁衣、筑堤防、修造动土、竖柱上梁、修仓库、鼓铸、经络、酝酿、开市、立券、交易、纳财、开仓库、出货财、修置产室、开渠穿井、安碓硙、补垣塞穴、修饰垣墙、伐木、栽种、牧养、纳畜、破土、安葬、启攒。</td></tr>
</table>

壬午杨柳木制危日	
吉神：天恩、不将、普护、青龙、鸣吠。 **凶神**：天吏、致死、五虚、复日。	**宜**祭祀、会亲友、裁衣、伐木、畋猎。 **忌**祈福、求嗣、上册受封、上表章、袭爵受封、冠带、出行、上官赴任、临政亲民、结婚姻、纳采问名、嫁娶、进人口、移徙、安床、解除、求医疗病、筑堤防、修造动土、竖柱上梁、修仓库、苫盖、开市、立券、交易、纳财、开仓库、出货财、修置产室、开渠、栽种、牧养、纳畜、破土、安葬、启攒。

癸未杨柳木伐成日	
吉神：天恩、三合、临日、天喜、天医、六仪、福生、明堂。 **凶神**：厌对、招摇、四击、往亡、触水龙。	**宜**祭祀、祈福、会亲友、入学、结婚姻、纳采问名、裁衣、筑堤防、修造动土、竖柱上梁、修仓库、经络、酝酿、开市、立券、交易、纳财、安碓硙、纳畜。 **忌**上册受封、上表章、出行、上官赴任、临政亲民、嫁娶、进人口、移徙、求医疗病、捕捉、畋猎、取鱼、乘船渡水。

甲申井泉水伐收日	
吉神：月德、母仓、四相、除神、鸣吠。 **凶神**：天罡、劫煞、月害、五离、天刑。	**宜**祭祀、祈福、求嗣、上册受封、上表章、袭爵受封、会亲友、出行、上官赴任、临政亲民、结婚姻、纳采问名、嫁娶、进人口、移徙、解除、沐浴、剃头、整手足甲、裁衣、修造动土、竖柱上梁、修仓库、纳财、扫舍宇、伐木、捕捉、栽种、牧养、纳畜、破土、安葬。 **忌**安床、求医疗病、开仓库、出货财、畋猎、取鱼。

乙酉井泉水伐开日	
吉神：天德、母仓、月恩、四相、时阳、生气、圣心、除神、鸣吠。 **凶神**：灾煞、天火、五离、朱雀。	**宜**祭祀、祈福、求嗣、上册受封、上表章、袭爵受封、入学、出行、上官赴任、临政亲民、结婚姻、纳采问名、嫁娶、移徙、解除、沐浴、剃头、整手足甲、裁衣、修造动土、竖柱上梁、修仓库、开市、纳财、开仓库、出货财、修置产室、开渠穿井、安碓硙、扫舍宇、牧养、纳畜。 **忌**会亲友、求医疗病、伐木、畋猎、取鱼、栽种。

丙戌屋上土宝闭日	
吉神：益后、金匮。 **凶神**：月煞、月虚、血支、五虚。	诸事不宜。

丁亥屋上土伐建日	
吉神：王日、续世、宝光。 **凶神**：月建、小时、土府、月刑、九坎、九焦、血忌、重日。	**宜**祭祀、沐浴。 **忌**祈福、求嗣、上册受封、上表章、袭爵受封、会亲友、冠带、出行、上官赴任、临政亲民、结婚姻、纳采问名、嫁娶、进人口、移徙、安床、剃头、整手足甲、求医疗病、针刺、裁衣、筑堤防、修造动土、竖柱上梁、修仓库、鼓铸、经络、酝酿、开市、立券、交易、纳财、开仓库、出货财、修置产室、开渠穿井、安碓硙、补垣塞穴、修饰垣墙、平治道涂、破屋坏垣、伐木、取鱼、乘船渡水、栽种、牧养、纳畜、破土、安葬、启攒。

戊子霹雳火制除日	
吉神：官日、天马、吉期、要安。 **凶神**：大时、大败、咸池、白虎、岁薄。	**宜**沐浴、扫舍宇。 **忌**祈福、求嗣、上册受封、上表章、袭爵受封、冠带、出行、上官赴任、临政亲民、结婚姻、纳采问名、嫁娶、进人口、移徙、安床、解除、求医疗病、筑堤防、修造动土、竖柱上梁、修仓库、开市、立券、交易、纳财、开仓库、出货财、修置产室、取鱼、乘船渡水、栽种、牧养、纳畜。

己丑霹雳火专满日	
吉神：月德合、守日、天巫、福德、玉宇、玉堂。 **凶神**：月厌、地火、九空、大煞、归忌、孤辰。	**宜**祭祀。 **忌**冠带、出行、上官赴任、临政亲民、结婚姻、纳采问名、嫁娶、移徙、远回、求医疗病、伐木、畋猎、取鱼、栽种。

庚寅松柏木制平日	
吉神：天德合、月空、时德、相日、六合、五富、不将、金堂、五合、鸣吠对。 **凶神**：河魁、死神、游祸、五虚、天牢。	**宜**上册受封、上表章、袭爵受封、会亲友、出行、上官赴任、临政亲民、结婚姻、纳采问名、嫁娶、进人口、移徙、裁衣、修造动土、竖柱上梁、修仓库、酝酿、开市、立券、交易、纳财、开仓库、出货财、修饰垣墙、平治道涂、栽种、牧养、纳畜、破土、安葬、启攒。 **忌**祭祀、祈福、求嗣、解除、求医疗病、经络、畋猎、取鱼。

辛卯松柏木制定日	
吉神：阴德、民日、三合、时阴、不将、五合、鸣吠对。 **凶神**：死气、元武。	**宜**袭爵受封、会亲友、冠带、出行、上官赴任、临政亲民、结婚姻、纳采问名、嫁娶、进人口、移徙、裁衣、修造动土、竖柱上梁、修仓库、经络、开市、立券、交易、纳财、安碓硙、牧养、纳畜、破土、启攒。 **忌**解除、求医疗病、酝酿、修置产室、穿井、栽种。

壬辰长流水伐执日	
吉神：阳德、不将、解神、司命。 **凶神**：小耗、天贼、五墓、土符、复日。	**宜**上表章、沐浴、剃头、整手足甲、裁衣、捕捉、畋猎。 **忌**冠带、出行、上官赴任、临政亲民、结婚姻、纳采问名、嫁娶、进人口、移徙、安床、解除、求医疗病、筑堤防、修造动土、竖柱上梁、修仓库、开市、立券、交易、纳财、开仓库、出货财、修置产室、开渠穿井、安碓硙、补垣、修饰垣墙、平治道涂、破屋坏垣、栽种、牧养、纳畜、破土、安葬、启攒。

癸巳长流水制破日	
吉神：驿马、天后、天仓、不将、敬安。 **凶神**：月破、大耗、重日、勾陈。	**宜**求医疗病、破屋坏垣。 **忌**祈福、求嗣、上册受封、上表章、袭爵受封、会亲友、冠带、出行、上官赴任、临政亲民、结婚姻、纳采问名、嫁娶、进人口、移徙、安床、剃头、整手足甲、裁衣、筑堤防、修造动土、竖柱上梁、修仓库、鼓铸、经络、酝酿、开市、立券、交易、纳财、开仓库、出货财、修置产室、开渠穿井、安碓硙、补垣塞穴、修饰垣墙、伐木、栽种、牧养、纳畜、破土、安葬、启攒。

甲午砂石金宝危日	
吉神：月德、四相、普护、青龙、鸣吠。 **凶神**：天吏、致死、五虚。	**宜**祭祀、祈福、求嗣、上册受封、上表章、袭爵受封、会亲友、出行、上官赴任、临政亲民、结婚姻、纳采问名、嫁娶、安床、解除、裁衣、修造动土、竖柱上梁、修仓库、纳财、伐木、栽种、牧养、纳畜、破土、安葬。 **忌**求医疗病、苫盖、开仓库、出货财、畋猎、取鱼。

乙未砂石金制成日	
吉神：天德、月恩、四相、三合、临日、天喜、天医、六仪、福生、明堂。 **凶神**：厌对、招摇、四击、往亡。	**宜**祭祀、祈福、求嗣、会亲友、入学、结婚姻、纳采问名、解除、裁衣、筑堤防、修造动土、竖柱上梁、修仓库、经络、酝酿、开市、立券、交易、纳财、开仓库、出货财、安碓硙、牧养、纳畜、安葬。 **忌**上册受封、上表章、出行、上官赴任、临政亲民、嫁娶、进人口、移徙、求医疗病、捕捉、畋猎、取鱼、栽种。

丙申山下火制收日	
吉神：母仓、除神、鸣吠。 **凶神**：天罡、劫煞、月害、五离、天刑。	**宜**沐浴、扫舍宇、伐木、捕捉、畋猎。 **忌**祈福、求嗣、上册受封、上表章、袭爵受封、会亲友、冠带、出行、上官赴任、临政亲民、结婚姻、纳采问名、嫁娶、进人口、移徙、安床、解除、剃头、整手足甲、裁衣、筑堤防、修造动土、竖柱上梁、修仓库、鼓铸、经络、酝酿、开市、立券、交易、纳财、开仓库、出货财、修置产室、开渠穿井、安碓硙、补垣塞穴、修饰垣墙、破屋坏垣、栽种、牧养、纳畜、破土、安葬、启攒。

丁酉山下火制开日	
吉神：母仓、时阳、生气、圣心、除神、鸣吠。 **凶神**：灾煞、天火、五离、朱雀。	**宜**祭祀、入学、沐浴、扫舍宇。 **忌**会亲友、冠带、结婚姻、纳采问名、嫁娶、进人口、剃头、求医疗病、经络、酝酿、立券、交易、伐木、畋猎、取鱼。

戊戌平地木专闭日	
吉神：益后、金匮。 **凶神**：月煞、月虚、血支、五虚、纯阳。	诸事不宜。

己亥平地木制建日	
吉神：月德合、王日、续世、宝光。 **凶神**：月建、小时、土府、月刑、九坎、九焦、血忌、重日、小会、纯阴。	诸事不宜。

<table>
<tr><th colspan="2">庚子壁上土宝除日</th></tr>
<tr><td>吉神：天德合、月空、官日、天马、吉期、要安、鸣吠对。

凶神：大时、大败、咸池、白虎。</td><td>宜祭祀、祈福、求嗣、上册受封、上表章、袭爵受封、会亲友、出行、上官赴任、临政亲民、结婚姻、纳采问名、嫁娶、移徙、解除、沐浴、剃头、整手足甲、求医疗病、裁衣、修造动土、竖柱上梁、修仓库、扫舍宇、栽种、牧养、纳畜、破土、安葬、启攒。
忌经络、畋猎、取鱼。</td></tr>
</table>

<table>
<tr><th colspan="2">辛丑壁上土义满日</th></tr>
<tr><td>吉神：守日、天巫、福德、玉宇、玉堂。

凶神：月厌、地火、九空、大煞、归忌、行狠。</td><td>宜祭祀。
忌祈福、求嗣、上册受封、上表章、袭爵受封、会亲友、冠带、出行、上官赴任、临政亲民、结婚姻、纳采问名、嫁娶、进人口、移徙、远回、安床、剃头、整手足甲、求医疗病、裁衣、筑堤防、修造动土、竖柱上梁、修仓库、鼓铸、经络、酝酿、开市、立券、交易、纳财、开仓库、出货财、修置产室、开渠穿井、安碓硙、补垣塞穴、修饰垣墙、破屋坏垣、栽种、牧养、纳畜、破土、安葬、启攒。</td></tr>
</table>

<table>
<tr><th colspan="2">壬寅金箔金宝平日</th></tr>
<tr><td>吉神：天愿、时德、相日、六合、五富、不将、金堂、五合、鸣吠对。

凶神：河魁、死神、游祸、五虚、复日、天牢。</td><td>宜上册受封、上表章、袭爵受封、会亲友、出行、上官赴任、临政亲民、结婚姻、纳采问名、嫁娶、进人口、移徙、裁衣、修造动土、竖柱上梁、修仓库、经络、酝酿、开市、立券、交易、纳财、开仓库、出货财、修饰垣墙、平治道涂、栽种、牧养、纳畜。
忌祭祀、祈福、求嗣、解除、求医疗病、开渠。</td></tr>
</table>

<table>
<tr><th colspan="2">癸卯金箔金宝定日</th></tr>
<tr><td>吉神：阴德、民日、三合、时阴、不将、五合、鸣吠对。

凶神：死气、元武。</td><td>宜袭爵受封、会亲友、冠带、出行、上官赴任、临政亲民、结婚姻、纳采问名、嫁娶、进人口、移徙、裁衣、修造动土、竖柱上梁、修仓库、经络、酝酿、开市、立券、交易、纳财、安碓硙、牧养、纳畜、破土、启攒。
忌解除、求医疗病、修置产室、穿井、栽种。</td></tr>
</table>

<table>
<tr><th colspan="2">甲辰覆灯火制执日</th></tr>
<tr><td>吉神：月德、四相、阳德、解神、司命。

凶神：小耗、天贼、土符。</td><td>宜祭祀、祈福、求嗣、上册受封、上表章、袭爵受封、会亲友、上官赴任、临政亲民、结婚姻、纳采问名、嫁娶、移徙、解除、沐浴、剃头、整手足甲、求医疗病、裁衣、竖柱上梁、纳财、捕捉、牧养、纳畜、安葬。
忌出行、筑堤防、修造动土、修仓库、开仓库、出货财、修置产室、开渠穿井、安碓硙、补垣、修饰垣墙、平治道涂、破屋坏垣、畋猎、取鱼、栽种、破土。</td></tr>
</table>

<table>
<tr><th colspan="2">乙巳覆灯火宝破日</th></tr>
<tr><td>吉神：天德、月恩、四相、驿马、天后、天仓、敬安。

凶神：月破、大耗、重日、勾陈。</td><td>宜祭祀、解除、求医疗病、破屋坏垣。
忌祈福、求嗣、上册受封、上表章、袭爵受封、会亲友、冠带、出行、上官赴任、临政亲民、结婚姻、纳采问名、嫁娶、进人口、移徙、安床、剃头、整手足甲、裁衣、筑堤防、修造动土、竖柱上梁、修仓库、鼓铸、经络、酝酿、开市、立券、交易、纳财、开仓库、出货财、修置产室、开渠穿井、安碓硙、补垣塞穴、修饰垣墙、伐木、畋猎、取鱼、栽种、牧养、纳畜、破土、安葬、启攒。</td></tr>
</table>

丙午天河水专危日	
吉神：普护、青龙、鸣吠。 **凶神**：天吏、致死、四废、五虚。	**宜**祭祀、伐木、畋猎。 **忌**祈福、求嗣、上册受封、上表章、袭爵受封、会亲友、冠带、出行、上官赴任、临政亲民、结婚姻、纳采问名、嫁娶、进人口、移徙、安床、解除、求医疗病、裁衣、筑堤防、修造动土、竖柱上梁、修仓库、鼓铸、苫盖、经络、酝酿、开市、立券、交易、纳财、开仓库、出货财、修置产室、开渠穿井、安碓硙、补垣塞穴、修饰垣墙、栽种、牧养、纳畜、破土、安葬、启攒。

丁未天河水宝成日	
吉神：三合、临日、天喜、天医、六仪、福生、明堂。 **凶神**：厌对、招摇、四击、往亡、八专。	**宜**祭祀、祈福、会亲友、入学、裁衣、筑堤防、修造动土、竖柱上梁、修仓库、经络、酝酿、开市、立券、交易、纳财、发碓硙、纳畜。 **忌**上册受封、上表章、出行、上官赴任、临政亲民、结婚姻、纳采问名、嫁娶、进人口、移徙、剃头、求医疗病、捕捉、畋猎、取鱼、乘船渡水。

戊申大驿土宝收日	
吉神：母仓、除神。 **凶神**：天罡、劫煞、月害、地囊、五离、天刑。	**宜**沐浴、扫舍宇、伐木、捕捉、畋猎。 **忌**祈福、求嗣、上册受封、上表章、袭爵受封、会亲友、冠带、出行、上官赴任、临政亲民、结婚姻、纳采问名、嫁娶、进人口、移徙、安床、解除、剃头、整手足甲、求医疗病、裁衣、筑堤防、修造动土、竖柱上梁、修仓库、鼓铸、经络、酝酿、开市、立券、交易、纳财、开仓库、出货财、修置产室、开渠穿井、安碓硙、补垣塞穴、修饰垣墙、平治道涂、破屋坏垣、栽种、牧养、纳畜、破土、安葬、启攒。

己酉大驿土宝开日	
吉神：月德、天恩、母仓、时阳、生气、圣心、除神、鸣吠。 **凶神**：灾煞、天火、五离、朱雀。	**宜**祭祀、祈福、求嗣、上册受封、上表章、袭爵受封、入学、出行、上官赴任、临政亲民、结婚姻、纳采问名、嫁娶、移徙、解除、沐浴、剃头、整手足甲、裁衣、修造动土、竖柱上梁、修仓库、开市、纳财、修置产室、开渠穿井、安碓硙、扫舍宇、栽种、牧养、纳畜。 **忌**会亲友、求医疗病、伐木、畋猎、取鱼。

庚戌钗钏金义闭日	
吉神：天德合、月空、天恩、益后、金匮。 **凶神**：月煞、月虚、血支、五虚。	**宜**祭祀。 **忌**祈福、求嗣、上册受封、上表章、袭爵受封、会亲友、冠带、出行、上官赴任、临政亲民、结婚姻、纳采问名、嫁娶、进人口、移徙、安床、解除、剃头、整手足甲、求医疗病、疗目、针刺、裁衣、筑堤防、修造动土、竖柱上梁、修仓库、鼓铸、经络、酝酿、开市、立券、交易、纳财、开仓库、出货财、修置产室、开渠穿井、安碓硙、补垣塞穴、修饰垣墙、伐木、畋猎、取鱼、栽种、牧养、纳畜、破土、安葬、启攒。

辛亥钗钏金宝建日	
吉神：天恩、王日、续世、宝光。 **凶神**：月建、小时、土府、月刑、九坎、九焦、血忌、重日。	**宜**祭祀、沐浴。 **忌**祈福、求嗣、上册受封、上表章、袭爵受封、会亲友、冠带、出行、上官赴任、临政亲民、结婚姻、纳采问名、嫁娶、进人口、移徙、安床、解除、剃头、整手足甲、求医疗病、针刺、裁衣、筑堤防、修造动土、竖柱上梁、修仓库、鼓铸、经络、酝酿、开市、立券、交易、纳财、开仓库、出货财、修置产室、开渠穿井、安碓硙、补垣塞穴、修饰垣墙、平治道涂、破屋坏垣、伐木、取鱼、乘船渡水、栽种、牧养、纳畜、破土、安葬、启攒。

壬子桑柘木专除日	
吉神：天恩、官日、天马、吉期、要安、鸣吠对。 **凶神**：大时、大败、咸池、四忌、六蛇、复日、白虎、岁薄。	**宜**沐浴、扫舍宇。 **忌**祈福、求嗣、上册受封、上表章、袭爵受封、冠带、出行、上官赴任、临政亲民、结婚姻、纳采问名、嫁娶、进人口、移徙、安床、解除、求医疗病、筑堤防、修造动土、竖柱上梁、修仓库、开市、立券、交易、纳财、开仓库、出货财、修置产室、开渠、取鱼、乘船渡水、栽种、牧养、纳畜、破土、安葬、启攒。

癸丑桑柘木伐满日	
吉神：天恩、守日、天巫、福德、玉宇、玉堂。 **凶神**：月厌、地火、九空、大煞、归忌、八专、触水龙、了戾、阴错。	**宜**祭祀。 **忌**祈福、求嗣、上册受封、上表章、袭爵受封、会亲友、冠带、出行、上官赴任、临政亲民、结婚姻、纳采问名、嫁娶、进人口、移徙、远回、安床、解除、剃头、整手足甲、求医疗病、裁衣、筑堤防、修造动土、竖柱上梁、修仓库、鼓铸、经络、酝酿、开市、立券、交易、纳财、开仓库、出货财、修置产室、开渠穿井、安碓硙、补垣塞穴、修饰垣墙、平治道涂、破怀坏垣、伐木、取鱼、乘船渡水、栽种、牧养、纳畜、破土、安葬、启攒。

甲寅大溪水专平日	
吉神：月德、四相、时德、相日、六合、五富、金堂、五合、鸣吠对。 **凶神**：河魁、死神、游祸、五虚、八风、八专、天牢。	**宜**上册受封、上表章、袭爵受封、会亲友、出行、上官赴任、临政亲民、进人口、移徙、裁衣、修造动土、竖柱上梁、修仓库、经络、酝酿、开市、立券、交易、纳财、修饰垣墙、平治道涂、栽种、牧养、纳畜、破土、安葬、启攒。 **忌**祭祀、祈福、求嗣、结婚姻、纳采问名、嫁娶、解除、求医疗病、开仓库、出货财、畋猎、取鱼。

乙卯大溪水专定日	
吉神：天德、月恩、四相、阴德、民日、三合、时阴、五合、鸣吠对。 **凶神**：死气、元武。	**宜**祭祀、祈福、求嗣、上册受封、上表章、袭爵受封、会亲友、冠带、出行、上官赴任、临政亲民、结婚姻、纳采问名、嫁娶、进人口、移徙、解除、裁衣、修造动土、竖柱上梁、修仓库、经络、酝酿、开市、立券、交易、纳财、开仓库、出货财、安碓硙、牧养、纳畜、破土、启攒。 **忌**求医疗病、穿井、畋猎、取鱼、栽种。

丙辰沙中土宝执日	
吉神：阳德、解神、司命。 **凶神**：小耗、天贼、土符。	**宜**上表章、解除、沐浴、剃头、整手足甲、求医疗病、捕捉、畋猎。 **忌**出行、筑堤防、修造动土、修仓库、开市、立券、交易、纳财、开仓库、出货财、修置产室、开渠穿井、安碓硙、补垣、修饰垣墙、平治道涂、破屋坏垣、栽种、破土。

丁巳沙中土专破日	
吉神：驿马、天后、天仓、敬安。 **凶神**：月破、大耗、四废、重日、勾陈、阴阳交破。	诸事不宜。

戊午天上火义危日	
吉神：普护、青龙。 **凶神**：天吏、致死、五虚。	**宜**祭祀、伐木、畋猎。 **忌**祈福、求嗣、上册受封、上表章、袭爵受封、冠带、出行、上官赴任、临政亲民、结婚姻、纳采问名、嫁娶、进人口、移徙、安床、解除、求医疗病、筑堤防、修造动土、竖柱上梁、修仓库、苫盖、开市、立券、交易、纳财、开仓库、出货财、修置产室、栽种、牧养、纳畜。

己未天上火专成日	
吉神：月德合、三合、临日、天喜、天医、六仪、福生、明堂。 **凶神**：厌对、招摇、四击、往亡、八专。	**宜**祭祀、祈福、求嗣、会亲友、入学、解除、裁衣、筑堤防、修造动土、竖柱上梁、修仓库、经络、酝酿、开市、立券、交易、纳财、安碓硙、栽种、牧养、纳畜、安葬。 **忌**上册受封、上表章、上官赴任、临政亲民、结婚姻、纳采问名、嫁娶、进人口、移徙、求医疗病、捕捉、畋猎、取鱼。

庚申石榴木专收日	
吉神：天德合、月空、母仓、阴神、鸣吠。 **凶神**：天罡、劫煞、月害、五离、八专、天刑。	**宜**祭祀、祈福、求嗣、上册受封、上表章、袭爵受封、会亲友、出行、上官赴任、临政亲民、进人口、移徙、解除、沐浴、剃头、整手足甲、裁衣、修造动土、竖柱上梁、修仓库、纳财、扫舍宇、伐木、捕捉、栽种、牧养、纳畜、破土、安葬。 **忌**结婚姻、纳采问名、嫁娶、安床、求医疗病、经络、畋猎、取鱼。

辛酉石榴木专开日	
吉神：母仓、时阳、生气、圣心、除神、鸣吠。 **凶神**：灾煞、天火、四耗、五离、朱雀。	**宜**祭祀、入学、沐浴、扫舍宇。 **忌**会亲友、冠带、结婚姻、纳采问名、嫁娶、进人口、求医疗病、修仓库、经络、酝酿、开市、立券、交易、纳财、开仓库、出货财、伐木、畋猎、取鱼。

壬戌大海水伐闭日	
吉神：益后、金匮。 **凶神**：月煞、月虚、血支、五虚、复日。	诸事不宜。

癸亥大海水专建日	
吉神：王日、续世、宝光。 **凶神**：月建、小时、土府、月刑、四穷、六蛇、九坎、九焦、血忌、重日、阳错。	**宜**祭祀、沐浴。 **忌**祈福、求嗣、上册受封、上表章、袭爵受封、会亲友、冠带、出行、上官赴任、临政亲民、结婚姻、纳采问名、嫁娶、进人口、移徙、安床、解除、剃头、整手足甲、求医疗病、针刺、裁衣、筑堤防、修造动土、竖柱上梁、修仓库、鼓铸、经络、酝酿、开市、立券、交易、纳财、开仓库、出货财、修置产室、开渠穿井、安碓硙、补垣塞穴、修饰垣墙、平治道涂、破屋坏垣、伐木、取鱼、乘船渡水、栽种、牧养、纳畜、破土、安葬、启攒。

右六十干支，从建亥者，始立冬，终小雪，其神煞吉凶，用事宜忌，具于表。

（钦定协纪辨方书卷二十九）

钦定四库全书·钦定协纪辨方书卷三十

月表十一

十一月

十一月	甲己年 建丙子	乙庚年 建戊子	丙辛年 建庚子	丁壬年 建壬子	戊癸年 建甲子

大雪十一月节,天道东南行,宜向东南行,宜修造东南维。

天德在巽,月德在壬,月德合在丁,月空在丙,宜修造、取土。

月建在子,月破在午,月厌在子,月刑在卯,月害在未,劫煞在巳,灾煞在午,月煞在未,忌修造、取土

十二日长星,二十二日短星。

大雪后二十日往亡,冬至前一日四离。

冬至十一月中,日躔在丑宫为十一月将,宜用艮巽坤乾时。

孟年	赤	碧	黑	仲年	绿	紫	白	季年	白	白	黄
	黄	白	白		黑	赤	碧		白	绿	紫
	紫	白	绿		白	黄	白		碧	黑	赤

<table>
<tr><th colspan="2">甲子海中金义建日</th></tr>
<tr><td>吉神：天恩、天赦、月恩、四相、官日、敬安、金匮。

凶神：月建、小时、土府、月厌、地火。</td><td>宜祭祀、沐浴。
忌祈福、求嗣、上册受封、上表章、袭爵受封、会亲友、冠带、出行、上官赴任、临政亲民、结婚姻、纳采问名、嫁娶、进人口、移徙、远回、安床、解除、剃头、整手足甲、求医疗病、裁衣、筑堤防、修造动土、竖柱上梁、修仓库、鼓铸、经络、酝酿、开市、立券、交易、纳财、开仓库、出货财、修置产室、开渠穿井、安碓硙、补垣塞穴、修饰垣墙、平治道涂、破屋坏垣、伐木、畋猎、取鱼、栽种、牧养、纳畜、破土、安葬、启攒。</td></tr>
</table>

<table>
<tr><th colspan="2">乙丑海中金制除日</th></tr>
<tr><td>吉神：天恩、四相、阴德、守日、吉期、六合、普护、宝光。</td><td>宜祭祀、祈福、求嗣、袭爵受封、会亲友、出行、上官赴任、临政亲民、结婚姻、纳采问名、嫁娶、进人口、移徙、解除、沐浴、剃头、整手足甲、求医疗病、裁衣、修造动土、竖柱上梁、修仓库、经络、酝酿、立券、交易、纳财、开仓库、出货财、扫舍宇、牧养、纳畜、安葬。
忌冠带、栽种。</td></tr>
</table>

<table>
<tr><th colspan="2">丙寅炉中火义满日</th></tr>
<tr><td>吉神：月空、天恩、时德、相日、驿马、天后、天马、天巫、福德、福生、五合、鸣吠对。

凶神：五虚、归忌、白虎。</td><td>宜上册受封、上表章、会亲友、出行、进人口、解除、裁衣、修造动土、竖柱上梁、经络、开市、立券、交易、纳财、补垣塞穴、栽种、牧养、破土、启攒。
忌祭祀、袭爵受封、上官赴任、临政亲民、结婚姻、纳采问名、移徙、远回、求医疗病、修仓库、开仓库、出货财。</td></tr>
</table>

<table>
<tr><th colspan="2">丁卯炉中火义平日</th></tr>
<tr><td>吉神：月德合、天恩、民日、不将、五合、玉堂、鸣吠对。

凶神：天罡、死神、月刑、天吏、致死、天贼。</td><td>宜祭祀、平治道涂。
忌祈福、求嗣、上册受封、上表章、袭爵受封、会亲友、冠带、出行、上官赴任、临政亲民、结婚姻、纳采问名、嫁娶、进人口、移徙、安床、解除、剃头、整手足甲、求医疗病、裁衣、筑堤防、修造动土、竖柱上梁、修仓库、鼓铸、经络、酝酿、开市、立券、交易、纳财、开仓库、出货财、修置产室、开渠穿井、安碓硙、补垣塞穴、修饰垣墙、破屋坏垣、畋猎、取鱼、栽种、牧养、纳畜、破土、安葬、启攒。</td></tr>
</table>

<table>
<tr><th colspan="2">戊辰大林木专定日</th></tr>
<tr><td>吉神：天恩、三合、临日、时阴、天仓、圣心。

凶神：死气、天牢。</td><td>宜祭祀、祈福、求嗣、上册受封、上表章、会亲友、冠带、上官赴任、临政亲民、结婚姻、纳采问名、嫁娶、进人口、裁衣、修造动土、竖柱上梁、修仓库、经络、酝酿、立券、交易、纳财、安碓硙、纳畜。
忌解除、求医疗病、修置产室、栽种。</td></tr>
</table>

<table>
<tr><th colspan="2">己巳大林木义执日</th></tr>
<tr><td>吉神：五富、不将、益后。

凶神：劫煞、小耗、重日、元武。</td><td>宜祭祀、捕捉、畋错。
忌祈福、求嗣、上册受封、上表章、袭爵受封、会亲友、冠带、出行、上官赴任、临政亲民、结婚姻、纳采问名、嫁娶、进人口、移徙、安床、解除、剃头、整手足甲、求医疗病、裁衣、筑堤防、修造动土、竖柱上梁、修仓库、鼓铸、经络、酝酿、开市、立券、交易、纳财、开仓库、出货财、修置产室、开渠穿井、安碓硙、补垣塞穴、修饰垣墙、破屋坏垣、栽种、牧养、纳畜、破土、安葬、启攒。</td></tr>
</table>

<table>
<tr><th colspan="2">庚午路傍土伐破日</th></tr>
<tr><td>吉神：阳德、六仪、续世、解神、司命、鸣吠。

凶神：月破、大耗、灾煞、天火、厌对、招摇、五虚、血忌。</td><td>诸事不宜。</td></tr>
</table>

<table>
<tr><th colspan="2">辛未路傍土义危日</th></tr>
<tr><td>吉神：要安。

凶神：月煞、月虚、月害、四击、勾陈。</td><td>宜伐木、畋猎。
忌祈福、求嗣、上册受封、上表章、袭爵受封、会亲友、冠带、出行、上官赴任、临政亲民、结婚姻、纳采问名、嫁娶、进人口、移徙、安床、解除、剃头、整手足甲、求医疗病、裁衣、筑堤防、修造动土、竖柱上梁、修仓库、鼓铸、经络、酝酿、开市、立券、交易、纳财、开仓库、出货财、修置产室、开渠穿井、安碓硙、补垣塞穴、修饰垣墙、破屋坏垣、栽种、牧养、纳畜、破土、安葬、启攒。</td></tr>
</table>

<table>
<tr><th colspan="2">壬申剑锋金义成日</th></tr>
<tr><td>吉神：月德、母仓、三合、天喜、天医、玉宇、除神、青龙、鸣吠。

凶神：九坎、九焦、土符、大煞、五离。</td><td>宜祭祀、祈福、求嗣、上册受封、上表章、袭爵受封、会亲友、入学、出行、上官赴任、临政亲民、结婚姻、纳采问名、嫁娶、进人口、移徙、解除、沐浴、剃头、整手足甲、求医疗病、裁衣、竖柱上梁、经络、酝酿、开市、立券、交易、纳财、扫舍宇、伐木、牧养、纳畜、安葬。
忌安床、筑堤防、修造动土、修仓库、鼓铸、修置产室、开渠穿井、安碓硙、补垣塞穴、修饰垣墙、平治道涂、破屋坏垣、畋猎、取鱼、乘船渡水、栽种、破土。</td></tr>
</table>

癸酉剑锋金义收日	
吉神：母仓、金堂、除神、明堂、鸣吠。 **凶神**：河魁、大时、大败、咸池、复日、五离。	**宜**沐浴、剃头、整手足甲、扫舍宇、捕捉、畋猎。 **忌**祈福、求嗣、上册受封、上表章、袭爵受封、会亲友、冠带、出行、上官赴任、临政亲民、结婚姻、纳采问名、嫁娶、进人口、移徙、安床、解除、求医疗病、裁衣、筑堤防、修造动土、竖柱上梁、修仓库、鼓铸、经络、酝酿、开市、立券、交易、纳财、开仓库、出货财、修置产室、开渠穿井、取鱼、乘船渡水、栽种、牧养、纳畜、破土、安葬、启攒。

甲戌山头火制开日	
吉神：月恩、四相、时阳、生气。 **凶神**：五虚、八风、九空、往亡、天刑。	**宜**祭祀、祈福、求嗣、会亲友、入学、结婚姻、纳采问名、解除、裁衣、修造动土、竖柱上梁、修置产室、开渠穿井、安碓硙、栽种、牧养。 **忌**上册受封、上表章、出行、上官赴任、临政亲民、嫁娶、进人口、移徙、求医疗病、修仓库、开市、立券、交易、纳财、开仓库、出货财、伐木、捕捉、畋猎、取鱼、乘船渡水。

乙亥山头火义闭日	
吉神：四相、王日。 **凶神**：游祸、血支、重日、朱雀。	**宜**祭祀、沐浴、裁衣、筑堤防、纳财、补垣塞穴、牧养。 **忌**祈福、求嗣、上册受封、上表章、袭爵受封、会亲友、出行、上官赴任、临政亲民、结婚姻、纳采问名、嫁娶、进人口、移徙、安床、解除、求医疗病、疗目、针刺、修造动土、竖柱上梁、开市、开仓库、出货财、修置产室、开渠穿井、栽种、破土、安葬、启攒。

<table>
<tr><th colspan="2">丙子涧下水伐建日</th></tr>
<tr><td>吉神：月空、官日、敬安、金匮、鸣吠对。

凶神：月建、小时、土府、月厌、地火、触水龙。</td><td>诸事不宜。</td></tr>
</table>

<table>
<tr><th colspan="2">丁丑涧下水宝除日</th></tr>
<tr><td>吉神：月德合、阴德、守日、吉期、六合、不将、普护、宝光。</td><td>宜祭祀、祈福、求嗣、上册受封、上表章、袭爵受封、会亲友、出行、上官赴任、临政亲民、结婚姻、纳采问名、嫁娶、进人口、移徙、解除、沐浴、整手足甲、求医疗病、裁衣、修造动土、竖柱上梁、修仓库、经络、酝酿、立券、交易、纳财、扫舍宇、栽种、牧养、纳畜、安葬。
忌冠带、剃头、畋猎、取鱼。</td></tr>
</table>

<table>
<tr><th colspan="2">戊寅城头土伐满日</th></tr>
<tr><td>吉神：时德、相日、驿马、天后、天马、天巫、福德、福生、五合。

凶神：五虚、归忌、白虎。</td><td>宜上册受封、上表章、会亲友、出行、进人口、解除、裁衣、修造动土、竖柱上梁、经络、开市、立券、交易、纳财、补垣塞穴、栽种、牧养。
忌祭祀、袭爵受封、上官赴任、临政亲民、结婚姻、纳采问名、移徙、远回、求医疗病、修仓库、开仓库、出货财。</td></tr>
</table>

<table>
<tr><th colspan="2">己卯城头土伐平日</th></tr>
<tr><td>吉神：天恩、民日、不将、五合、玉堂。

凶神：天罡、死神、月刑、天吏、致死、天贼。</td><td>诸事不宜。</td></tr>
</table>

<table>
<tr><th colspan="2">庚辰白镴金义定日</th></tr>
<tr><td>吉神：天恩、三合、临日、时阴、天仓、不将、圣心。

凶神：死气、天牢。</td><td>宜祭祀、祈福、上册受封、上表章、会亲友、冠带、上官赴任、临政亲民、结婚姻、纳采问名、嫁娶、进人口、裁衣、修造动土、竖柱上梁、修仓库、酝酿、立券、交易、纳财、安碓硙、纳畜。
忌解除、求医疗病、经络、修置产室、栽种。</td></tr>
</table>

<table>
<tr><th colspan="2">辛巳白镴金伐执日</th></tr>
<tr><td>吉神：天恩、五富、不将、益后。

凶神：劫煞、小耗、重日、元武。</td><td>宜祭祀、捕捉、畋猎。
忌祈福、求嗣、上册受封、上表章、袭爵受封、会亲友、冠带、出行、上官赴任、临政亲民、结婚姻、纳采问名、嫁娶、进人口、移徙、安床、解除、剃头、整手足甲、求医疗病、裁衣、筑堤防、修造动土、竖柱上梁、修仓库、鼓铸、经络、酝酿、开市、立券、交易、纳财、开仓库、出货财、修置产室、开渠穿井、安碓硙、补垣塞穴、修饰垣墙、破屋坏垣、栽种、牧养、纳畜、破土、安葬、启攒。</td></tr>
</table>

壬午杨柳木制破日	
吉神：月德、天恩、阳德、六仪、续世、解神、司命、鸣吠。 **凶神**：月破、大耗、灾煞、天火、厌对、招摇、五虚、血忌。	**宜**祭祀、沐浴。 **忌**祈福、求嗣、上册受封、上表章、袭爵受封、会亲友、冠带、出行、上官赴任、临政亲民、结婚姻、纳采问名、嫁娶、进人口、移徙、安床、解除、剃头、整手足甲、求医疗病、针刺、裁衣、筑堤防、修造动土、竖柱上梁、修仓库、鼓铸、苫盖、经络、酝酿、开市、立券、交易、纳财、开仓库、出货财、修置产室、开渠穿井、安碓硙、补垣塞穴、修饰垣墙、破屋坏垣、伐木、畋猎、取鱼、栽种、牧养、纳畜、破土、安葬、启攒。

癸未杨柳木伐危日	
吉神：天恩、要安。 **凶神**：月煞、月虚、月害、四击、复日、触水龙、勾陈。	**宜**伐木、畋猎。 **忌**祈福、求嗣、上册受封、上表章、袭爵受封、会亲友、冠带、出行、上官赴任、临政亲民、结婚姻、纳采问名、嫁娶、进人口、移徙、安床、解除、剃头、整手足甲、求医疗病、裁衣、筑堤防、修造动土、竖柱上梁、修仓库、鼓铸、经络、酝酿、开市、立券、交易、纳财、开仓库、出货财、修置产室、开渠穿井、安碓硙、补垣塞穴、修饰垣墙、平治道涂、破屋坏垣、取鱼、乘船渡水、栽种、牧养、纳畜、破土、安葬、启攒。

甲申井泉水伐成日	
吉神：母仓、月恩、四相、三合、天喜、天医、玉宇、除神、青龙、鸣吠。 **凶神**：九坎、九焦、土符、大煞、五离。	**宜**祭祀、祈福、求嗣、袭爵受封、会亲友、入学、出行、上官赴任、临政亲民、结婚姻、纳采问名、嫁娶、进人口、移徙、解除、沐浴、剃头、整手足甲、求医疗病、裁衣、竖柱上梁、经络、酝酿、开市、立券、交易、纳财、扫舍宇、伐木、牧养、纳畜、安葬。 **忌**安床、筑堤防、修造动土、修仓库、鼓铸、开仓库、出货财、修置产室、开渠穿井、安碓硙、补垣塞穴、修饰垣墙、破屋坏垣、取鱼、乘船渡水、栽种、破土。

乙酉井泉水伐收日	
吉神：母仓、四相、金堂、除神、明堂、鸣吠。 **凶神**：河魁、大时、大败、咸池、五离。	**宜**祭祀、沐浴、剃头、整手足甲、扫舍宇、捕捉、畋猎。 **忌**祈福、求嗣、上册受封、上表章、袭爵受封、会亲友、冠带、出行、上官赴任、临政亲民、结婚姻、纳采问名、嫁娶、进人口、移徙、安床、解除、求医疗病、裁衣、筑堤防、修造动土、竖柱上梁、修仓库、鼓铸、经络、酝酿、开市、立券、交易、纳财、开仓库、出货财、修置产室、开渠穿井、取鱼、乘船渡水、栽种、牧养、纳畜、破土、安葬、启攒。

丙戌屋上土宝开日	
吉神：月空、时阳、生气。 **凶神**：五虚、九空、往亡、天刑。	**宜**祭祀、祈福、求嗣、会亲友、入学、解除、裁衣、修造动土、竖柱上梁、修置产室、开渠穿井、安碓硙、栽种、牧养。 **忌**上册受封、上表章、出行、上官赴任、临政亲民、嫁娶、进人口、移徙、求医疗病、修仓库、开市、立券、交易、纳财、开仓库、出货财、伐木、捕捉、畋猎、取鱼。

丁亥屋上土伐闭日	
吉神:月德合、王日。 **凶神**：游祸、血支、重日、朱雀。	**宜**祭祀、沐浴、裁衣、筑堤防、修仓库、补垣塞穴、栽种、牧养、纳畜。 **忌**祈福、求嗣、嫁娶、解除、剃头、求医疗病、疗目、针刺、畋猎、取鱼。

戊子霹雳火制建日	
吉神：官日、敬安、金匮。 **凶神**：月建、小耗、土府、月厌、地火、小会。	诸事不宜。

己丑霹雳火专除日	
吉神：阴德、守日、吉期、六合、不将、普护、宝光。	**宜**祭祀、祈福、袭爵受封、会亲友、出行、上官赴任、临政亲民、结婚姻、嫁娶、进人口、解除、沐浴、剃头、整手足甲、求医疗病、经络、酝酿、立券、交易、纳财、扫舍宇、纳畜、安葬。 **忌**冠带。

庚寅松柏木制满日	
吉神：时德、相日、驿马、天后、天马、天巫、福德、不将、福生、五合、鸣吠对。 **凶神**：五虚、归忌、白虎。	**宜**上册受封、上表章、会亲友、出行、嫁娶、进人口、解除、裁衣、修造动土、竖柱上梁、开市、立券、交易、纳财、补垣塞穴、栽种、牧养、破土、启攒。 **忌**祭祀、袭爵受封、上官赴任、临政亲民、结婚姻、纳采问名、移徙、远回、求医疗病、修仓库、经络、开仓库、出货财。

辛卯松柏木制平日	
吉神：民日、不将、五合、玉堂、鸣吠对。 **凶神**：天罡、死神、月刑、天吏、致死、天贼、地囊。	诸事不宜。

壬辰长流水伐定日	
吉神：月德、三合、临日、时阴、天仓、不将、圣心。 **凶神**：死气、五墓、天牢。	**宜**祭祀、祈福、求嗣、上册受封、上表章、袭爵受封、会亲友、冠带、出行、上官赴任、临政亲民、结婚姻、纳采问名、嫁娶、进人口、移徙、解除、裁衣、修造动土、竖柱上梁、修仓库、经络、酝酿、立券、交易、纳财、安碓硙、栽种、牧养、纳畜、安葬。 **忌**求医疗病、开渠、畋猎、取鱼。

癸巳长流水制执日	
吉神：五富、益后。 **凶神**：劫煞、小耗、复日、重日、元武。	**宜**祭祀、捕捉、畋猎。 **忌**祈福、求嗣、上册受封、上表章、袭爵受封、会亲友、冠带、出行、上官赴任、临政亲民、结婚姻、纳采问名、嫁娶、进人口、移徙、安床、解除、剃头、整手足甲、求医疗病、裁衣、筑堤防、修造动土、竖柱上梁、修仓库、鼓铸、经络、酝酿、开市、立券、交易、纳财、开仓库、出货财、修置产室、开渠穿井、安碓硙、补垣塞穴、修饰垣墙、破屋坏垣、栽种、牧养、纳畜、破土、安葬、启攒。

<table>
<tr><th colspan="2">甲午砂石金宝破日</th></tr>
<tr><td>**吉神**：月恩、四相、阳德、六仪、续世、解除、司命、鸣吠。

凶神：月破、大耗、灾煞、天火、厌对、招摇、五虚、血忌。</td><td>诸事不宜。</td></tr>
</table>

<table>
<tr><th colspan="2">乙未砂石金制危日</th></tr>
<tr><td>**吉神**：四相、要安。

凶神：月煞、月虚、月害、四击、勾陈。</td><td>**宜**祭祀、伐木、畋猎。
忌祈福、求嗣、上册受封、上表章、袭爵受封、会亲友、冠带、出行、上官赴任、临政亲民、结婚姻、纳采问名、嫁娶、进人口、移徙、安床、解除、剃头、整手足甲、求医疗病、裁衣、筑堤防、修造动土、竖柱上梁、修仓库、鼓铸、经络、酝酿、开市、立券、交易、纳财、开仓库、出货财、修置产室、开渠穿井、安碓硙、补垣塞穴、修饰垣墙、破屋坏垣、栽种、牧养、纳畜、破土、安葬、启攒。</td></tr>
</table>

<table>
<tr><th colspan="2">丙申山下火制成日</th></tr>
<tr><td>**吉神**：月空、母仓、三合、天喜、天医、玉宇、除神、青龙、鸣吠。

凶神：九坎、九焦、土符、大煞、五离。</td><td>**宜**上表章、袭爵受封、会亲友、入学、出行、上官赴任、临政亲民、结婚姻、纳采问名、嫁娶、进人口、移徙、解除、沐浴、剃头、整手足甲、求医疗病、裁衣、竖柱上梁、经络、酝酿、开市、立券、交易、纳财、扫舍宇、伐木、牧养、纳畜、安葬。
忌安床、筑堤防、修造动土、修仓库、鼓铸、修置产室、开渠穿井、安碓硙、补垣塞穴、修饰垣墙、平治道涂、破屋坏垣、取鱼、乘船渡水、栽种、破土。</td></tr>
</table>

丁酉山下火制收日	
吉神：月德合、母仓、金堂、除神、明堂、鸣吠。 **凶神**：河魁、大时、大败、咸池、五离。	**宜**祭祀、沐浴、整手足甲、扫舍宇、捕捉。 **忌**会亲友、剃头、求医疗病、畋猎、取鱼。

戊戌平地木专开日	
吉神：时阳、生气。 **凶神**：五虚、九空、往亡、天刑。	**宜**祭祀、祈福、求嗣、会亲友、入学、解除、裁衣、修造动土、竖柱上梁、修置产室、开渠穿井、安碓硙、栽种、牧养。 **忌**上册受封、上表章、出行、上官赴任、临政亲民、嫁娶、进人口、移徙、求医疗病、修仓库、开市、立券、交易、纳财、开仓库、出货财、伐木、捕捉、畋猎、取鱼。

己亥平地木制闭日	
吉神：王日。 **凶神**：游祸、血支、重日、朱雀。	**宜**沐浴、裁衣、筑堤防、补垣塞穴。 **忌**祈福、求嗣、上册受封、上表章、袭爵受封、会亲友、出行、上官赴任、临政亲民、结婚姻、纳采问名、嫁娶、进人口、移徙、安床、解除、求医疗病、疗目、针刺、修造动土、竖柱上梁、开仓库、出货财、修置产室、开渠穿井、破土、安葬、启攒。

<table>
<tr><th colspan="2">庚子壁上土宝建日</th></tr>
<tr><td>吉神：官日、敬安、金匮、鸣吠对。

凶神：月建、小时、土符、月厌、地火。</td><td>诸事不宜。</td></tr>
</table>

<table>
<tr><th colspan="2">辛丑壁上土义除日</th></tr>
<tr><td>吉神：阴德、守日、吉期、六合、不将、普护、宝光。</td><td>宜祭祀、祈福、袭爵受封、会亲友、出行、上官赴任、临政亲民、结婚姻、嫁娶、进人口、解除、沐浴、剃头、整手足甲、求医疗病、经络、立券、交易、纳财、扫舍宇、纳畜、安葬。
忌冠带、酝酿。</td></tr>
</table>

<table>
<tr><th colspan="2">壬寅金箔金宝满日</th></tr>
<tr><td>吉神：月德、时德、相日、驿马、天后、天马、天巫、福德、不将、福生、五合、鸣吠对。

凶神：五虚、归忌、白虎。</td><td>宜上册受封、上表章、袭爵受封、会亲友、出行、上官赴任、临政亲民、结婚姻、纳采问名、嫁娶、进人口、解除、求医疗病、裁衣、修造动土、竖柱上梁、修仓库、经络、开市、立券、交易、纳财、开仓库、出货财、补垣塞穴、栽种、牧养、纳畜、破土、安葬、启攒。
忌祭祀、移徙、远回、开渠、畋猎、取鱼。</td></tr>
</table>

癸卯金箔金宝平日	
吉神：民日、五合、玉堂、鸣吠对。 **凶神**：天罡、死神、月刑、天吏、致死、天贼、复日。	诸事不宜。

甲辰覆灯火制定日	
吉神：月恩、四相、三合、临日、时阴、天仓、圣心。 **凶神**：死气、天牢。	**宜**祭祀、祈福、求嗣、上册受封、上表章、袭爵受封、会亲友、冠带、出行、上官赴任、临政亲民、结婚姻、纳采问名、嫁娶、进人口、移徙、裁衣、修造动土、竖柱上梁、修仓库、经络、酝酿、立券、交易、纳财、安碓硙、牧养、纳畜。 **忌**解除、求医疗病、开仓库、出货财、修置产室、栽种。

乙巳覆灯火宝执日	
吉神：四相、五富、益后。 **凶神**：劫煞、小耗、重日、元武。	**宜**祭祀、捕捉、畋猎。 **忌**祈福、求嗣、上册受封、上表章、袭爵受封、会亲友、冠带、出行、上官赴任、临政亲民、结婚姻、纳采问名、嫁娶、进人口、移徙、安床、解除、剃头、整手足甲、求医疗病、裁衣、筑堤防、修造动土、竖柱上梁、修仓库、鼓铸、经络、酝酿、开市、立券、交易、纳财、开仓库、出货财、修置产室、开渠穿井、安碓硙、补垣塞穴、修饰垣墙、破屋坏垣、栽种、牧养、纳畜、破土、安葬、启攒。

丙午天河水专破日	
吉神：月空、阳德、六仪、续世、解神、司命、鸣吠。 **凶神**：月破、大耗、灾煞、天火、厌对、招摇、四废、五虚、血忌、阴阳击冲。	诸事不宜。

丁未天河水宝危日	
吉神:月德合、要安。 **凶神**：月煞、月虚、月害、四击、八专、勾陈。	**宜**祭祀、伐木。 **忌**结婚姻、纳采问名、嫁娶、剃头、求医疗病、畋猎、取鱼。

戊申大驿土宝成日	
吉神：母仓、三合、天喜、天医、玉宇、除神、青龙。 **凶神**：九坎、九焦、土符、大煞、五离。	**宜**袭爵受封、会亲友、入学、出行、上官赴任、临政亲民、结婚姻、纳采问名、嫁娶、进人口、移徙、解除、沐浴、剃头、整手足甲、求医疗病、裁衣、竖柱上梁、经络、酝酿、开市、立券、交易、纳财、扫舍宇、伐木、牧养、纳畜。 **忌**安床、筑堤防、修造动土、修仓库、鼓铸、修置产室、开渠穿井、安碓硙、补垣塞穴、修饰垣墙、平治道涂、破屋坏垣、取鱼、乘船渡水、栽种、破土。

己酉大驿土宝收日	
吉神：天恩、母仓、金堂、除神、明堂、鸣吠。 **凶神**：河魁、大时、大败、咸池、五离。	**宜**沐浴、剃头、整手足甲、扫舍宇、捕捉、畋猎。 **忌**祈福、求嗣、上册受封、上表章、袭爵受封、会亲友、冠带、出行、上官赴任、临政亲民、结婚姻、纳采问名、嫁娶、进人口、移徙、安床、解除、求医疗病、裁衣、筑堤防、修造动土、竖柱上梁、修仓库、鼓铸、经络、酝酿、开市、立券、交易、纳财、开仓库、出货财、修置产室、开渠穿井、取鱼、乘船渡水、栽种、牧养、纳畜、破土、安葬、启攒。

庚戌钗钏金义开日	
吉神：天恩、时阳、生气。 **凶神**：五虚、九空、往亡、天刑。	**宜**祭祀、祈福、求嗣、会亲友、入学、解除、裁衣、修造动土、竖柱上梁、修置产室、开渠穿井、安碓硙、栽种、牧养。 **忌**上册受封、上表章、出行、上官赴任、临政亲民、嫁娶、进人口、移徙、求医疗病、修仓库、经络、开市、立券、交易、纳财、开仓库、出货财、伐木、捕捉、畋猎、取鱼。

辛亥钗钏金宝闭日	
吉神：天恩、王日。 **凶神**：游祸、血支、重日、朱雀。	**宜**沐浴、裁衣、筑堤防、补垣塞穴。 **忌**祈福、求嗣、上册受封、上表章、袭爵受封、会亲友、出行、上官赴任、临政亲民、结婚姻、纳采问名、嫁娶、进人口、移徙、安床、解除、求医疗病、疗目、针刺、修造动土、竖柱上梁、酝酿、开市、开仓库、出货财、修置产室、开渠穿井、破土、安葬、启攒。

<table>
<tr><th colspan="2">壬子桑柘木专建日</th></tr>
<tr><td>**吉神**：月德、大恩、官日、敬安、金匮、鸣吠对。

凶神：月建、小时、土府、月厌、地火、四忌、六蛇、大会、阴阳俱错。</td><td>诸事不宜。</td></tr>
</table>

<table>
<tr><th colspan="2">癸丑桑柘木伐除日</th></tr>
<tr><td>**吉神**：天恩、天愿、阴德、守日、吉期、六合、普护、宝光。

凶神：复日、八专、触水龙。</td><td>**宜**祭祀、祈福、求嗣、上册受封、上表章、袭爵受封、会亲友、出行、上官赴任、临政亲民、结婚姻、纳采问名、嫁娶、进人口、移徙、解除、沐浴、剃头、整手足甲、求医疗病、裁衣、修造动土、竖柱上梁、修仓库、经络、酝酿、开市、立券、交易、纳财、扫舍宇、栽种、牧养、纳畜。
忌冠带、取鱼、乘船渡水。</td></tr>
</table>

<table>
<tr><th colspan="2">甲寅大溪水专满日</th></tr>
<tr><td>**吉神**：月恩、四相、时德、相日、驿马、天后、天马、天巫、福德、福生、五合、鸣吠对。

凶神：五虚、八风、归忌、八专、白虎。</td><td>**宜**上册受封、上表章、袭爵受封、会亲友、出行、上官赴任、临政亲民、进人口、解除、求医疗病、裁衣、修造动土、竖柱上梁、经络、开市、立券、交易、纳财、补垣塞穴、栽种、牧养、破土、启攒。
忌祭祀、结婚姻、纳采问名、嫁娶、移徙、远回、修仓库、开仓库、出货财、取鱼、乘船渡水。</td></tr>
</table>

乙卯大溪水专平日	
吉神：四相、民日、五合、玉堂、鸣吠对。 **凶神**：天罡、死神、月刑、天吏、致死、天贼。	诸事不宜。

丙辰沙中土宝定日	
吉神：月空、三合、临日、时阴、天仓、圣心。 **凶神**：死气、天牢。	**宜**祭祀、祈福、上册受封、上表章、会亲友、冠带、上官赴任、临政亲民、结婚姻、纳采问名、嫁娶、进人口、裁衣、修造动土、竖柱上梁、修仓库、经络、酝酿、立券、交易、纳财、安碓硙、纳畜。 **忌**解除、求医疗病、修置产室、栽种。

丁巳沙中土专执日	
吉神：月德合、五富、不将、益后。 **凶神**：劫煞、小耗、四废、重日、元武。	**宜**祭祀、捕捉。 **忌**祈福、求嗣、上册受封、上表章、袭爵受封、会亲友、冠带、出行、上官赴任、临政亲民、结婚姻、纳采问名、嫁娶、进人口、移徙、安床、解除、剃头、求医疗病、裁衣、筑堤防、修造动土、竖柱上梁、修仓库、鼓铸、经络、酝酿、开市、立券、交易、纳财、开仓库、出货财、修置产室、开渠穿井、安碓硙、补垣塞穴、修饰垣墙、破屋坏垣、畋猎、取鱼、栽种、牧养、纳畜、破土、安葬、启攒。

<table>
<tr><th colspan="2">戊午天上火义破日</th></tr>
<tr><td>吉神：阳德、六仪、续世、解神、司命。

凶神：月破、大耗、灾煞、天火、厌对、招摇、五虚、血忌。</td><td>诸事不宜。</td></tr>
</table>

<table>
<tr><th colspan="2">己未天上火专危日</th></tr>
<tr><td>吉神：要安。

凶神：月煞、月虚、月害、四击、八专、勾陈。</td><td>宜伐木、畋猎。
忌祈福、求嗣、上册受封、上表章、袭爵受封、会亲友、冠带、出行、上官赴任、临政亲民、结婚姻、纳采问名、嫁娶、进人口、移徙、安床、解除、剃头、整手足甲、求医疗病、裁衣、筑堤防、修造动土、竖柱上梁、修仓库、鼓铸、经络、酝酿、开市、立券、交易、纳财、开仓库、出货财、修置产室、开渠穿井、安碓硙、补垣塞穴、修饰垣墙、破屋坏垣、栽种、牧养、纳畜、破土、安葬、启攒。</td></tr>
</table>

<table>
<tr><th colspan="2">庚申石榴木专成日</th></tr>
<tr><td>吉神：母仓、三合、天喜、天医、玉宇、除神、青龙、鸣吠。

凶神：九坎、九焦、土符、大煞、五离、八专。</td><td>宜袭爵受封、会亲友、入学、出行、上官赴任、临政亲民、进人口、移徙、解除、沐浴、剃头、整手足甲、求医疗病、裁衣、竖柱上梁、酝酿、开市、立券、交易、纳财、扫舍宇、伐木、牧养、纳畜、安葬。
忌结婚姻、纳采问名、嫁娶、安床、筑堤防、修造动土、修仓库、鼓铸、经络、修置产室、开渠穿井、安碓硙、补垣塞穴、修饰垣墙、平治道涂、破屋坏垣、取鱼、乘船渡水、栽种、破土。</td></tr>
</table>

辛酉石榴木专收日	
吉神：母仓、金堂、除神、明堂、鸣吠。 **凶神**：河魁、大时、大败、咸池、四耗、地囊、五离。	**宜**沐浴、剃头、整手足甲、扫舍宇、捕捉、畋猎。 **忌**祈福、求嗣、上册受封、上表章、袭爵受封、会亲友、冠带、出行、上官赴任、临政亲民、结婚姻、纳采问名、嫁娶、进人口、移徙、安床、解除、求医疗病、裁衣、筑堤防、修造动土、竖柱上梁、修仓库、鼓铸、经络、酝酿、开市、立券、交易、纳财、开仓库、出货财、修置产室、开渠穿井、安碓硙、补垣、修饰垣墙、平治道涂、破屋坏垣、取鱼、乘船渡水、栽种、牧养、纳畜、破土、安葬、启攒。

壬戌大海水伐开日	
吉神：月德、时阳、生气。 **凶神**：五虚、九空、往亡、天刑。	**宜**祭祀、祈福、求嗣、会亲友、入学、结婚姻、纳采问名、解除、裁衣、修造动土、竖柱上梁、修仓库、开市、修置产室、安碓硙、栽种、牧养、纳畜。 **忌**上册受封、上表章、出行、上官赴任、临政亲民、嫁娶、进人口、移徙、求医疗病、开渠、伐木、捕捉、畋猎、取鱼。

癸亥大海水专闭日	
吉神：王日。 **凶神**：游祸、血支、四穷、六蛇、复日、重日、朱雀。	**宜**沐浴。 **忌**祈福、求嗣、上册受封、上表章、袭爵受封、会亲友、出行、上官赴任、临政亲民、结婚姻、纳采问名、嫁娶、进人口、移徙、安床、解除、求医疗病、疗目、针刺、修造动土、竖柱上梁、酝酿、开市、开仓库、出货财、修置产室、开渠穿井、破土、安葬、启攒。

右六十干支，从建子者，始大雪，终冬至，其神煞吉凶，用事宜忌，具于表。

（**钦定协纪辨方书卷三十**）

钦定四库全书·钦定协纪辨方书卷三十一

月表十二

十二月

十二月	甲己年 建丁丑	乙庚年 建己丑	丙辛年 建辛丑	丁壬年 建癸丑	戊癸年 建乙丑

小寒十二月节,天道西行,宜向西行,宜修造西方。

天德在庚,天德合在乙,月德在庚,月德合在乙,月空在甲,宜修造、取土。

月建在丑,月破在未,月厌在亥,月刑在戌,月害在午,劫煞在寅,灾煞在卯,月煞在辰,忌修造、取土。

初九日长星,二十五日短星。

小寒后三十日往亡,土王用事后忌修造动土。巳、午日添母仓。

大寒十二月中,日躔在子宫为十二月将,宜用癸乙丁辛时。

孟年	白	黑	白	仲年	碧	白	赤	季年	紫	黄	绿
	绿	紫	黄		白	白	黑		赤	碧	白
	白	赤	碧		黄	绿	紫		黑	白	白

甲子海中金义闭日	
吉神：月空、天恩、天赦、天愿、四相、官日、六合、续世。 **凶神**：天吏、致死、血支、土符、归忌、血忌、天刑。	**宜**祭祀、沐浴、裁衣、经络、酝酿、安葬。

乙丑海中金制建日	
吉神：天德合、月德合、天恩、四相、守日、要安。 **凶神**：月建、小时、土府、往亡、朱雀。	**宜**祭祀、祈福、求嗣、会亲友、结婚姻、纳采问名、解除、裁衣、竖柱上梁、纳财、开仓库、出货财、牧养、纳畜、安葬。 **忌**上册受封、上表章、冠带、出行、上官赴任、临政亲民、嫁娶、进人口、移徙、求医、筑堤防、修造动土、修仓库、修置产室、开渠穿井、安碓硙、补垣、修饰垣墙、平治道涂、破屋坏垣、伐木、捕捉、畋猎、取鱼、栽种、破土。

丙寅炉中火义除日	
吉神：天恩、月德、相日、吉期、不将、玉宇、五合、金匮、鸣吠对。 **凶神**：劫煞、天贼、五虚。	**宜**沐浴、扫舍宇。 **忌**祭祀、上册受封、上表章、出行、求医疗病、修仓库、开仓库、出货财。

丁卯炉中火义满日	
吉神：天恩、民日、天巫、福德、天仓、不将、金匮、五合、宝光、鸣吠对。 **凶神**：灾煞、天火。	**宜**祭祀。 **忌**祈福、求嗣、上册受封、上表章、袭爵受封、会亲友、冠带、出行、上官赴任、临政亲民、结婚姻、纳采问名、嫁娶、进人口、移徙、安床、解除、剃头、整手足甲、求医疗病、裁衣、筑堤防、修造动土、竖柱上梁、修仓库、鼓铸、苫盖、经络、酝酿、开市、立券、交易、纳财、开仓库、出货财、修置产室、开渠穿井、安碓硙、补垣塞穴、修饰垣墙、破屋坏垣、栽种、牧养、牧畜、破土、安葬、启攒。

戊辰大林木专平日	
吉神：天恩、天马。 **凶神**：河魁、死神、月煞、月虚、五墓、白虎。	诸事不宜。

己巳大林木义定日	
吉神：三合、时阴、六仪、玉堂。 **凶神**：厌对、招摇、死气、九坎、九焦、复日、重日。	**宜**会亲友、冠带、临政亲民、结婚姻、纳采问名、进人口、裁衣、修造动土、竖柱上梁、修仓库、经络、酝酿、立券、交易、纳财、安碓硙、牧养、纳畜。 **忌**出行、嫁娶、解除、求医疗病、鼓铸、修置产室、补垣塞穴、取鱼、乘船渡水、栽种、破土、安葬、启攒。

庚午路傍土伐执日	
吉神：天德、月德、敬安、解神、鸣吠。 **凶神**：月害、大时、大败、咸池、小耗、五虚、天牢。	**宜**祭祀、祈福、求嗣、上册受封、上表章、袭爵受封、会亲友、出行、上官赴任、临政亲民、结婚姻、纳采问名、嫁娶、移徙、解除、沐浴、剃头、整手足甲、裁衣、修造动土、竖柱上梁、修仓库、伐木、捕捉、栽种、牧养、纳畜、破土、安葬。 **忌**求医疗病、苫盖、经络、畋猎、取鱼。

辛未路傍土义破日	
吉神：月恩、普护。 **凶神**：月破、大耗、四击、九空、元武。	**宜**祭祀、解除、破屋坏垣。 **忌**祈福、求嗣、上册受封、上表章、袭爵受封、会亲友、冠带、出行、上官赴任、临政亲民、结婚姻、纳采问名、嫁娶、进人口、移徙、安床、剃头、整手足甲、求医疗病、裁衣、筑堤防、修造动土、竖柱上梁、修仓库、出货财、修置产室、开渠穿井、安碓硙、补垣塞穴、修饰垣墙、伐木、栽种、牧养、纳畜、破土、安葬、启攒。

壬申剑锋金义危日	
吉神：母仓、阳德、五富、福生、除神、司命、鸣吠。 **凶神**：游祸、五离。	**宜**祭祀、沐浴、剃头、整手足甲、经络、酝酿、开市、纳财、开仓库、出货财、扫舍宇、伐木、畋猎、栽种、牧养、纳畜、破土、安葬。 **忌**祈福、求嗣、会亲友、结婚姻、纳采问名、安床、解除、求医疗病、立券、交易、开渠。

癸酉剑锋金义成日	
吉神：母仓、三合、临日、天喜、天医、除神、鸣吠。 **凶神**：地囊、大煞、五离、勾陈。	**宜**上册受封、上表章、袭爵受封、入学、出行、上官赴任、临政亲民、纳婚姻、纳采问名、嫁娶、进人口、移徙、解除、沐浴、剃头、整手足甲、求医疗病、裁衣、竖柱上梁、经络、酝酿、开市、立券、交易、纳财、扫舍宇、牧养、纳畜、安葬。 **忌**会亲友、筑堤防、修造动土、修仓库、修置产室、开渠穿井、安碓硙、补垣、修饰垣墙、平治道涂、破屋坏垣、栽种、破土。

甲戌山头火制收日	
吉神：月空、四相、圣心、青龙。 **凶神**：天罡、月刑、五虚、八风。	**宜**祭祀、捕捉、畋猎。 **忌**祈福、求嗣、上册受封、上表章、袭爵受封、会亲友、冠带、出行、上官赴任、临政亲民、结婚姻、纳采问名、嫁娶、进人口、移徙、安床、解除、剃头、整手足甲、求医疗病、裁衣、筑堤防、修造动土、竖柱上梁、修仓库、出货财、修置产室、开渠、出货财、修置产室、开渠穿井、安碓硙、补垣塞穴、修饰垣墙、破屋坏垣、取鱼、乘船渡水、栽种、牧养、纳畜、破土、安葬、启攒。

乙亥山头火义开日	
吉神：天德合、月德合、四相、阴德、王日、驿马、天后、时阳、生气、益后、明堂。 **凶神**：月厌、地火、重日。	**宜**祭祀、祈福、求嗣、上册受封、上表章、会亲友、入学、解除、沐浴、裁衣、修造动土、竖柱上梁、修仓库、开市、纳财、开仓库、出货财、修置产室、开渠穿井、安碓硙、牧养、纳畜。 **忌**出行、上官赴任、临政亲民、结婚、纳采问名、嫁娶、移徙、远回、求医疗病、伐木、畋猎、取鱼、栽种。

丙子涧下水伐闭日	
吉神:官日、六合、不将、续世、鸣吠对。 **凶神**:天吏、致死、血支、土符、归忌、血忌、触水龙、天刑。	**宜**祭祀、沐浴、经络、酝酿、安葬、启攒。 **忌**祈福、求嗣、上册受封、上表章、袭爵受封、会亲友、冠带、出行、上官赴任、临政亲民、结婚姻、纳采问名、嫁娶、进人口、移徙、安床、解除、求医疗病、疗目、针刺、筑堤防、修造动土、竖柱上梁、修仓库、开市、立券、交易、纳财、开仓库、出货财、修置产室、开渠穿井、安碓硙、补垣、修饰垣墙、平治道涂、破屋坏垣、取鱼、乘船渡水、栽种、牧养、纳畜、破土。

丁丑涧下水宝建日	
吉神:守日、不将、要安。 **凶神**:月建、小时、土府、往亡、朱雀。	**忌**祈福、求嗣、上册受封、上表章、冠带、出行、上官赴任、临政亲民、结婚姻、纳采问名、嫁娶、进人口、移徙、解除、剃头、整手足甲、求医疗病、筑堤防、修造动土、竖柱上梁、修仓库、开仓库、出货财、修置产室、开渠穿井、安碓硙、补垣、修饰垣墙、平治道涂、破屋坏垣、伐木、捕捉、畋猎、取鱼、栽种、破土、安葬、启攒。

戊寅城头土伐除日	
吉神:时德、相日、吉期、玉堂、五合、金匮。 **凶神**:劫煞、天贼、五虚。	**宜**沐浴、扫舍宇。 **忌**祭祀、上册受封、上表章、出行、求医疗病、修仓库、开仓库、出货财、破土、安葬、启攒。

<table>
<tr><th colspan="2">己卯城头土伐满日</th></tr>
<tr><td>吉神：天恩、民日、天巫、福德、天仓、不将、金堂、五合、宝光。

凶神：灾煞、天火、复日。</td><td>宜祭祀。
忌祈福、求嗣、上册受封、上表章、袭爵受封、会亲友、冠带、出行、上官赴任、临政亲民、结婚姻、纳采问名、嫁娶、进人口、移徙、安床、解除、剃头、整手足甲、求医疗病、裁衣、筑堤防、修造动土、竖柱上梁、修仓库、鼓铸、苫盖、经络、酝酿、开市、立券、交易、纳财、开仓库、出货财、修置产室、开渠穿井、安碓硙、补垣塞穴、修饰垣墙、破屋坏垣、牧养、纳畜、破土、安葬、启攒。</td></tr>
</table>

<table>
<tr><th colspan="2">庚辰白镴金义平日</th></tr>
<tr><td>吉神：天德、月德、天恩、天马、不将。

凶神：河魁、死神、月煞、月虚、白虎。</td><td>宜祭祀、平治道涂。
忌祈福、求嗣、上册受封、上表章、袭爵受封、会亲友、冠带、出行、上官赴任、临政亲民、结婚姻、纳采问名、嫁娶、进人口、移徙、安床、解除、剃头、整手足甲、求医疗病、裁衣、筑堤防、修造动土、竖柱上梁、修仓库、鼓铸、苫盖、经络、酝酿、开市、立券、交易、纳财、开仓库、出货财、修置产室、开渠穿井、安碓硙、补垣塞穴、修饰垣墙、破屋坏垣、畋猎、取鱼、栽种、牧养、纳畜、破土、安葬、启攒。</td></tr>
</table>

<table>
<tr><th colspan="2">辛巳白镴金伐定日</th></tr>
<tr><td>吉神：天恩、月恩、三合、时阴、六仪、玉堂。

凶神：厌对、招摇、死气、九坎、九焦、重日。</td><td>宜祭祀、祈福、求嗣、袭爵受封、会亲友、冠带、上官赴任、临政亲民、结婚姻、纳采问名、进人口、移徙、裁衣、修造动土、竖柱上梁、修仓库、经络、立券、交易、纳财、开仓库、出货财、安碓硙、牧养、纳畜。
忌出行、嫁娶、解除、求医疗病、鼓铸、酝酿、修置产室、补垣塞穴、取鱼、乘船渡水、栽种、破土、安葬、启攒。</td></tr>
</table>

<table>
<tr><th colspan="2">壬午杨柳木制执日</th></tr>
<tr><td>吉神：天恩、敬安、解神、鸣吠。

凶神：月害、大时、大败、咸池、小耗、五虚、天牢。</td><td>宜沐浴、剃头、整手足甲、伐木、捕捉、畋猎。
忌祈福、求嗣、上册受封、上表章、袭爵受封、会亲友、冠带、出行、上官赴任、临政亲民、结婚姻、纳采问名、嫁娶、进人口、移徙、安床、解除、求医疗病、筑堤防、修造动土、竖柱上梁、修仓库、苫盖、经络、酝酿、开市、立券、交易、纳财、开仓库、出货财、修置产室、开渠、取鱼、乘船渡水、栽种、牧养、纳畜、破土、安葬、启攒。</td></tr>
</table>

<table>
<tr><th colspan="2">癸未杨柳木伐破日</th></tr>
<tr><td>吉神：天恩、普护。

凶神：月破、大耗、四击、九空、触水龙、元武。</td><td>宜祭祀、破屋坏垣。
忌祈福、求嗣、上册受封、上表章、袭爵受封、会亲友、冠带、出行、上官赴任、临政亲民、结婚姻、纳采问名、嫁娶、进人口、移徙、安床、剃头、整手足甲、求医疗病、裁衣、筑堤防、修造动土、竖柱上梁、修仓库、鼓铸、经络、酝酿、开市、立券、交易、纳财、开仓库、出货财、修置产室、开渠穿井、安碓硙、补垣塞穴、修饰垣墙、伐木、取鱼、乘船渡水、栽种、牧养、纳畜、破土、安葬、启攒。</td></tr>
</table>

<table>
<tr><th colspan="2">甲申井泉水伐危日</th></tr>
<tr><td>吉神：月空、母仓、四相、阳德、五富、生气、除神、司命、鸣吠。

凶神：游祸、五离。</td><td>宜祭祀、上表章、袭爵受封、出行、上官赴任、临政亲民、移徙、沐浴、剃头、整手足甲、裁衣、修造动土、竖柱上梁、修仓库、经络、酝酿、开市、纳财、扫舍宇、伐木、畋猎、栽种、牧养、纳畜、破土、安葬。
忌祀福、求嗣、会亲友、结婚姻、纳采问名、安床、解除、求医疗病、立券、交易、开仓库、出货财。</td></tr>
</table>

乙酉井泉伐成日	
吉神：天德合、月德合、母仓、四相、三合、临日、天喜、天医、除神、鸣吠。 **凶神**：天煞、五离、勾陈。	**宜**祭祀、祈福、求嗣、上册受封、上表章、袭爵受封、入学、出行、上官赴任、临政亲民、结婚姻、纳采问名、嫁娶、进人口、移徙、解除、沐浴、剃头、整手足甲、求医疗病、裁衣、筑堤防、修造动土、竖柱上梁、修仓库、经络、酝酿、开市、立券、交易、纳财、开仓库、出货财、安碓硙、扫舍宇、收养、纳畜、破土、安葬。 **忌**会亲友、畋猎、取鱼、栽种。

丙戌屋上土宝收日	
吉神：圣心、青龙。 **凶神**：天罡、月刑、五虚。	**宜**祭祀、捕捉、畋猎。 **忌**祈福、求嗣、上册受封、上表章、袭爵受封、会亲友、冠带、出行、上官赴任、临政亲民、结婚姻、纳采问名、嫁娶、进人口、移徙、安床、解除、裁衣、筑堤防、修造动土、竖柱上梁、修仓库、鼓铸、经络、酝酿、开市、立券、交易、纳财、开仓库、出货财、修置房产、开渠穿井、安碓硙、补垣塞穴、修饰垣墙、破屋坏垣、栽种、牧养、纳畜、安葬、启攒。

丁亥屋上土伐开日	
吉神：阴德、王日、驿马、天后、时阳、生气、益后、明堂。 **凶神**：月厌、地火、重日。	**宜**祭祀、入学、沐浴。 **忌**祈福、求嗣、上册受封、上表章、袭爵受封、会亲友、冠带、出行、上官赴任、临政亲民、结婚姻、纳采问名、嫁娶、进人口、移徙、安床、解除、剃头、整手足甲、求医疗病、裁衣、筑堤防、修造动土、竖柱上梁、修仓库、出货财、修置产室、开渠、穿井、安碓硙、补垣塞穴、修饰垣墙、平治道涂、破屋坏垣、伐木、畋猎、取鱼、栽种、牧养、纳畜、破土、安葬、启攒。

戊子霹雳火制闭日	
吉神：官日、六合、续世。 **凶神**：天吏、致死、血支、土符、归忌、血忌、天刑、逐阵。	**宜**祭祀、入学、沐浴。 **忌**祈福、求嗣、上册受封、上表章、袭爵受封、会亲友、冠带、出行、上官赴任、临政亲民、结婚姻、纳采问名、嫁娶、进人口、移徙、解除、安床、求医疗病、疗目、针刺、筑堤防、修造动土、竖柱上梁、修仓库、开市、立券、交易、纳财、开仓库、出货财、修置产室、开渠穿井、安碓硙、补垣、修饰垣墙、平治道涂、破屋坏垣、栽种、牧养、纳畜、破土。

己丑霹雳火专建日	
吉神：守日、不将、要安。 **凶神**：月建、小时、土府、往亡、复日、朱雀。	**宜**裁衣。 **忌**祈福、求嗣、上册受封、上表章、冠带、出行、上官赴任、临政亲民、结婚姻、纳采问名、嫁娶、进人口、移徙、解除、剃头、整手指甲、求医疗病、筑堤防、修造动土、竖柱上梁、修仓库、开仓库、出货财、修置产室、开渠穿井、安碓硙、补垣、修饰垣墙、平治道涂、破屋坏垣、伐木、捕捉、畋猎、取鱼、栽种、破土、安葬、启攒。

庚寅松柏木制除日	
吉神：天德、月德、时德、相日、吉期、不将、玉宇、五合、金匮、鸣吠对。 **凶神**：劫煞、天贼、五虚。	**宜**上册受封、上表章、袭爵受封、会亲友、上官赴任、临政亲民、结婚姻、纳采问名、嫁娶、移徙、解除、沐浴、剃头、整手足甲、裁衣、修造动土、竖柱上梁、立券、交易、纳财、扫舍宇、栽种、牧养、纳畜、破土、安葬、启攒。 **忌**祭祀、出行、求医疗病、修仓库、经络、开仓库、出货财、畋猎、取鱼。

辛卯松柏木制满日	
吉神：月恩、民日、天巫、福德、天仓、不将、金堂、五合、宝光、鸣吠对。 **凶神**：灾煞、天火。	**宜**祭祀。 **忌**祈福、求嗣、上册受封、上表章、袭爵受封、会亲友、冠带、出行、上官赴任、临政亲民、结婚姻、纳采问名、嫁娶、进人口、移徙、安床、剃头、整手足甲、求医疗病、裁衣、筑堤防、修造动土、竖柱上梁、修仓库、鼓铸、经络、酝酿、开市、立券、交易、纳财、开仓库、出货财、修置产室、开渠穿井、安碓硙、补垣塞穴、修饰垣墙、破屋坏垣、栽种、牧养、纳畜、破土、安床、启攒。

壬辰长流水伐平日	
吉神：天马。 **凶神**：河魁、死神、月煞、月虚、白虎。	诸事不宜。

癸巳长流水制定日	
吉神：三合、阴德、六仪、玉堂。 **凶神**：厌对、招摇、死气、九坎、九焦、重日。	**宜**会亲友、冠带、临政亲民、结婚姻、纳采问名、进人口、裁衣、修造动土、竖柱上梁、修仓库、经络、酝酿、立券、交易、纳财、安碓硙、牧养、纳畜。 **忌**出行、嫁娶、解除、求医疗病、鼓铸、修置产室、补垣塞穴、取鱼、乘船渡水、栽种、破土、安葬、启攒。

甲午砂石金宝执日	
吉神：月空、四相、敬安、解神、鸣吠。 **凶神**：月害、大时、大败、咸池、小耗、五虚、天牢。	**宜**祭祀、沐浴、剃头、整手足甲、裁衣、伐木、捕捉、畋猎。 **忌**祈福、求嗣、上册受封、上表章、袭爵受封、会亲友、冠带、出行、上官赴任、临政亲民、结婚姻、纳采问名、嫁娶、进人口、移徙、安床、解除、求医疗病、筑堤防、修造动土、竖柱上梁、修仓库、鼓铸、经络、酝酿、开市、立券、交易、纳财、开仓库、出货财、修置产室、取鱼、乘船渡水、栽种、牧养、纳畜、破土、安葬、启攒。

乙未砂石金制破日	
吉神：天德合、月德合、四相、普护。 **凶神**：月破、大耗、四击、九空、元武。	**宜**祭祀、解除、破屋坏垣。 **忌**祈福、求嗣、上册受封、上表章、袭爵受封、会亲友、冠带、出行、上官赴任、临政亲民、结婚姻、纳采问名、嫁娶、进人口、移徙、安床、剃头、整手足甲、求医疗病、裁衣、筑堤防、修造动土、竖柱上梁、修仓库、鼓铸、经络、酝酿、开市、立券、交易、纳财、开仓库、出货财、修置产室、开渠穿井、安碓硙、补垣塞穴、修饰垣墙、伐木、畋猎、取鱼、栽种、牧养、纳畜、破土、安葬、启攒。

丙申山下火制危日	
吉神：母仓、阳德、五富、福生、除神、司命、鸣吠。 **凶神**：游祸、五离。	**宜**祭祀、沐浴、剃头、整手足甲、经络、酝酿、开市、纳财、开仓库、出货财、扫舍宇、伐木、畋猎、栽种、牧养、纳畜、破土、安葬。 **忌**祈福、求嗣、会亲友、结婚姻、纳采问名、安床、解除、求医疗病、立券、交易。

丁酉山下火制成日	
吉神：母仓、三合、临日、天喜、天医、除神、鸣吠。 **凶神**：大煞、五离、勾陈。	**宜**上册受封、上表章、袭爵受封、入学、出行、上官赴任、临政亲民、结婚姻、纳采问名、嫁娶、进人口、移徙、解除、沐浴、整手足甲、求医疗病、裁衣、筑堤防、修造动土、竖柱上梁、修仓库、经络、酝酿、开市、立券、交易、纳财、安碓硙、扫舍宇、栽种、牧养、纳畜、破土、安葬。 **忌**会亲友、剃头。

戊戌平地木专收日	
吉神：圣心、青龙。 **凶神**：天罡、月刑、五虚。	**宜**祭祀、捕捉、畋猎。 **忌**祈福、求嗣、上册受封、上表章、袭爵受封、会亲友、冠带、出行、上官赴任、临政亲民、结婚姻、纳采问名、嫁娶、进人口、移徙、安床、解除、剃头、整手足甲、求医疗病、裁衣、筑堤防、修造动土、竖柱上梁、修仓库、鼓铸、经络、酝酿、开市、立券、交易、纳财、开仓库、出货财、修置产室、开渠穿井、安碓硙、补垣塞穴、修饰垣墙、破屋坏垣、栽种、牧养、纳畜、破土、安葬、启攒。

己亥平地木制开日	
吉神：阴德、王日、驿马、天后、时阳、生气、益后、明堂。 **凶神**：月厌、地火、复日、重日。	**宜**祭祀、入学、沐浴。 **忌**祈福、求嗣、上册受封、上表章、袭爵受封、会亲友、冠带、出行、上官赴任、临政亲民、结婚姻、纳采问名、嫁娶、进人口、移徙、远回、安床、剃头、整手足甲、求医疗病、裁衣、筑堤防、修造动土、竖柱上梁、修仓库、鼓铸、经络、酝酿、开市、立券、交易、纳财、开仓库、出货财、修置产室、开渠穿井、安碓硙、补垣塞穴、修饰垣墙、平治道涂、破屋坏垣、伐木、畋猎、取鱼、栽种、牧养、纳畜、破土、安葬、启攒。

庚子壁上土宝闭日	
吉神：天德、月德、官日、六合、不将、续世、鸣吠对。 **凶神**：天吏、致死、血支、土符、归忌、血忌、天刑。	**宜**祭祀、沐浴、裁衣、酝酿、安葬、启攒。 **忌**移徙、远回、求医疗病、疗目、针刺、筑堤防、修造动土、修仓库、经络、修置产室、开渠穿井、安碓硙、补垣、修饰垣墙、平治道涂、破屋坏垣、畋猎、取鱼、栽种、破土。

辛丑壁上土义建日	
吉神：月恩、守日、不将、要安。 **凶神**：月建、小时、土府、往亡、朱雀。	**宜**祭祀、祈福、求嗣、会亲友、结婚姻、纳采问名、解除、裁衣、竖柱上梁、纳财、开仓库、出货财、牧养。 **忌**上册受封、上表章、冠带、上官赴任、临政亲民、嫁娶、进人口、移徙、求医疗病、筑堤防、修造动土、修仓库、酝酿、修置产室、开渠穿井、安碓硙、补垣、修饰垣墙、平治道涂、破屋坏垣、伐木、取鱼、捕捉、畋猎、取鱼、栽种、破土。

壬寅金箔金宝除日	
吉神：时德、相日、吉期、玉宇、五合、金匮、鸣吠对。 **凶神**：劫煞、天贼、五虚。	**宜**沐浴、扫舍宇。 **忌**祭祀、上册受封、上表章、出行、求医疗病、修仓库、开仓库、出货财、开渠。

癸卯金箔金宝满日	
吉神：民日、天巫、福德、天仓、金堂、五合、宝光、鸣吠对。 **凶神**：灾煞、天火。	**宜**祭祀。 **忌**祈福、求嗣、上册受封、上表章、袭爵受封、会亲友、冠带、出行、上官赴任、临政亲民、结婚姻、纳采问名、嫁娶、进人口、移徙、安床、解除、剃头、整手足甲、求医疗病、裁衣、筑堤防、修造动土、竖柱上梁、修仓库、鼓铸、苫盖、经络、酝酿、开市、立券、交易、纳财、开仓库、出货财、修置产室、开渠穿井、安碓硙、补垣塞穴、修饰垣墙、破屋坏垣、栽种、牧养、纳畜、破土、安葬、启攒。

甲辰覆灯火制平日	
吉神：月空、四相、天马。 **凶神**：河魁、致死、月煞、月虚、白虎。	诸事不宜。

乙巳覆灯火宝定日	
吉神：天德合、月德合、四相、三合、时阴、六仪、玉堂。 **凶神**：厌对、招摇、死气、九坎、九焦、重日。	**宜**祭祀、祈福、求嗣、上册受封、上表章、袭爵受封、会亲友、冠带、上官赴任、临政亲民、结婚姻、纳采问名、嫁娶、进人口、移徙、解除、裁衣、修造动土、竖柱上梁、修仓库、经络、酝酿、开市、交易、纳财、开仓库、出货财、安碓硙、牧养、纳畜。 **忌**出行、求医疗病、鼓铸、补垣塞穴、畋猎、取鱼、乘船渡水、栽种。

丙午天河水专执日	
吉神：敬安、解神、鸣吠。 **凶神**：月害、大时、大败、咸池、小耗、四废、五虚、天牢。	**宜**沐浴、剃头、整手足甲、伐木、捕捉、畋猎。 **忌**祈福、求嗣、上册受封、上表章、袭爵受封、会亲友、冠带、出行、上官赴任、临政亲民、结婚姻、纳采问名、嫁娶、进人口、移徙、安床、解除、求医疗病、裁衣、筑堤防、修造动土、竖柱上梁、修仓库、鼓铸、苫盖、经络、酝酿、开市、立券、交易、纳财、开仓库、出货财、修置产室、开渠穿井、安碓硙、补垣塞穴、修饰垣墙、取鱼、乘船渡水、栽种、牧养、纳畜、破土、安葬、启攒。

丁未天河水宝破日	
吉神：普护。 **凶神**：月破、大耗、四击、九穴、八专、元武、阳破阴冲。	诸事不宜。

戊申大驿土宝危日	
吉神：母仓、阳德、五富、福生、除神、司命。 **凶神**：游祸、五离。	**宜**祭祀、沐浴、剃头、整手足甲、经络、酝酿、开市、纳财、开仓库、出货财、扫舍宇、伐木、畋猎、栽种、牧养、纳畜。 **忌**祈福、求嗣、会亲友、结婚姻、纳采问名、安床、解除、求医疗病、立券、交易。

己酉大驿土宝成日	
吉神：天恩、母仓、三合、临日、天喜、天医、除神、鸣吠。 **凶神**：大煞、复日、五离、勾陈。	**宜**上册受封、上表章、袭爵受封、入学、出行、上官赴任、临政亲民、结婚姻、纳采问名、嫁娶、进人口、移徙、解除、沐浴、剃头、整手足甲、求医疗病、裁衣、筑堤防、修造动土、竖柱上梁、修仓库、经络、酝酿、开市、立券、交易、纳财、安碓硙、扫舍宇、栽种、牧养、纳畜。 **忌**会亲友、破土、安葬、启攒。

庚戌钗钏金义收日	
吉神：天德、月德、天恩、圣心、青龙。 **凶神**：天罡、月刑、五虚。	**宜**祭祀、捕捉。 **忌**求医疗病、经络、畋猎、取鱼。

辛亥钗钏金宝开日	
吉神：天恩、月恩、阴德、王日、驿马、天后、时阳、生气、益后、明堂。 **凶神**：月厌、地火、重日。	**宜**祭祀、入学、沐浴。 **忌**祈福、求嗣、上册受封、上表章、袭爵受封、会亲友、冠带、出行、上官赴任、临政亲民、结婚姻、纳采问名、嫁娶、进人口、移徙、酝酿、安床、解除、剃头、整手足甲、求医疗病、裁衣、筑堤防、修造动土、竖柱上梁、修仓库、鼓铸、经络、酝酿、开市、立券、交易、纳财、开仓库、出货财、修置产室、开渠穿井、安碓硙、补垣塞穴、修饰垣墙、平治道涂、破屋坏垣、伐木、畋猎、取鱼、栽种、牧养、纳畜、破土、安葬、启攒。

<table>
<tr><th colspan="2">壬子桑柘木专闭日</th></tr>
<tr><td>吉神：天恩、官日、六合、续世。

凶神：天吏、致死、血支、四忌、六蛇、土符、归忌、血忌、天刑、逐阵。</td><td>宜祭祀、沐浴。
忌祈福、求嗣、上册受封、上表章、袭爵受封、会亲友、冠带、出行、上官赴任、临政亲民、结婚姻、纳采问名、嫁娶、进人口、移徙、远回、安床、解除、求医疗病、疗目、针刺、筑堤防、修造动土、竖柱上梁、修仓库、开市、立券、交易、纳财、开仓库、出货财、修置产室、开渠穿井、安碓硙、补垣、修饰垣墙、平治道涂、破屋坏垣、栽种、牧养、纳畜、破土、安葬。</td></tr>
</table>

<table>
<tr><th colspan="2">癸丑桑柘木伐建日</th></tr>
<tr><td>吉神：天恩、守日、要安。

凶神：月建、小时、土府、往亡、八专、触水龙、朱雀、阳错。</td><td>宜会亲友。
忌祈福、求嗣、上册受封、上表章、冠带、出行、上官赴任、临政亲民、结婚姻、纳采问名、嫁娶、进人口、移徙、解除、剃头、整手足甲、求医疗病、筑堤防、修造动土、竖柱上梁、修仓库、开仓库、出货财、修置产室、开渠穿井、安碓硙、补垣、修饰垣墙、平治道涂、破屋坏垣、伐木、畋猎、捕捉、取鱼、乘船渡水、栽种、破土、安葬、启攒。</td></tr>
</table>

<table>
<tr><th colspan="2">甲寅大溪水专除日</th></tr>
<tr><td>吉神：月空、四相、时德、相日、吉期、玉宇、五合、金匮、鸣吠对。

凶神：劫煞、天贼、五虚、八风、八专。</td><td>宜沐浴、扫舍宇。
忌祭祀、出行、结婚姻、纳采问名、嫁娶、求医疗病、修仓库、开仓库、出货财、取鱼、乘船渡水。</td></tr>
</table>

乙卯大溪水专满日	
吉神：天德合、月德合、四相、民日、天巫、福德、天仓、金堂、五合、宝光、鸣吠对。 **凶神**：灾煞、天火、地囊。	**宜**祭祀、祈福、求嗣、上册受封、上表章、袭爵受封、会亲友、出行、上官赴任、临政亲民、结婚姻、纳采问名、嫁娶、进人口、移徙、解除、裁衣、竖柱上梁、经络、开市、立券、交易、纳财、开仓库、出货财、牧养、纳畜、安葬、启攒。 **忌**求医疗病、筑堤防、修造动土、修仓库、修置产室、开渠穿井、安碓硙、补垣、修饰垣墙、平治道涂、破屋坏垣、畋猎、取鱼、栽种、破土。

丙辰沙中土宝平日	
吉神：天马、不将。 **凶神**：河魁、死神、月煞、月虚、白虎。	诸事不宜。

丁巳沙中土专定日	
吉神：三合、时阴、六仪、玉堂。 **凶神**：厌对、招摇、死气、四废、九坎、九焦、重日。	**忌**祈福、求嗣、上册受封、上表章、袭爵受封、会亲友、冠带、出行、上官赴任、临政亲民、结婚姻、纳采问名、嫁娶、进人口、移徙、安床、解除、剃头、求医疗病、裁衣、筑堤防、修造动土、竖柱上梁、修仓库、鼓铸、经络、酝酿、开市、立券、交易、纳财、开仓库、出货财、修置产室、开渠穿井、安碓硙、补垣塞穴、修饰垣墙、取鱼、乘船渡水、栽种、牧养、纳畜、破土、安葬、启攒。

<table>
<tr><th colspan="2">戊午天上火义执日</th></tr>
<tr><td>吉神：敬安、解神。

凶神：月害、大时、大败、咸池、小耗、五虚、天牢。</td><td>宜沐浴、剃头、整手足甲、伐木、捕捉、畋猎。
忌祈福、求嗣、上册受封、上表章、袭爵受封、会亲友、冠带、出行、上官赴任、临政亲民、结婚姻、纳采问名、嫁娶、进人口、移徙、安床、解除、求医疗病、筑堤防、修造动土、竖柱上梁、修仓库、苫盖、经络、酝酿、开市、立券、交易、纳财、开仓库、出货财、修置产室、取鱼、乘船渡水、栽种、牧养、纳畜、破土、安葬、启攒。</td></tr>
</table>

<table>
<tr><th colspan="2">己未天上火专破日</th></tr>
<tr><td>吉神：普护。

凶神：月破、大耗、四击、九空、复日、八专、元武。</td><td>宜祭祀、破屋坏垣。
忌祈福、求嗣、上册受封、上表章、袭爵受封、会亲友、冠带、出行、上官赴任、临政亲民、结婚姻、纳采问名、嫁娶、进人口、移徙、安床、剃头、整手足甲、求医疗病、裁衣、筑堤防、修造动土、竖柱上梁、修仓库、鼓铸、经络、酝酿、开市、立券、交易、纳财、开仓库、出货财、修置产室、开渠穿井、安碓硙、补垣塞穴、修饰垣墙、伐木、栽种、牧养、纳畜、破土、安葬、启攒。</td></tr>
</table>

<table>
<tr><th colspan="2">庚申石榴木专危日</th></tr>
<tr><td>吉神：天德、月德、母仓、阳德、五富、福生、除神、司命、鸣吠。

凶神：游祸、五离、八专。</td><td>宜祭祀、上册受封、上表章、袭爵受封、会亲友、出行、上官赴任、临政亲民、移徙、沐浴、剃头、整手足甲、裁衣、修造动土、竖柱上梁、修仓库、酝酿、开市、立券、交易、纳财、开仓库、出货财、扫舍宇、伐木、栽种、牧养、纳畜、破土、安葬。
忌祈福、求嗣、结婚姻、纳采问名、嫁娶、安床、解除、求医疗病、经络、畋猎、取鱼。</td></tr>
</table>

辛酉石榴木专成日	
吉神：母仓、月恩、三合、临日、天喜、天医、除神、鸣吠。 **凶神**：四耗、大煞、五离、勾陈。	**宜**祭祀、祈福、求嗣、上册受封、上表章、袭爵受封、入学、出行、上官赴任、临政亲民、结婚姻、纳采问名、嫁娶、进人口、移徙、解除、沐浴、剃头、整手足甲、求医疗病、裁衣、筑堤防、修造动土、竖柱上梁、修仓库、经络、开市、立券、交易、纳财、开仓库、出货财、安碓硙、扫舍宇、栽种、牧养、纳畜、破土、安葬。 **忌**会亲友、酝酿。

壬戌大海水伐收日	
吉神：圣心、青龙。 **凶神**：天罡、月刑、五虚。	**宜**祭祀、捕捉、畋猎。 **忌**祈福、求嗣、上册受封、上表章、袭爵受封、会亲友、冠带、出行、上官赴任、临政亲民、结婚姻、纳采问名、嫁娶、进人口、移徙、安床、解除、剃头、整手足甲、求医疗病、裁衣、筑堤防、修造动土、竖柱上梁、修仓库、鼓铸、经络、酝酿、开市、立券、交易、纳财、开仓库、出货财、修置产室、开渠穿井、安碓硙、补垣塞穴、修饰垣墙、破屋坏垣、栽种、牧养、纳畜、破土、安葬、启攒。

癸亥大海水专开日	
吉神：阴德、王日、驿马、天后、时阳、生气、益后、明堂。 **凶神**：月厌、地火、四穷、六蛇、重日、大会、阴错。	诸事不宜。

右六十干支，从建丑者，始小寒，终大寒，其神煞吉凶，用事宜忌，具于表。

（钦定协纪辨方书卷三十一）

钦定四库全书·钦定协纪辨方书卷三十二

日 表

由年而月、而日,神煞备矣。吉日既得而枢机之发必审乎时也,时由日管,选时必根于日。作《日表》。

六十日时辰定局

甲子日十二时	
子时	日建　金匮
丑时	天乙贵人　日合　宝光
寅时	日禄　喜神　福星贵人　日马　白虎
卯时	玉堂　日刑
辰时	天牢
巳时	元武
午时	司命　日破　五不遇
未时	天乙贵人　日害　勾陈
申时	青龙　路空
酉时	天官贵人　明堂　路空
戌时	天刑　旬空
亥时	朱雀　旬空

乙丑日十二时	
子时	天乙贵人　日合　天刑
丑时	福星贵人　日建　朱雀
寅时	金匮
卯时	日禄　宝光
辰时	白虎
巳时	玉堂　五不遇
午时	路空　日害　天牢
未时	路空　日破　元武
申时	天乙贵人　天官贵人　司命
酉时	勾陈
戌时	喜神　青龙　日刑　旬空
亥时	福星贵人　日马　明堂　旬空

丙寅日十二时	
子时	天官贵人　福星贵人　青龙
丑时	明堂
寅时	日建　天刑
卯时	朱雀
辰时	金匮　五不遇　路空
巳时	日禄　宝光　路空　日害　日刑
午时	白虎
未时	玉堂
申时	喜神　日马　日破　天牢
酉时	天乙贵人　元武
戌时	福星贵人　旬空
亥时	天乙贵人　日合　勾陈　旬空

丁卯日十二时	
子时	司命　日刑
丑时	勾陈
寅时	青龙　路空
卯时	日建　明堂　五不遇　路空
辰时	日害　天刑
巳时	日马　朱雀
午时	日禄　喜神　金匮
未时	宝光
申时	白虎
酉时	天乙贵人　福星贵人　玉堂　日破
戌时	日合　天牢　旬空
亥时	天乙贵人　天官贵人　元武　旬空

戊辰日十二时	
子时	路空　天牢
丑时	天乙贵人　路空　元武
寅时	日马　司命　五不遇
卯时	天官贵人　日害　勾陈
辰时	喜神　日建　青龙　日刑
巳时	日禄　明堂
午时	天刑
未时	天乙贵人　朱雀
申时	福星贵人　金匮
酉时	日合　宝光
戌时	路空　日破　白虎　旬空
亥时	玉堂　路空　旬空

己巳日十二时	
子时	天乙贵人　白虎
丑时	玉堂　五不遇
寅时	喜神　天官贵人　日害　天牢
卯时	元武
辰时	司命
巳时	日建　勾陈
午时	日禄　青龙
未时	福星贵人　明堂
申时	天乙贵人　日合　路空　日刑　天刑
酉时	路空　朱雀
戌时	金匮　旬空
亥时	日马　宝光　五不遇　日破　旬空

庚午日十二时	
子时	金匮　五不遇　日破
丑时	天乙贵人　宝光　日害
寅时	日马　白虎
卯时	玉堂
辰时	天牢
巳时	元武
午时	天官贵人　福星贵人　日建　司命　路空　日刑
未时	天乙贵人　日合　路空　勾陈
申时	日禄　青龙　日马
酉时	明堂
戌时	喜神　五不遇　天刑　旬空
亥时	朱雀　旬空

辛未日十二时	
子时	日害　天刑
丑时	日破　日刑　朱雀
寅时	天乙贵人　金匮
卯时	宝光
辰时	路空　白虎
巳时	天官贵人　福星贵人　日马　玉堂　路空
午时	天乙贵人　日合　天牢
未时	日建　元武
申时	喜神　司命
酉时	日禄　五不遇　勾陈
戌时	青龙　旬空
亥时	明堂　旬空

壬申日十二时	
子时	青龙
丑时	天官贵人　明堂
寅时	日马　路空　日破　日刑　天刑
卯时	天乙贵人　路空　朱雀
辰时	福星贵人　金匮
巳时	天乙贵人　日合　宝光
午时	喜神　白虎
未时	天官贵人　玉堂
申时	日建　五不遇　天牢
酉时	元武
戌时	司命　旬空
亥时	日禄　日害　勾陈　旬空

癸酉日十二时	
子时	日禄　司命　路空
丑时	路空　勾陈
寅时	青龙
卯时	天乙贵人　福星贵人　明堂　日破
辰时	喜神　天官贵人　日合　天刑
巳时	天乙贵人　朱雀
午时	金匮
未时	宝光　五不遇
申时	白虎
酉时	日建　玉堂　日刑
戌时	天官贵人　路空　日害　天牢　旬空
亥时	日马　路空　元武　旬空

甲戌日十二时	
子时	天牢
丑时	天乙贵人　元武
寅时	日禄　喜神　福星贵人　司命
卯时	日合　勾陈
辰时	青龙　日破
巳时	明堂
午时	五不遇　天刑
未时	天乙贵人　日刑　朱雀
申时	日马　金匮　路空　旬空
酉时	天官贵人　宝光　路空　日害　旬空
戌时	日建　白虎
亥时	玉堂

乙亥日十二时	
子时	天乙贵人　白虎
丑时	福星贵人　玉堂
寅时	日合　天牢
卯时	日禄　元武
辰时	司命
巳时	日马　五不遇　日破　勾陈
午时	青龙　路空
未时	明堂　路空
申时	天乙贵人　天官贵人　日害　天刑　旬空
酉时	朱雀　旬空
戌时	喜神　金匮
亥时	福星贵人　日建　宝光　日刑

丙子日十二时	
子时	天官贵人　福星贵人　日建　金匮
丑时	日合　宝光
寅时	日马　白虎
卯时	玉堂　日刑
辰时	五不遇　路空　天牢
巳时	日禄　路空　元武
午时	司命　日破
未时	日害　勾陈
申时	喜神　青龙　旬空
酉时	天乙贵人　明堂　旬空
戌时	福星贵人　天刑
亥时	天乙贵人　朱雀

丁丑日十二时	
子时	日合　天刑
丑时	日建　朱雀
寅时	金匮　路空
卯时	宝光　五不遇　路空
辰时	白虎
巳时	玉堂
午时	日禄　喜神　日害　天牢
未时	日破　元武
申时	司命　旬空
酉时	天乙贵人　福星贵人　勾陈　旬空
戌时	青龙　日刑
亥时	天乙贵人　天官贵人　日马　明堂

戊寅日十二时	
子时	青龙　路空
丑时	天乙贵人　明堂　路空
寅时	日建　五不遇　天刑
卯时	天官贵人　朱雀
辰时	喜神　金匮
巳时	日禄　宝光　日害　日刑
午时	白虎
未时	天乙贵人　玉堂
申时	福星贵人　日马　日破　天牢　旬空
酉时	元武　旬空
戌时	司命　路空
亥时	日合　路空　勾陈

己卯日十二时	
子时	天乙贵人　司命　日刑
丑时	五不遇　勾陈
寅时	喜神　天官贵人　青龙
卯时	日建　明堂
辰时	日害　天刑
巳时	日马　朱雀
午时	日禄　金匮
未时	福星贵人
申时	天乙贵人　路空　白虎　旬空
酉时	玉堂　路空　日破　旬空
戌时	日合　天牢
亥时	五不遇　元武

庚辰日十二时	
子时	五不遇　天牢
丑时	天乙贵人　元武
寅时	日马　司命
卯时	日害　勾陈
辰时	日建　青龙　日刑
巳时	明堂
午时	天官贵人　福星贵人　路空　天刑
未时	天乙贵人　路空　朱雀
申时	日禄　金匮　旬空
酉时	日合　宝光　旬空
戌时	喜神　五不遇　日破　白虎
亥时	玉堂

辛巳日十二时	
子时	白虎
丑时	玉堂
寅时	天乙贵人　日害　天牢
卯时	元武
辰时	司命　路空
巳时	天官贵人　福星贵人　日建　路空　勾陈
午时	天乙贵人　青龙
未时	明堂
申时	喜神　日合　日刑　旬空
酉时	日禄　五不遇　朱雀　旬空
戌时	金匮
亥时	日马　宝光　日破

壬午日十二时	
子时	金匮　日破
丑时	天官贵人　宝光　日害
寅时	路空　白虎
卯时	天乙贵人　玉堂　路空
辰时	福星贵人　天牢
巳时	天乙贵人　元武
午时	喜神　日建　司命　日刑
未时	天官贵人　日合　勾陈
申时	日马　青龙　五不遇　旬空
酉时	明堂　旬空
戌时	天刑
亥时	日禄　朱雀

癸未日十二时	
子时	日禄　路空　日害　天刑
丑时	路空　日破　日刑　朱雀
寅时	金匮
卯时	天乙贵人　福星贵人　宝光
辰时	喜神　天官贵人　白虎
巳时	天乙贵人　日马　玉堂
午时	日合　天牢
未时	日建　五不遇　元武
申时	司命　旬空
酉时	勾陈　旬空
戌时	天官贵人　青龙　路空
亥时	明堂　路空

甲申日十二时	
子时	青龙
丑时	天乙贵人　明堂
寅时	日禄　喜神　福星贵人　日马　日破　日刑　天刑
卯时	朱雀
辰时	金匮
巳时	日合　宝光
午时	五不遇　白虎　旬空
未时	天乙贵人　玉堂　旬空
申时	日建　路空　天牢
酉时	天官贵人　路空　元武
戌时	司命
亥时	日害　勾陈

乙酉日十二时	
子时	天乙贵人　司命
丑时	福星贵人　勾陈
寅时	青龙
卯时	日禄　明堂　日破
辰时	日合　天刑
巳时	五不遇　朱雀
午时	金匮　路空　旬空
未时	宝光　路空　旬空
申时	天乙贵人　天官贵人　白虎
酉时	日建　玉堂　日刑
戌时	喜神　日害　天牢
亥时	福星贵人　日马　元武

丙戌日十二时	
子时	天官贵人　福星贵人　天牢
丑时	元武
寅时	司命
卯时	日合　勾陈
辰时	青龙　五不遇　路空　日破
巳时	日禄　明堂　路空
午时	天刑　旬空
未时	日刑　朱雀　旬空
申时	喜神　日马　金匮
酉时	天乙贵人　宝光　日害
戌时	福星贵人　日建　白虎
亥时	天乙贵人　天堂

丁亥日十二时	
子时	白虎
丑时	玉堂
寅时	日合　路空　天牢
卯时	五不遇　路空　元武
辰时	司命
巳时	日马　日破　勾陈
午时	日禄　喜神　青龙　旬空
未时	明堂　旬空
申时	日害　天刑
酉时	天乙贵人　福星贵人　朱雀
戌时	金匮
亥时	天乙贵人　天官贵人　日建　宝光　日刑

戊子日十二时	
子时	日建　金匮　路空
丑时	天乙贵人　日合　宝光　路空
寅时	日马　五不遇　白虎
卯时	天官贵人　玉堂　日刑
辰时	喜神　天牢
巳时	日禄　元武
午时	司命　日破　旬空
未时	天乙贵人　日破　勾陈　旬空
申时	福星贵人　青龙
酉时	明堂
戌时	路空　天刑
亥时	路空　朱雀

己丑日十二时	
子时	天乙贵人　日合　天刑
丑时	日建　五不遇　朱雀
寅时	喜神　天官贵人　金匮
卯时	宝光
辰时	白虎
巳时	玉堂
午时	日禄　日害　天牢　旬空
未时	福星贵人　日破　元武　旬空
申时	天乙贵人　司命　路空
酉时	路空　勾陈
戌时	青龙　日刑
亥时	日马　明堂　五不遇

庚寅日十二时	
子时	青龙、五不遇
丑时	天乙贵人　明堂
寅时	日建　天刑
卯时	朱雀
辰时	金匮
巳时	宝光　日害　日刑
午时	天官贵人　福星贵人　路空　白虎　旬空
未时	天乙贵人　玉堂　路空　旬空
申时	日禄　日马　日破　天牢
酉时	元武
戌时	喜神　司命　五不遇
亥时	日合　勾陈

辛卯日十二时	
子时	司命　日刑
丑时	勾陈
寅时	天乙贵人　青龙
卯时	日建　明堂
辰时	路空　日害　天刑
巳时	天官贵人　福星贵人　日马　路空　朱雀
午时	天乙贵人　金匮　旬空
未时	宝光　旬空
申时	喜神　白虎
酉时	日禄　玉堂　五不遇　日破
戌时	日合　天牢
亥时	元武

壬辰日十二时	
子时	天牢
丑时	天官贵人　元武
寅时	日马　司命　路空
卯时	天乙贵人　路空　日害　勾陈
辰时	福星贵人　日建　青龙　日刑
巳时	天乙贵人　明堂
午时	喜神　天刑
未时	天官贵人　朱雀　旬空
申时	金匮　五不遇
酉时	日合　宝光
戌时	日破　白虎
亥时	日禄　玉堂

癸巳日十二时	
子时	日禄　路空　白虎
丑时	玉堂　路空
寅时	日害　天牢
卯时	天乙贵人　福星贵人　元武
辰时	喜神　天官贵人　司命
巳时	天乙贵人　日建　勾陈
午时	青龙　旬空
未时	明堂　五不遇　旬空
申时	日合　日刑　天刑
酉时	朱雀
戌时	天官贵人　金匮　路空
亥时	日马　宝光　路空　日破

甲午日十二时	
子时	金匮　日破
丑时	天乙贵人　日害
寅时	日禄　喜神　福星贵人　白虎
卯时	玉堂
辰时	天牢　旬空
巳时	元武　旬空
午时	日建　司命　五不遇　日刑
未时	天乙贵人　日合　勾陈
申时	日马　青龙　路空
酉时	天官贵人　明堂　路空
戌时	天刑
亥时	朱雀

乙未日十二时	
子时	天乙贵人　日害　天刑
丑时	福星贵人　日破　日刑　朱雀
寅时	金匮
卯时	日禄　宝光
辰时	白虎　旬空
巳时	日马　玉堂　五不遇　旬空
午时	日合　路空　天牢
未时	日建　路空　元武
申时	天乙贵人　天官贵人　司命
酉时	勾陈
戌时	喜神　青龙
亥时	福星贵人　明堂

丙申日十二时	
子时	天官贵人　福星贵人　青龙
丑时	明堂
寅时	日马　日破　日刑　天刑
卯时	朱雀
辰时	金匮　五不遇　路空　旬空
巳时	日禄　日合　宝光　路空　旬空
午时	白虎
未时	玉堂
申时	喜神　日建　天牢
酉时	天乙贵人　元武
戌时	福星贵人　司命
亥时	天乙贵人　日害　勾陈

丁酉日十二时	
子时	司命
丑时	勾陈
寅时	青龙　路空
卯时	明堂　五不遇　路空　日破
辰时	日合　天刑　旬空
巳时	朱雀　旬空
午时	日禄　喜神　金匮
未时	宝光
申时	白虎
酉时	天乙贵人　福星贵人　日建　玉堂　日刑
戌时	日害　天牢
亥时	天乙贵人　天官贵人　日马　元武

戊戌日十二时	
子时	路空　天牢
丑时	天乙贵人　路空　元武
寅时	司命　五不遇
卯时	天官贵人　日合　勾陈
辰时	喜神　青龙　日破　旬空
巳时	日禄　明堂　旬空
午时	天刑
未时	天乙贵人　日刑　朱雀
申时	福星贵人　日马　金匮
酉时	宝光　日害
戌时	日建　路空　白虎
亥时	玉堂　路空

己亥日十二时	
子时	天乙贵人　白虎
丑时	玉堂　五不遇
寅时	喜神　天官贵人　日合　天牢
卯时	元武
辰时	司命　旬空
巳时	日马　日破　勾陈　旬空
午时	日禄　青龙
未时	福星贵人　明堂
申时	天乙贵人　路空　日害　天刑
酉时	路空　朱雀
戌时	金匮
亥时	日建　宝光　五不遇　日刑

庚子日十二时	
子时	日建　金匮　五不遇
丑时	天乙贵人　日合　宝光
寅时	日马　白虎
卯时	玉堂　日刑
辰时	天牢　旬空
巳时	元武　旬空
午时	天官贵人　福星贵人　司命　路空　日破
未时	天乙贵人　路空　日害　勾陈
申时	日禄　青龙
酉时	明堂
戌时	喜神　五不遇　天刑
亥时	朱雀

辛丑日十二时	
子时	日合　天刑
丑时	日建　朱雀
寅时	天乙贵人　金匮
卯时	宝光
辰时	路空　白虎　旬空
巳时	天官贵人　福星贵人　玉堂　路空　旬空
午时	天乙贵人　日害　天牢
未时	日破　元武
申时	喜神　司命
酉时	日禄　五不遇　勾陈
戌时	青龙　日刑
亥时	日马　明堂

壬寅日十二时	
子时	青龙
丑时	天官贵人　明堂
寅时	日建　路空　天刑
卯时	天乙贵人　路空　朱雀
辰时	福星贵人　金匮　旬空
巳时	天乙贵人　宝光　日害　日刑　旬空
午时	喜神　白虎
未时	天官贵人　玉堂
申时	日马　五不遇　日破　天牢
酉时	元武
戌时	司命
亥时	日禄　日合　勾陈

癸卯日十二时	
子时	日禄　司命　路空　日刑
丑时	路空　勾陈
寅时	青龙
卯时	天乙贵人　福星贵人　日建　明堂
辰时	喜神　天官贵人　日害　天刑　旬空
巳时	天乙贵人　日马　朱雀　旬空
午时	金匮
未时	宝光　五不遇
申时	白虎
酉时	玉堂　日破
戌时	天官贵人　日合　路空　天牢
亥时	路空　元武

甲辰日十二时	
子时	天牢
丑时	天乙贵人　元武
寅时	日禄　喜神　福星贵人　日马　司命　旬空
卯时	日害　勾陈　旬空
辰时	日建　青龙　日刑
巳时	明堂
午时	五不遇　天刑
未时	天乙贵人　朱雀
申时	金匮　路空
酉时	天官贵人　日合　宝光　路空
戌时	日破　白虎
亥时	玉堂

乙巳日十二时	
子时	天乙贵人　白虎
丑时	福星贵人　玉堂
寅时	日害　天牢　旬空
卯时	日禄　元武　旬空
辰时	司命
巳时	日建　五不遇　勾陈
午时	青龙　路空
未时	明堂　路空
申时	天乙贵人　天官贵人　日合　日刑　天刑
酉时	朱雀
戌时	喜神　金匮
亥时	福星贵人　日马　宝光　日破

丙午日十二时	
子时	天官贵人　福星贵人　金匮　日破
丑时	宝光　日害
寅时	白虎　旬空
卯时	玉堂　旬空
辰时	五不遇　路空　天牢
巳时	日禄　路空　元武
午时	日建　司命　日刑
未时	日合　勾陈
申时	喜神　日马　青龙
酉时	天乙贵人　明堂
戌时	福星贵人　天刑
亥时	天乙贵人　朱雀

丁未日十二时	
子时	日害　天刑
丑时	日破　日刑　朱雀
寅时	金匮　路空　旬空
卯时	宝光　五不遇　路空　旬空
辰时	白虎
巳时	日马　玉堂
午时	日禄　喜神　日合　天牢
未时	日建　元武
申时	司命
酉时	天乙贵人　福星贵人　勾陈
戌时	青龙
亥时	天乙贵人　天官贵人　明堂

戊申日十二时	
子时	青龙　路空
丑时	天乙贵人　明堂　路空
寅时	日马　五不遇　日破　日刑　天刑　旬空
卯时	天官贵人　朱雀　旬空
辰时	喜神　金匮
巳时	日禄　日合　宝光
午时	白虎
未时	天乙贵人　玉堂
申时	福星贵人　日建　天牢
酉时	元武
戌时	司命　路空
亥时	路空　日害　勾陈

己酉日十二时	
子时	天乙贵人　司命
丑时	五不遇　勾陈
寅时	喜神　天官贵人　青龙　旬空
卯时	明堂　日破　旬空
辰时	日合　天刑
巳时	朱雀
午时	日禄　金匮
未时	福星贵人　宝光
申时	天乙贵人　路空　白虎
酉时	日建　玉堂　路空　日刑
戌时	日害　天牢
亥时	日马　五不遇　元武

庚戌日十二时	
子时	五不遇　天牢
丑时	天乙贵人　元武
寅时	司命　旬空
卯时	日合　勾陈　旬空
辰时	青龙　日破
巳时	明堂
午时	天官贵人　福星贵人　路空　天刑
未时	天乙贵人　路空　日刑　朱雀
申时	日禄　日马　金匮
酉时	宝光　日害
戌时	喜神　日建　五不遇　白虎
亥时	玉堂

辛亥日十二时	
子时	白虎
丑时	玉堂
寅时	天乙贵人　日合　天牢　旬空
卯时	元武　旬空
辰时	司命　路空
巳时	天官贵人　福星贵人　日马　路空　日破　勾陈
午时	天乙贵人　青龙
未时	明堂
申时	喜神　日害　天刑
酉时	日禄　五不遇　朱雀
戌时	天刑
亥时	日禄　朱雀

壬子日十二时	
子时	日建　金匮
丑时	天官贵人　日合　宝光
寅时	日马　路空　白虎　旬空
卯时	天乙贵人　玉堂　路空　日空　旬空
辰时	福星贵人　天牢
巳时	天乙贵人　元武
午时	喜神　司命　日破
未时	天官贵人　日害　勾陈
申时	青龙　五不遇
酉时	明堂
戌时	天刑
亥时	日禄　朱雀

癸丑日十二时	
子时	日禄　日合　路空　天刑
丑时	日建　路空　朱雀
寅时	金匮　旬空
卯时	天乙贵人　福星贵人　宝光　旬空
辰时	喜神　天乙贵人　白虎
巳时	天乙贵人　玉堂
午时	日害
未时	五不遇　日破　元武
申时	司命
酉时	勾陈
戌时	天官贵人　青龙　路空　日刑
亥时	日马　明堂　路空

甲寅日十二时	
子时	青龙　旬空
丑时	天乙贵人　明堂　旬空
寅时	日禄　喜神　福星贵人　日建　天刑
卯时	朱雀
辰时	金匮
巳时	宝光　日害　日刑
午时	五不遇　白虎
未时	天乙贵人　玉堂
申时	日马　路空　日破　天牢
酉时	天乙贵人　路空　元武
戌时	司命
亥时	日合　勾陈

乙卯日十二时	
子时	天乙贵人　司命　日刑　旬空
丑时	福星贵人　勾陈　旬空
寅时	青龙
卯时	日禄　日建　明堂
辰时	日害　天刑
巳时	日马　五不遇　朱雀
午时	金匮　路空
未时	宝光　路空
申时	天乙贵人　天官贵人　白虎
酉时	玉堂　日破
戌时	喜神　日合　天牢
亥时	福星贵人　元武

丙辰日十二时	
子时	天官贵人　福星贵人　天牢　旬空
丑时	元武　旬空
寅时	日马　司命
卯时	日害　勾陈
辰时	日建　青龙　五不遇　路空　日刑
巳时	日禄　明堂　路空
午时	天刑
未时	朱雀
申时	喜神　金匮
酉时	天乙贵人　日合　宝光
戌时	福星贵人　日破　白虎
亥时	天乙贵人　玉堂

丁巳日十二时	
子时	白虎　旬空
丑时	玉堂　旬空
寅时	路空　日害　天牢
卯时	五不遇　路空　元武
辰时	司命
巳时	日建　勾陈
午时	日禄　喜神　青龙
未时	明堂
申时	日合　日刑　天刑
酉时	天乙贵人　福星贵人　朱雀
戌时	金匮
亥时	天乙贵人　天官贵人　日马　宝光　日破

戊午日十二时	
子时	金匮　路空　日破　旬空
丑时	天乙贵人　宝光　路空　日害　旬空
寅时	五不遇　白虎
卯时	天官贵人　玉堂
辰时	喜神　天牢
巳时	日禄　元武
午时	日建　司命　日刑
未时	天乙贵人　日合　勾陈
申时	福星贵人　日马　青龙
酉时	明堂
戌时	路空　天刑
亥时	路空　朱雀

己未日十二时	
子时	天乙贵人　日害　天刑　旬空
丑时	五不遇　日破　日刑　朱雀　旬空
寅时	喜神　天官贵人　金匮
卯时	宝光
辰时	白虎
巳时	日马　玉堂
午时	日禄　日合　天牢
未时	福星贵人　日建　元武
申时	天乙贵人　司命　路空
酉时	路空　勾陈
戌时	青龙
亥时	明堂　五不遇

庚申日十二时	
子时	青龙　五不遇　旬空
丑时	天乙贵人　明堂　旬空
寅时	日马　日破　日刑　天刑
卯时	朱雀
辰时	金匮
巳时	日合　宝光
午时	天官贵人　福星贵人　白虎
未时	天乙贵人　路空
申时	日禄　日建　天牢
酉时	元武
戌时	喜神　司命　五不遇
亥时	日害　勾陈

辛酉日十二时	
子时	司命　旬空
丑时	勾陈 旬空
寅时	天乙贵人　青龙
卯时	明堂　日破
辰时	日合　路空　天刑
巳时	天官贵人　福星贵人　路空　朱雀
午时	天乙贵人　金匮
未时	宝光
申时	喜神　白虎
酉时	日禄　日建　玉堂　五不遇　日刑
戌时	日害　天牢
亥时	日马　元武

壬戌日十二时	
子时	天牢　旬空
丑时	天官贵人　元武　旬空
寅时	司命　路空
卯时	天乙贵人　日合　路空　勾陈
辰时	福星贵人　青龙　日破
巳时	天乙贵人　明堂
午时	喜神　天刑
未时	天官贵人　日刑　朱雀
申时	日马　金匮　五不遇
酉时	宝光　日害
戌时	日建　白虎
亥时	日禄　玉堂

癸亥日十二时	
子时	日禄　路空　白虎　旬空
丑时	玉堂　路空　旬空
寅时	日合　天牢
卯时	天乙贵人　福星贵人　元武
辰时	喜神　天官贵人　司命
巳时	天乙贵人　日马　日破　勾陈
午时	青龙
未时	明堂　五不遇
申时	日害　天刑
酉时	朱雀
戌时	天官贵人　金匮　路空
亥时	日建　宝光　路空　日刑

贵登天门时定局

雨水后日躔在亥宫			
甲日	卯时	月将亥加卯	阳贵未加亥
	酉时	月将亥加酉	阴贵丑加亥
乙日	戌时	月将亥加戌	阴贵子加亥
丙日	亥时	月将亥加亥	阴贵亥加亥
丁日	丑时	月将亥加丑	阴贵酉加亥
戊日	酉时	月将亥加酉	阳贵丑加亥
	卯时	月将亥加卯	阴贵未加亥
己日	寅时	月将亥加寅	阴贵申加亥
庚日	酉时	月将亥加酉	阳贵丑加亥
	卯时	月将亥加卯	阴贵未加亥
辛日	申时	月将亥加申	阳贵寅加亥
壬日	未时	月将亥加未	阳贵卯加亥
癸日	巳时	月将亥加巳	阳贵巳加亥

春分后日躔在戌宫			
乙日	酉时	月将戌加酉	阴贵子加亥
丙日	戌时	月将戌加戌	阴贵亥加亥
丁日	子时	月将戌加子	阴贵酉加亥
戊日	申时	月将戌加申	阳贵丑加亥
	寅时	月将戌加寅	阴贵未加亥
己日	酉时	月将戌加酉	阳贵子加亥
	丑时	月将戌加丑	阴贵申加亥
庚日	申时	月将戌加申	阳贵丑加亥
	寅时	月将戌加寅	阴贵未加亥
辛日	未时	月将戌加未	阳贵寅加亥
	卯时	月将戌加卯	阴贵午加亥
壬日	午时	月将戌加午	阳贵卯加亥
癸日	辰时	月将戌加辰	阳贵巳加亥

谷雨后日躔在酉宫			
丁日	酉时	月将酉加酉	阳贵亥加亥
	亥时	月将酉加亥	阴贵酉加亥
戊日	未时	月将酉加未	阳贵丑加亥
	丑时	月将酉加丑	阴贵未加亥
己日	申时	月将酉加申	阳贵子加亥
	子时	月将酉加子	阴贵申加亥
庚日	未时	月将酉加未	阳贵丑加亥
	丑时	月将酉加丑	阴贵未加亥
辛日	午时	月将酉加午	阳贵寅加亥
	寅时	月将酉加寅	阴贵午加亥
壬日	巳时	月将酉加巳	阳贵卯加亥
癸日	卯时	月将酉加卯	阳贵巳加亥

小满后日躔在申宫			
丙日	戌时	月将申加戌	阳贵酉加亥
丁日	申时	月将申加申	阳贵亥加亥
	戌时	月将申加戌	阴贵酉加亥
戊日	午时	月将申加午	阳贵丑加亥
	子时	月将申加子	阴贵未加亥
己日	未时	月将申加未	阳贵子加亥
	亥时	月将申加亥	阴贵申加亥
庚日	午时	月将申加午	阳贵丑加亥
	子时	月将申加子	阴贵未加亥
辛日	巳时	月将申加巳	阳贵寅加亥
	丑时	月将申加丑	阴贵午加亥
壬日	辰时	月将申加辰	阳贵卯加亥
	寅时	月将申加寅	阴贵巳加亥
癸日	寅时	月将申加寅	阳贵巳加亥

<table>
<tr><th colspan="4">夏至后日躔在未宫</th></tr>
<tr><td>乙日</td><td>戌时</td><td>月将未加戌</td><td>阳贵申加亥</td></tr>
<tr><td>丙日</td><td>酉时</td><td>月将未加酉</td><td>阳贵酉加亥</td></tr>
<tr><td>丁日</td><td>未时</td><td>月将未加未</td><td>阳贵亥加亥</td></tr>
<tr><td rowspan="2">戊日</td><td>巳时</td><td>月将未加巳</td><td>阳贵丑加亥</td></tr>
<tr><td>亥时</td><td>月将未加亥</td><td>阴贵未加亥</td></tr>
<tr><td rowspan="2">己日</td><td>午时</td><td>月将未加午</td><td>阳贵子加亥</td></tr>
<tr><td>戌时</td><td>月将未加戌</td><td>阴贵申加亥</td></tr>
<tr><td rowspan="2">庚日</td><td>巳时</td><td>月将未加巳</td><td>阳贵丑加亥</td></tr>
<tr><td>亥时</td><td>月将未加亥</td><td>阴贵未加亥</td></tr>
<tr><td rowspan="2">辛日</td><td>辰时</td><td>月将未加辰</td><td>阳贵寅加亥</td></tr>
<tr><td>子时</td><td>月将未加子</td><td>阴贵午加亥</td></tr>
<tr><td rowspan="2">壬日</td><td>卯时</td><td>月将未加卯</td><td>阳贵卯加亥</td></tr>
<tr><td>丑时</td><td>月将未加丑</td><td>阴贵巳加亥</td></tr>
</table>

<table>
<tr><th colspan="4">大暑后日躔在午宫</th></tr>
<tr><td>乙日</td><td>酉时</td><td>月将午加酉</td><td>阳贵申加亥</td></tr>
<tr><td>丙日</td><td>申时</td><td>月将午加申</td><td>阳贵酉加亥</td></tr>
<tr><td>丁日</td><td>午时</td><td>月将午加午</td><td>阳贵亥加亥</td></tr>
<tr><td rowspan="2">戊日</td><td>辰时</td><td>月将午加辰</td><td>阳贵丑加亥</td></tr>
<tr><td>戌时</td><td>月将午加戌</td><td>阴贵未加亥</td></tr>
<tr><td>己日</td><td>巳时</td><td>月将午加巳</td><td>阳贵子加亥</td></tr>
<tr><td rowspan="2">庚日</td><td>辰时</td><td>月将午加辰</td><td>阳贵丑加亥</td></tr>
<tr><td>戌时</td><td>月将午加戌</td><td>阴贵未加亥</td></tr>
<tr><td rowspan="2">辛日</td><td>卯时</td><td>月将午加卯</td><td>阳贵寅加亥</td></tr>
<tr><td>亥时</td><td>月将午加亥</td><td>阴贵午加亥</td></tr>
<tr><td rowspan="2">壬日</td><td>寅时</td><td>月将午加寅</td><td>阳贵卯加亥</td></tr>
<tr><td>子时</td><td>月将午加子</td><td>阴贵巳加亥</td></tr>
<tr><td>癸日</td><td>寅时</td><td>月将午加寅</td><td>阴贵卯加亥</td></tr>
</table>

处暑后日躔在巳宫			
甲日	酉时	月将巳加酉	阳贵未加亥
乙日	申时	月将巳加申	阳贵申加亥
丙日	未时	月将巳加未	阳贵酉加亥
丁日	巳时	月将巳加巳	阳贵亥加亥
戊日	卯时	月将巳加卯	阳贵丑加亥
	酉时	月将巳加酉	阴贵未加亥
己日	辰时	月将巳加辰	阳贵子加亥
庚日	卯时	月将巳加卯	阳贵丑加亥
	酉时	月将巳加酉	阴贵未加亥
辛日	戌时	月将巳加戌	阴贵午加亥
壬日	亥时	月将巳加亥	阴贵巳加亥
癸日	丑时	月将巳加丑	阴贵卯加亥

秋分后日躔在辰宫			
甲日	申时	月将辰加申	阳贵未加亥
	寅时	月将辰加寅	阴贵丑加亥
乙日	未时	月将辰加未	阳贵申加亥
	卯时	月将辰加卯	阴贵子加亥
丙日	午时	月将辰加午	阳贵酉加亥
丁日	辰时	月将辰加辰	阴贵亥加亥
己日	卯时	月将辰加卯	阳贵子加亥
辛日	酉时	月将辰加酉	阴贵午加亥
壬日	戌时	月将辰加戌	阴贵巳加亥
癸日	子时	月将辰加子	阴贵卯加亥

霜降后日躔在卯宫			
甲日	未时	月将卯加未	阳贵未加亥
	丑时	月将卯加丑	阴贵丑加亥
乙日	午时	月将卯加午	阳贵申加亥
	寅时	月将卯加寅	阴贵子加亥
丙日	巳时	月将卯加巳	阳贵酉加亥
	卯时	月将卯加卯	阴贵亥加亥
丁日	卯时	月将卯加卯	阳贵亥加亥
壬日	酉时	月将卯加酉	阴贵巳加亥
癸日	酉时	月将卯加酉	阳贵巳加亥
	亥时	月将卯加亥	阴贵卯加亥

小雪后日躔在寅宫			
甲日	午时	月将寅加午	阳贵未加亥
	子时	月将寅加子	阴贵丑加亥
乙日	巳时	月将寅加巳	阳贵申加亥
	丑时	月将寅加丑	阴贵子加亥
丙日	辰时	月将寅加辰	阳贵酉加亥
	寅时	月将寅加寅	阴贵亥加亥
癸日	申时	月将寅加申	阳贵巳加亥
	戌时	月将寅加戌	阴贵卯加亥

冬至后日躔在丑宫			
甲日	巳时	月将丑加巳	阳贵未加亥
	亥时	月将丑加亥	阴贵丑加亥
乙日	辰时	月将丑加辰	阳贵申加亥
	子时	月将丑加子	阴贵子加亥
丙日	丑时	月将丑加丑	阴贵亥加亥
丁日	卯时	月将丑加卯	阴贵酉加亥
己日	辰时	月将丑加辰	阴贵申加亥
癸日	未时	月将丑加未	阳贵巳加亥
	酉时	月将丑加酉	阴贵卯加亥

大寒后日躔在子宫			
甲日	辰时	月将子加辰	阳贵未加亥
	戌时	月将子加戌	阴贵丑加亥
乙日	卯时	月将子加卯	阳贵申加亥
	亥时	月将子加亥	阴贵子加亥
丙日	子时	月将子加子	阴贵亥加亥
丁日	寅时	月将子加寅	阳贵酉加亥
己日	卯时	月将子加卯	阴贵申加亥
壬日	申时	月将子加申	阳贵卯加亥
癸日	午时	月将子加午	阳贵巳加亥
	申时	月将子加申	阴贵卯加亥

四大吉时定局

雨水后日躔在亥宫用甲丙庚壬时				
甲日	甲勾陈	丙勾陈	庚太常	壬太阴
乙日	甲六合	丙六合	庚元武	壬天后
丙日	甲朱雀	丙朱雀	庚太阴	壬天乙
丁日	甲天乙	丙天乙	庚天乙	壬太阴
戊庚日	甲朱雀	丙朱雀	庚太阴	壬太常
己日	甲天后	丙螣蛇	庚螣蛇	壬元武
辛日	甲六合	丙六合	庚元武	壬白虎
壬日	甲勾陈	丙勾陈	庚太常	壬天空
癸日	甲天空	丙天空	庚天空	壬太常

春分后日躔在戌宫用艮巽坤乾时				
甲日	艮六合	巽六合	坤元武	乾元武
乙日	艮太阴	巽朱雀	坤太阳	乾太阴
丙日	艮天后	巽螣蛇	坤天后	乾天后
丁日	艮螣蛇	巽螣蛇	坤螣蛇	乾天后
戊庚日	艮六合	巽六合	坤元武	乾元武
己日	艮朱雀	巽朱雀	坤朱雀	乾太阴
辛日	艮太常	巽勾陈	坤太常	乾太常
壬日	艮白虎	巽青龙	坤白虎	乾白虎
癸日	艮青龙	巽青龙	坤青龙	乾白虎

谷雨后日躔在酉宫用癸乙丁辛时				
甲日	癸勾陈	乙朱雀	丁太阴	辛太阴
乙日	癸元武	乙螣蛇	丁天后	辛天后
丙日	癸太阴	乙天乙	丁天乙	辛天乙
丁日	癸天乙	乙朱雀	丁朱雀	辛太阴
戊庚日	癸朱雀	乙勾陈	丁太常	辛太常
己日	癸螣蛇	乙六合	丁六合	辛元武
辛日	癸元武	乙青龙	丁白虎	辛白虎
壬日	癸太常	乙天空	丁天空	辛天空
癸日	癸天空	乙勾陈	丁勾陈	辛太常

小满后日躔在申宫用甲丙庚壬时				
甲日	甲螣蛇	丙天后	庚天后	壬青龙
乙日	甲天乙	丙天乙	庚天乙	壬太常
丙日	甲天后	丙螣蛇	庚螣蛇	壬元武
丁日	甲六合	丙六合	庚元武	壬天后
戊庚日	甲青龙	丙白虎	庚白虎	壬螣蛇
己日	甲勾陈	丙勾陈	庚太常	壬天乙
辛日	甲天空	丙天空	庚天空	壬太阴
壬日	甲白虎	丙青龙	庚青龙	壬元武
癸日	甲六合	丙六合	庚元武	壬白虎

夏至后日躔在未宫用艮巽坤乾时				
甲日	艮天乙	巽天乙	坤天乙	乾天乙
乙日	艮天后	巽螣蛇	坤螣蛇	乾天后
丙日	艮太阴	巽朱雀	坤太常	乾太阴
丁日	艮勾陈	巽勾陈	坤太常	乾太常
戊庚日	艮天空	巽天空	坤天空	乾天空
己日	艮青龙	巽青龙	坤白虎	乾白虎
辛日	艮白虎	巽青龙	坤青龙	乾白虎
壬日	艮太常	巽勾陈	坤勾陈	乾太常
癸日	艮朱雀	巽朱雀	坤太阴	乾太阴

大暑后日躔在午宫用癸乙丁辛时				
甲日	癸白虎	乙螣蛇	丁螣蛇	辛天后
乙日	癸天空	乙朱雀	丁朱雀	辛太阴
丙日	癸青龙	乙六合	丁六合	辛元武
丁日	癸元武	乙青龙	丁白虎	辛白虎
戊庚日	癸天后	乙青龙	丁青龙	辛白虎
己日	癸太阴	乙天空	丁天空	辛天空
辛日	癸天乙	乙勾陈	丁勾陈	辛太常
壬日	癸螣蛇	乙六合	丁六合	辛元武
癸日	癸元武	乙螣蛇	丁天后	辛天后

处暑后日躔在巳宫用甲丙庚壬时				
甲日	甲朱雀	丙朱雀	庚太阴	壬太常
乙日	甲六合	丙六合	庚元武	壬白虎
丙日	甲勾陈	丙勾陈	庚太常	壬天空
丁日	甲天空	丙天空	庚天空	壬太常
戊庚日	甲勾陈	丙勾陈	庚太常	壬太阴
己日	甲白虎	丙青龙	庚青龙	壬元武
辛日	甲六合	丙六合	庚元武	壬天后
壬日	甲朱雀	丙朱雀	庚太阴	壬天乙
癸日	甲天乙	丙天乙	庚天乙	壬太阴

秋分后日躔在辰宫用艮巽坤乾时				
甲日	艮六合	巽六合	坤元武	乾元武
乙日	艮太常	巽勾陈	坤太常	乾太常
丙日	艮白虎	巽青龙	坤白虎	乾白虎
丁日	艮青龙	巽青龙	坤青龙	乾白虎
戊庚日	艮六合	巽六合	坤元武	乾元武
己日	艮勾陈	巽勾陈	坤勾陈	乾太常
辛日	艮太阴	巽朱雀	坤太阴	乾太阴
壬日	艮天后	巽螣蛇	坤天后	乾天后
癸日	艮螣蛇	巽螣蛇	坤螣蛇	乾天后

霜降后日躔在卯宫用癸乙丁辛时				
甲日	癸朱雀	乙勾陈	丁太常	辛太阴
乙日	癸元武	乙青龙	丁白虎	辛元武
丙日	癸太常	乙天空	丁天空	辛太常
丁日	癸天空	乙勾陈	丁勾陈	辛天空
戊庚日	癸勾陈	乙朱雀	丁太阴	辛太常
己日	癸青龙	乙六合	丁六合	辛白虎
辛日	癸元武	乙螣蛇	丁天后	辛元武
壬日	癸太阴	乙天乙	丁天乙	辛太阴
癸日	癸天乙	乙朱雀	丁朱雀	辛天乙

小雪后日躔在寅宫用甲丙庚壬时				
甲日	甲螣蛇	丙白虎	庚白虎	壬螣蛇
乙日	甲朱雀	丙天空	庚天空	壬太阴
丙日	甲六合	丙青龙	庚青龙	壬元武
丁日	甲白虎	丙六合	庚元武	壬白虎
戊庚日	甲青龙	丙天后	庚天后	壬青龙
己日	甲天空	丙朱雀	庚太阴	壬天空
辛日	甲勾陈	丙天乙	庚天乙	壬太常
壬日	甲六合	丙螣蛇	庚螣蛇	壬元武
癸日	甲天后	丙六合	庚元武	壬天后

冬至后日躔在丑宫用艮巽坤乾时				
甲日	艮天乙	巽天空	坤天空	乾天乙
乙日	艮螣蛇	巽青龙	坤青龙	乾天后
丙日	艮朱雀	巽勾陈	坤勾陈	乾太阴
丁日	艮太常	巽朱雀	坤太阴	乾太常
戊庚日	艮天空	巽天乙	坤天乙	乾天空
己日	艮白虎	巽螣蛇	坤天后	乾白虎
辛日	艮青龙	巽螣蛇	坤螣蛇	乾白虎
壬日	艮勾陈	巽朱雀	坤朱雀	乾太常
癸日	艮太阴	巽勾陈	坤太阴	乾太阴

大寒后日躔在子宫用癸乙丁辛时				
甲日	癸天后	乙青龙	丁青龙	辛天后
乙日	癸天乙	乙勾陈	丁勾陈	辛天乙
丙日	癸螣蛇	乙六合	丁六合	辛天后
丁日	癸元武	乙螣蛇	丁天后	辛元武
戊庚日	癸白虎	乙螣蛇	丁螣蛇	辛太常
己日	癸太常	乙天乙	丁天乙	辛白虎
辛日	癸天空	乙朱雀	丁朱雀	辛天空
壬日	癸青龙	乙六合	丁六合	辛白虎
癸日	癸元武	乙青龙	丁白虎	辛元武

（钦定协纪辨方书卷三十二）

钦定四库全书·钦定协纪辨方书卷三十三

利用一

选择之道,有体有用。龙、山、方、向之一定者,体也;年、月、日、时之无定者,用也。补龙、扶山、制凶、助吉,以无定而合有定者,用之体也;吊替、飞宫、合局、相主,以无定而合无定者,用之用也。错综参伍,精义入神,庶足前民而利用矣。作《利用》。

选择要论

《选择宗镜》曰:杨筠松曰:年月要妙少人知,年月无如造命法。吴景鸾曰:选择之法,莫如造命,体用之妙,可夺神工。郭景纯曰:天光下临,地德上载,藏神合朔,神迎鬼避。此十六字至精至微。即造命体用之谓也。其藏神者,收藏地中元神也。其法选成四柱八字,支干纯粹成格成局,于以扶补龙气,则地脉旺盛而上腾于坟宅之中。所谓藏神,所谓地德上载,造命之体也。合朔者,取初一日太阳、太阴合照之义,举一以该百也。其法取三奇、三德、金水、紫白、贵人、禄马到山到向,自然吉庆。所谓合朔,所谓天光下临,造命之用也。然使犯动凶煞则祸且随之,亦属无益,又必先于年月之内推求山向吉神相迎。一切岁破、三煞、阴府等项尽行退避,不相干犯,乃为全吉。则神迎鬼避之说也,此亦体中之最紧者。体用兼全上也,不然宁舍用而取体。每年之中有吉神、凶神焉,有吉星、凶星焉,二者不同,不可不辨!

神隶于地,或吉或凶,随太岁之所指挥而已。盖太岁,君也,其分最尊,其力最大。共此二十四山,其与太岁相喜相合,及为太岁之所生扶者即为吉神,故凡岁德、岁德合、岁贵、岁禄、岁马以及开字、成字、平字、危字俱吉。除字、定字次吉,总之与岁君相得,故吉也。其与太岁相冲相斗及为太岁之所克制者,则为凶神。故岁破者,太岁所对冲而破也。三煞者,太岁所杀之三方也。阴府者,太岁之化气克山化气也。年克者,太岁纳音克坐山本墓纳音也。此皆受克于太岁,而不可犯之者也。临官方为天官府,主官讼;帝旺方为打头火,主火灾。此太岁有余之气也,故官三合局克之;死方为六害、为灸退,主退败,此太岁不足之气也,故宜三合局补之。又以岁干起五虎遁,遁至戊己方为戊己煞,庚辛方为天金神,丙丁方为独火。以上神煞总之随岁君而转移,其余纷纷神煞不从太岁而起者,皆后人之所添设者也,内惟岁破最凶,例无制法,三煞亦大凶,不可轻犯。其余凶煞,俟其休囚之月而以四柱制化之可也。若不知制化之法则宁避之。此神迎鬼避之大略也。

星运于天,七政中之日、月、金、水,四余中之紫气、月孛及八节之三奇、紫白、窍马皆吉星也,内中日最尊,月与三奇、窍马、紫白次之。至于玉皇銮驾等星皆捏造而无据者也。

月令为权要之官,其所冲者为月破,所克者为月阴府,为月克山家,与年家之岁破、阴府年克同也。月家之土煞为大月建、小儿煞,与年家之戊己煞同也。惟大月建更凶,此月家真凶神也。本月之旺方为金匮星,临官、帝旺之间为月德相合之方,为月德合,正丁、二坤之类为天德相合之方,为天德合。此月家真吉神也。

天星可以降地曜,然天星气清,地煞力猛,若犯三煞、阴府及月家之大月建、小儿煞则太阳到亦不能制,况其他乎!大煞避之,中煞制之,小煞不必论也。但得八字停当,吉星照临,自然贞吉。若捏造之假煞,则削之而已。

修凶福猛,不如修吉之稳,然修吉如修太岁方、三德方、本命贵禄方、食禄方,必取吉方旺相之月,而以四柱扶补之,则吉者愈吉矣。修凶如修三煞方、官符方、金神方,必俟凶方休囚之月而以八字克制之,则凶者亦吉矣。修吉要扶得旺,制凶要制得伏,如本命禄马贵人飞到山向最吉,亦可降中下等煞。

二十四山方无吉凶,听太岁以吉凶而已,不从太岁起者,皆伪造也。如伪吉神则曰玉皇、曰紫徽、曰銮驾之类;伪凶神则曰天命煞、飞天火星及各样火星、官符、血刃之类,不可胜纪。一考其起例,再考其所以然,则乖谬了然矣。

六十日亦无吉凶,听月令以吉凶而已,日统于月,为月之所合、所生者,及与月令同旺者,乃真吉日,如旺日、相日、月德日之类是也。日支干为月之所克、所冲及休囚而不当月令者,乃真凶日,如破日、四废之类是也。其不从月令起者,皆伪造也。如伪吉日,则曰满德、吉庆之类;伪凶日则曰死门、灭门之类。细考起例,真假了然矣。

杨筠松《疑龙经》已及造命体用之概,而《千金歌》言言名理,愈玩愈佳,真千古日家之指南车也。嗣是曾文辿、陈希夷、吴景鸾、廖金精以及后来名术,一切葬课,皆以扶龙相主为宗。其修吉方则曲尽扶吉之法,其修凶方则曲尽制凶之法,取而玩之,无不凿凿有理,《通书》未有及此者也。

造命之法,一看来龙宜何局以补之;二看山向何煞宜避,何煞可制,以何法制之,取何吉星照之;三看主人本命宜何如以扶之。三者俱得而后举事,吉无不利矣。至于修吉方则择吉方旺相之月而扶持之,如培植善类也。修凶方则择凶方休囚之月而克制之,如收降盗贼,必我强而彼弱,乃为我用也。彼选定八字,不问龙山主命而概施之,乃假造命也,于古法天渊矣。学者当辨别其是非,以定从违,庶无差误 。

按:自此以下十二篇并注,皆出《选择宗镜》,其于龙山岁命之理,独为精细,故并录之。其中有错误驳杂者,则取其意,而删易其辞。别本有与为发明者,则亦取而附于其后。惟戊己、除、危、成、开等方及尊、帝等星,皆今《通书》所不用,以其自成一家之言,故存其旧,辨论详后各条,并见《附录》《辨讹》卷。

杨筠松造命歌(又名《千金歌》)

天机妙诀值千金,不用行年姓与音。
但看山头并命位,五行生旺好推寻。

此造命之纲领也。行年如几十几岁之类,姓音即五姓修宅也。世俗以此二者分吉凶,谬甚,故不用也。山头乃来龙入首一节及坐山也。命位者,即本山命五虎遁纳音是也。山命所属五行合年、月、日、时,皆要生旺。如子山命择申子辰年、月、日、时有气用之,并取天干合格、合局大吉。

一要阴阳不混杂,二要坐向逢三合。
三要明星入向来,四要帝星当六甲。

四中失一还无妨，若是平分便非法。

一论龙之净阴净阳。此龙单指入首结穴一节之脉，非坐山也。乾、甲、坤、乙、坎、癸、申、辰、离、壬、寅、戌十二来龙属阳，宜立阳向，用申子辰寅午戌，阳日期也。艮、丙、巽、辛、震、庚、亥、未、兑、丁、巳、丑十二来龙属阴，宜立阴向，用巳酉丑亥卯未，阴日期也。反此则为混杂不吉。然古人不尽拘此，如艮、亥龙用申、子、辰者，三合补龙法也。

二论三合。以三合补龙则补之有力。不言龙而言坐向者，借坐向以补龙也。如巽龙作巳山亥向，用卯未局以补巽木龙，非真补亥向也。发福全在龙上，即坐山亦次之，况向有何益乎？俱以正五行论，有四柱与向三合者，则不可冲山，必减一字。如亥龙，则亥山巳向，止用丑酉金局以生亥龙可也，如巳字则冲破亥山矣。余仿此推。

三要七政中之日月到向。明星即日月也，盖到向则照山。陈希夷云：太阳到山，惟国家修宫殿宜之，士庶人不能当也。故杨公屡言三合对宫福禄坚。若太阴金水则山向皆可，或日在向，月在山前后夹照尤妙。

四要尊星、帝星到山到向。六甲者，六个甲子。盖尊帝从甲子起乾次坎故也。

此四者乃造命之枢，得全为上，失一犹可，若失二得二则非法矣，况全不合者乎？

煞在山头更若何，贵人禄马喜相过。

三奇诸德能降煞，吉制凶神发福多。

山头，坐山也。煞谓年月诸恶曜犯占也。必求年命真禄马贵人同到山方，及山家禄马贵人同到为美。如丁卯年煞在酉，丁贵人亦在酉，多用酉日时修之，乃贵人制煞。又如丙午生人用丁亥年、辛亥月、乙亥日、丁亥时作亥向，乃一气贵人压制太岁。三奇，奇门乙丙丁也，或取八节三奇亦验。诸德，岁德并天月二德也，如其年方位有年月诸凶煞，若用德、奇制之，则化煞为权，反能召福。

二位尊星宜值日，一气堆干为第一。

拱禄拱贵喜到山，飞马临方为愈吉。

三元合格最为上，四柱喜见财官旺。

用支不可有损伤，取干最宜逢健旺。

生旺得合喜相逢，须避克破与刑冲。

吉星有气小成大，恶曜休囚不作凶。

尊帝二星喜于年月到矣，而日时亦宜取之，更能助吉。

〇一气堆干，谓四干一样也，然必与山向及命主之干支相合而无刑克为美。拱禄者，如甲命禄在寅，四柱用二丑二卯，则拱出寅禄矣。怕冲所拱及填实亦要与山头相关为吉，拱贵仿此。喜到山，则指四柱之禄马贵人到山也。修方者，宜到方；修向者，宜到向。曰山而包方与向也。

〇飞马又包禄贵在内，即活禄、活马、活贵人之谓也。本命者，以太岁入中宫遁之本年者，又以月建入中宫遁之，或飞到山，或飞到向，或飞到方，皆吉。

〇八字以干为天元，支为地元，纳音为人元，如堆干、堆支，两干两支，三合局及四纳音，皆以纯粹不杂而又补龙相主方为合格也。

〇财官论主命，不论山，如甲生人用三四点巳字为合财，巳命人用三四点甲字为合官，以合为妙，不合不佳。查杨、曾日课，凡用财官者，皆十干合气也。四柱地支或互相冲刑，则彼此互伤而大凶，故曰不可有损伤。四柱中日干甚重，最宜旺相得令，日干休囚，非贫即夭。或三干四干一气，不则正当月令，如比肩，既少又不当月令，则必年月上有印以生之，再用禄时，亦健旺而有力矣。然支干有力固好，又必与山命相合。补龙、补山、补命，是得众力之扶持也，何吉如之。若克龙、克山、克主、刑龙、刑山、刑主、冲龙、冲山、冲主，是受众力之搏击也，凶可知矣。故曰：生旺得合喜相逢，须避克破与刑冲。至此而造命之法无遗蕴矣。若八字自相刑冲则用支，损伤之谓也。古八字亦有自相冲者，冲即破也，如用辰戌局、丑未局以补土山之类。四墓之山不冲则不开也，若冲主命则断断不可。至于制煞修方，以吉降凶，则全看月令，必凶方休囚之月，制神旺相之月则吉。如以一白水制南方打头火，必申子辰水旺火衰之月可也。故曰：吉星有气恶曜休囚也。此指修方而言，若坐山休囚则不吉矣。

山家造命既合局，更有金水来相逐。

太阳照处自光辉，周天度数看躔伏。

六个太阳三个紧，中间历数第一亲。

前后照临扶山脉，不可坐下支干缺。

更得玉兔照坐处，能使生人沾福泽。

既解天机字字金，精微选择可追寻。
不然背理庸士术，执著浮文枉用心。
字字如金真可夸，会使天机锦上花。
不得真龙得年月，也应富贵旺人家。

此申结上文造命之法，全以补龙为主也。因龙山属何五行，而以四柱补之，则可以夺神功，改天命。此之谓山家造命法也。盖从山脉而造富贵，非四柱之能自造也。能如上所云，则造命八字已合格局矣，此造命之体也。有体而后言用，求诸吉星皆照山向乃用，如金水二星亦喜到山到向，盖天以五星为经，日月而外莫尊于此，然火星凶烈，土星木星能掩日月之光，而蔽山向之明，故不可用。金清、水秀，二星独吉，若与日月同到山向，谓之金水扶日月，大吉之兆也。此惟台历可查，外此有升元金水、周仙金水，皆终年守住一方而不运行，不足信也。太阳照临诸吉之首，必以台历日躔宫度为真，外此有升元太阳、都纂太阳、乌兔太阳、四利太阳，皆不足信。天无二日，且一太阳在东，一太阳在西，终年不动，有是理乎？得真太阳矣，又得真太阴同临山向，福泽尤厚。然此日月金水奇德禄马贵人皆助福之星，非发福之根本也。福之根本全在坐下山脉，山脉旺相则发，休囚则不发，此全在吉课，以生扶之。天干、地支纯全不缺乃可，若支干既缺，补脉不起，虽诸吉并临，亦无大福。如无为无用之人，纵得贵人扶持，终不能大有为也。故再丁宁曰：不可坐下支干缺，盖明体之重而用之轻也，人悟得此义，古人之选择亦可追踪比美。不然，庸术之士背造命之正理，不论年月之生龙克龙，只曰某山宜某年，又云某日大造，某日大葬，龙山受克主命休囚，何益之有？末四句复深自赞美，此歌以启人之留意也。

又歌：

方方位位煞神临，避得山过向又侵。
只有山家自旺处，天机妙诀好留心。
支如不合干中取，迎福消凶旺处寻。
任是罗睺阴府煞，也须藏伏九泉阴。

二十四方位神煞占犯最多，避得年煞又有月煞，避得月煞又有日煞。且山利，向又不利；向利，山又不利，难得全吉。只取本山来脉自旺处得令有气，更四柱干支乘时旺相。如坐山得干，取天干一气，或堆禄堆干。坐山得支，取地支一气，或三合年月日时，无非于山家自旺处斟酌调和，使之更旺耳！此旺则彼衰,凶煞自伏,是天机妙诀。

疑龙经

大凡修造与葬埋,须将年月星辰排。
地吉葬凶祸先发,名曰弃尸福不来。
此是前贤景纯说,景纯虽说无年月。
后来年月数十家,一半有头无尾结。
大抵此文无十全,一半都是俗人传。
不是青囊起鬼卦,便是三元遁甲铨。
禄马云腾兼气耀,六壬局与通天窍。
装成图局号飞天,飞天名出何人造。
云是祖师口诀传,金盘图是左仙录。
雷霆九劫号升元,坤鉴黄罗并武曲。
催官使者大单于,鼓角喧传为第一。
统例一百二十家,九十六家年月要。
问之一一皆通晓,飞度星辰说玄妙。
试令选择作宅坟,福未到时祸先到。
不知年月有元机,年月要妙人少知。
年月无如造命法,装成好命恣人为。
吉人生时得好命,一生享福兼富盛。
不独己身富贵高,奕世云仍沾余庆。
我因历数考诸天,元象幽微万万千。
星到晓时次第没,只有阳乌万古全。
太阴因日有盈缺,不比太阳常丽天。
请君专用太阳照,三合对宫福禄坚。
更看素曜在何处,福力却与太阳兼。
金木二星并紫气,月孛同用又无嫌。
周天本是十一曜,只嫌逆伏灾炎炎。

右《经》详言诸家恍惚,无如造命之妙。因龙山主命,以起四柱八字成格、成局,扶龙相主,所谓装成好命也。八字既好,乃取吉星以照临之。日为最宜,到向上吉,对宫即到向也。三合亦吉,或与山三合,或与向三合也。月次之,五星中金、水二星吉,土、木二星掩蔽光明,火星燥烈,皆凶也。四余中,惟紫气最吉,月孛、柔星遇吉则吉。故曰:同用无嫌。盖与日月金水同用也。火、罗、土、计皆凶,七政、四余共十一曜,若遇逆伏,则凶者俞凶,吉者亦凶矣。

论造葬

造、葬二者乃选择大端,不可不慎!慎之如何?曰:合造命之体用而已。然竖造与葬地亦略不同,葬以补龙为主,而山向亡命次之。造以山向主命为重,而补龙次之。盖"葬乘生气",生气旺而体自暖。虽山向与亡命不甚全利,亦无妨也。若修造则斧斤震动,且旷日持久,倘山向不空,主命受克,不敢妄议兴举,况八宅祸福皆论坐山乎!

论正五行生旺取用

五行生旺各有其时,惟土分三等,有阴有阳、有半阴半阳。故《元经》曰:三等殊生是也。艮土属阳,坤土属阴,辰戌丑未隶中宫,辰戌属半阳,丑未属半阴。艮旺立春之先,坤旺立秋之后,四墓于四季之下,各旺一十八日,此土之墓也。

木山春旺,除土旺一十八日之外,惟七十二日又以冬至后一阳生处互论。自冬至至立春为进气,谓之向令。自立春至春分为正气,谓之得令。自春分至清明为旺气,谓之化令。

火山夏旺,自立春至惊蛰为进气向令,自惊蛰至立夏为正气得令,自小满至夏至为旺气化令。夏至后火燥金流,物极则反,不可用也。凡用火山不宜大暑之后。

金山秋旺,自芒种至夏至为进气向令,自夏至至立秋为正气得令,自处暑至秋分为旺气化令。

水山冬旺,自立秋至白露为进气向令,自秋分至霜降为正气得令,自立冬至冬至为旺气化令。

凡化令乃他山进气之时,克择之法,务以财禄培根元乃为中和,若以官旺加之,则太旺而反危矣。

用日之法,向令取其生气,得令用其胎养气,化令取其财源,便是妙理。如春月清明前后作寅山为化令,取甲日用之,为甲禄在寅财者四墓并纳音土也。又如得令、向令不同,进气、化令有异,如春震山,甲乙辅之,甲向冬至而生旺,震向春分而正旺,乙向清明而化旺。克择之法,取其将化者,补以财禄正旺者,培以根元向旺者,盖以胎息损益得中,乃为贞吉。

论补龙(造葬同)

邱平甫曰:先观风水定其踪,次看年月要相同。吉凶合理参元妙,好向山家觅旺龙(此言先择吉地,次择吉年、月、日、时以补龙,千古不易之论)。

凡入其乡而星峰奇特,龙神秀拔,富贵无疑。入其乡而山冈撩乱,龙神卑弱,贫贱无疑。祸福之本总属之龙,择日而不补龙,又何必择?知补龙之说而此道之元枢得矣。

凡远龙不论单,以到穴之小脉为主,以正五行论生克。日时四柱生扶之则吉,克泄之则凶。

不问居阳宅、阴地,至结穴处必有一线小脉,细细察定,即以罗经格之。属木则用亥卯未局,属水土则用申子辰局,属火则用寅午戌局,属金则用巳酉丑局。或印局生之亦可。龙雄带煞者宜用财局。

山谷阴地耸起开窝者,近穴止有圆球,无小脉。圆球若阔,非脉也,宜于山后蜂腰处审而补之。

凡省城府县,非午向则丙丁向。其午向者必壬子癸龙也,其丙丁向必亥艮龙也,俱宜申子辰局。但正脉已结衙署矣,民居或东或西,皆脉上支分横来者,不知属何五行,只以补坐山为主。自此以外则皆补脉,而阴地尤紧,盖葬乘一线之生气也。

龙气之衰旺，全看月令，故补龙者必于三合月或临官月。墓月亦作旺月，非衰、病、死之例也。盖丑宫有辛金，未宫有乙木，辰宫有癸水，戌宫有丁火。固知四墓之旺而非衰也，故三合局用之。

凡补龙全在四柱地支，盖天干气轻、地支力重也。有以地支一气补者，如卯龙用四卯之类，极妙，但难取，十余年始一遇，而又或月家、日家山向不空，其可强为乎？不若三合局之活动易取也。三合局只要在三合月内，生月、旺月、墓月皆可。如此三月内凶神占方，则临官月亦可，名曰三合兼临官地支一气局。或四生或四旺，不用四墓。三合字不必全，二字亦可。

十二净阴龙宜用阴课，十二净阳龙宜用阳课。杨筠松曰“一要阴阳不混杂”，正此谓也。但五行龙各有阴有阳，而亥卯未木局、巳酉丑金局则皆阴也，寅午戌火局、申子辰水局则皆阳也，故旧课亦不甚拘阴阳之说。

古人造、葬，八字多以地支补龙，以天干补主命。或与命比肩一气，或合官，或合财，或合禄马贵人。又或天干合命而禄马贵人到山、到向，而地支又补龙脉，则八字之上上局也。

唐一行禅师、宋托长老皆以四柱纳音补龙，本年之纳音亦甚应验，但不如支地之力耳。又有论纳音者，其法不论本龙之纳音，而于龙之墓上起纳音，论生克。如庚寅年，作戌山戌龙，正五行属土，水土墓辰，亦用五虎遁得庚辰金音，八字宜土音、金音吉，火音为克龙墓凶。此盖本洪范变运而论者，与一行禅师、托长老之旨有异，亦宜参看。

凡以三合水局补水龙、以木局补木龙者为旺局，上吉。以金局生水龙，以水局生木龙者为相局，又为印局，次吉。水龙用火局者为财局，龙雄带煞者不必再补，则用财局，不补亦不泄也。

补龙古课（俱以正五行论）

亥壬子癸四龙属水，生申、旺子、墓辰，申子辰乃三合旺局，上吉，临官在亥，吉。巳酉丑为印局，亦吉。寅午戌为财局，次吉。亥卯未为泄局，凶。辰戌丑未为鬼煞局，尤凶。得壬癸、庚辛干尤妙，然难尽拘。

一亥龙乾山巽向，曾文辿用壬寅年、壬寅月、壬寅日、壬寅时，后八子入朝。系丁亥亡命。取丁与壬合,以丁命言之为合官,又四点壬禄到亥龙,四寅与亥命合,又与亥龙合,妙甚。四壬水又补亥龙,上上吉课也。又有用癸亥年、甲子月、甲申日、乙亥时者,后发甲贵显。此以申子辰水局补亥龙,而用二亥为临官。

一亥龙壬山丙向,杨筠松取辛亥年、庚子月、丙申日、丙申时,后出丞相。此以申子亥水局补亥龙,三合兼临官局。

一壬龙子山午向,杨筠松取四癸亥,后多贵显。盖四亥乃壬龙禄地,又四癸禄到子山,名临官格,又名聚禄格,又名支干一气格,妙甚。主命非戊则癸,或子命俱妙。

一子龙艮山坤向,曾文辿取癸巳年、丁巳月、癸酉日、癸丑时,后代贵显。此因艮山坤向俱属土,能克子龙之水,故不用申子辰局而用巳酉丑金局,以生子水而泄土气也。又三点癸禄到子,重龙不重坐山也。主命非癸则戊,或戊子命尤妙。

一壬龙子山午向,杨筠松取壬申年、戊申月、壬申日、戊申时,后大贵。此取壬龙四长生在申也,又两干不杂,地支一气。丁巳亡命,取丁与壬合为合官格,又巳与申合也。寅生人皆夭折,四申冲也。

艮坤辰戌丑未六龙属土,亦生申、旺子、墓辰、临官亥。以申子辰为旺局,亦土克水,财局也,上吉。以寅午戌为印局,亦吉。金局泄、木局克,皆凶。喜丙丁戊己干,然难尽拘。

一艮龙壬山丙向,杨筠松取辛亥年、庚子月、丙申日、丙申时,大贵。廖金精取庚申年、戊子月、庚申日、庚辰时,三合局。

一艮龙甲山庚向,杨筠松取丙辰年、丙申月、丙申日、丙申时,后发贵绵远。此不惟申子辰局,而四丙火生艮土,又艮宫纳丙主命非丙生必辛生也,或辛巳命则四丙禄到巳,尤妙。

一艮龙癸山丁向,杨筠松取四丙申,五百日及第。支干一气格,艮土生申,又名四长生格,又四点丙火生艮土,又艮宫纳丙四帑也,妙甚。

寅甲卯乙巽龙属木,生亥、旺卯、墓未。以亥卯未为旺局,上吉。临官在寅,以申子辰为印局,亦吉。巳酉丑为煞局,寅午戌为泄局,皆凶。喜壬癸干,然难尽拘。

一卯龙甲山庚向,杨筠松取乙卯年、己卯月、庚寅日、己卯时,此单用临官、帝旺二字也，名官旺局。

一卯龙亥山巳向，古人取四辛卯葬辛巳亡命。取四辛以扶辛命，四卯以补卯脉，又合亥山，又冲动辛命之酉禄也，卯龙在辛年，五虎遁得辛卯木，又纳音补纳音也。

一卯龙乙山辛向，曾文辿取庚寅年、丁亥月、辛卯日、辛卯时，三合兼临官。赖布衣取甲寅年、丁卯月、辛卯日、己卯时，三合兼临官。

一巽龙乙山辛向，朱子取庚寅年、戊寅月、癸卯日、甲寅时，临官帝旺局。

巳丙午丁四龙属火，生寅、旺午、墓戌、临官巳，以寅午戌为三合局，上吉。亥卯未为印局，吉。巳酉丑为财局，次吉。申子辰为煞局，凶。辰戌丑未土局泄气，亦凶。天干喜丙丁甲乙，然难尽拘。

一丙龙巳山亥向，杨筠松耿己巳年、己巳月、壬午日、壬寅时，三合兼临官，又丙龙禄在巳。

一丙龙坤山艮向，赖布衣取癸巳年、丁巳月、庚午日、戊寅时。

以上皆三合兼临官，盖因三合之年分月分，山向不空，则用临官年月也。

申庚酉辛乾五龙属金，生巳、旺酉、墓丑、临官申。以巳酉丑为三合金局，上吉。以辰戌丑未土为印局，然相冲不吉。以亥卯未为财局，次吉。以申子辰为泄局，凶。寅午戌为煞局，尤凶。喜庚辛戊己干，然难尽拘。

一酉龙酉山卯向，杨筠松取甲申年、癸酉月、丁酉日、己酉时，官旺局。赖布衣取辛酉年、辛丑月、辛丑日、癸巳时，三合局。又三点辛禄到酉龙酉山。

一辛龙乾山巽向，曾文辿取丁酉年、己酉月、甲申日、己巳时，又取己酉年、癸酉月、壬申日、乙巳时。三合兼临官，吉。虽是阴府金局，制之无妨。

一辛龙壬山丙向，赖布衣取辛酉年、辛丑月、辛酉日、癸巳时，三合局，又三辛补辛龙。

古课甚多，难以备录。姑举此为式，或三合局，或三合中止用二字，或三合兼临官，或单临官帝旺二字、或天干一气、或地支一气。总之，皆补龙也。以补龙为主而又不冲克坐山、不冲克主命，且坐山有吉神无凶煞，主命或比肩或合财或合官，或会合四柱之禄马贵人、又或四柱之禄马贵人到山到向，则上上吉课也。地支一气者，四支一样也。或本龙之四长生字、四临官字、四帝旺字，皆可。若四墓字则凶，墓非三合结局不用也。

又有纳音以补龙者，一行禅师谆谆尚之矣。托长老为丰城宛冈黄氏葬墓,戌龙作辛山乙向,得甲戌火龙入穴也,宜木音生之、火音比助之,正宜立夏乘旺,故用庚寅年(木音)、壬午月(木音)、戊午日(火音)、己未时(火音)下葬。又曰造、葬八字,取用全在纳音,不可分毫争差,则福应如响。然以前法参之,亦相合焉。戌龙属土,又与寅午同三合火局。今托长老用寅午火局以生戌土,则非徒纳音之属木属火能助甲戌火龙也。故补龙者,必以前三合局或一气局为主,而参以纳音之说。托不补辛山而单补戌龙之纳音,因知古人重龙不重山也。今人不问龙而单问山,岂不谬哉?

又有一法,谓之占夺一方秀气,亦甚吉。如木龙则四柱用寅卯辰三字全,谓之占尽东方秀气。火龙则用巳午未三字全,谓之占尽南方秀气。金龙则用申酉戌三字全,谓之占尽西方秀气。水、土龙则用亥子丑三字全,谓之占尽北方秀气。与官旺局同,但多一字耳。以三字凑作四柱,择一字空利者多用一字以成四柱也。三字外不可参一别字,参一别字则乱格矣。杨筠松与人修方,用壬寅年、甲辰月、甲辰日、丁卯时,此必寅甲卯乙龙又坐寅卯山方也。寅卯辰全秀占东方格。

论扶山

坐山不必补,但宜扶起,不宜克倒,克倒则凶。何谓扶起?坐山有吉星照之,无大凶煞占之,而又八字相合不冲、不克,即扶也。如坐山与龙同气,则补龙即以补山,如壬癸龙坐子向午,龙与山皆属水,用申子辰局可也。倘龙与山不同气,则止以补龙为主,而坐山有吉星无凶煞即妙。

何谓克倒?太岁冲山则倒(日月时忌冲山,岁冲尤忌),三煞阴府、年克及伏兵、大祸占山则倒。此开山之紧要凶神,勿造勿葬可也。

年家天地官符占山,俟其飞出别卦之月,以吉星照之,或太阳、或紫白、或三奇,此中得一、二吉星到,反能发福。盖天官乃临官方,又名岁德吉方;地官乃显星方,又为岁位合,皆可吉可凶,非大凶煞也,但要吉星到耳。忌还宫、忌本月、忌旺月,占向同此。其余神煞,置之勿论。

凡太岁占山,叠戊己、阴府、年克、打头火则大凶,叠金神次凶。若不叠此数凶,而以八字比之,或三合之,又八节之三奇同到,上吉,其福最久。

凡日月、金水、紫白、三奇、窍马得二、三件到山，大吉。

凡八字四柱、禄马、贵人到山到向，大吉。如寅山多用甲字，甲山多用寅字，名堆禄格。余仿此推。

凡主命之真禄、真马、真贵人以太岁入中宫，遁到山向，上吉。

凡岁贵、岁禄、岁马以月建入中宫，遁到山向，次吉。

凡八字宜扶山、合山，或与山比肩一气，或印绶生山，或禄、贵到山，皆吉。切忌地支冲山，次忌天干克山，惟辰戌丑未山不甚忌冲，然岁冲亦凶。日月时内止一字冲之，可也。冲多亦破而凶矣。

凡四柱中有纳音克山者，若年克、月克，忌修造，不能制也。葬则以月日纳音制之，制者当令，克者休囚乃稳。

凡阳居原有屋而修山者兼方论，忌大将军、大月建、小儿煞、破败五鬼及金神煞，此五者，惟金神可制，而秋月难制。大将军飞出别卦无妨，还宫则凶，吉多无妨，此俱忌修方、修山，不忌葬。

年家打头火及月家飞宫打头火、丙丁火占山占向，忌修造不忌葬。

月家天地官符占山向中宫，得月家紫白同到，又有气，不忌。

居城市者，龙远难测，宜补坐山，与补龙法同。阳居坐山颇重，与阴地不同也。

论立向

向不必补，但有吉星而无凶煞可也。何谓凶煞？太岁也，戊己煞也，地支三煞也，浮天空亡也，此造、葬同忌者也。内惟太岁、戊己尤凶，盖太岁可坐不可向，而戊己在向猛于在山也。三煞可制，亦宜斟酌，俟其休囚之月，以三合克之，吉星照之。然葬可而造险，盖葬暂而造久也。浮天空亡略轻，主退财耳。伏兵、大祸占向，次凶。然修造亦忌，葬不忌也。巡山罗睺占向，一白到则吉。古人有补向者，所求补龙、扶山也。不然则坐山之财局也，如艮龙作丙丁向，或用四丙、或用寅午戌火局者，生艮土地。又如子山午向，用寅午戌火局者，子山克火为财也。然止用寅戌二字，切忌午字冲山。余仿此推。

论相主

相主者何？以四柱八字辅相主人之命也。从来皆论生年，不论生日。有论生日者，非古法也。

修造以宅长一人之命为主，葬以亡命为主，祭主止忌冲、压，余可勿拘。

古人皆论生年之天干，或合官，或合财，或比肩，或印绶，或四长生，或取禄马贵人不冲命、克命，而又补龙、扶山，则上上吉课也。

昔杨筠松为俞侍御修阳宅，俞系乙亥生，用庚寅年、庚辰月、庚寅日、庚辰时，取乙与庚合，合官格也。乙禄到卯，寅辰拱之，拱禄格也。四柱又名天干一气，两支不杂，上吉格也。课曰：行年七十六岁。自乙亥至庚寅年，正七十六岁，此论生年不论生日之证也。

又一戊午年生人，于丙子造葬，是非不停，皆冲生年也，故知生年为重。

用合财、合禄格者，如曾文辿为壬午修主，杨筠松葬壬午亡命，皆取四丁未，盖丁与壬合，合财格也；又午与未合，天地合格也；四点丁禄到午命，聚禄格也。故其课曰：支干合命愈为奇，上上格也。今人以支干合命者为晦气煞，何其谬欤！

昔杨筠松为乙巳主命修艮山坤向屋，取丁丑年、庚戌月、庚申日、庚辰时，盖取乙与庚合，合官格也。又庚禄居申坤向，驿马到艮寅山。故其课曰：三合马进山，三禄向上颁。又三庚名三台格。

一印绶格，宜正印忌枭印，如甲命宜四癸，乙命宜四壬之类 。枭印亦能生我，多见则忌，一、二点不忌也。若伤官、食神泄气，多见则忌。

一比肩格，如己巳亡命，杨筠松取四己巳，比肩格也。今人忌本日，何欤？比肩上吉，如巳命见三巳、四巳是也。劫财凶，如巳命多见戊字是也。

一四长生格，如壬生人用四申，丙生人用四寅是也。官不相合，不宜多见，多则克身，一、二点可也，合官则四点愈妙。

七煞大能克命，忌用。或年月利，而干系七煞，一点可也。得四柱中天干食神，制之为妙。若至二点必凶，况多乎？昔有乙卯生人造屋，用辛丑年、辛卯月，后大不吉。乙以辛为七煞也，若用庚字，则合官大吉矣。合官者，贵格也;合财者,富格也,不合则无情。财与官,俱宜一点、二点。

禄马贵人宜四柱活动取之,如甲以寅为禄,甲命人叠见寅字乃自家之现财禄也。寅命人叠见甲字乃财禄自外而来也,皆聚禄吉格。贵人与马仿此。

命禄与命贵人最吉,马次之,乃病地也,马有必不可用者,如寅以申为马,四柱若用申字,则冲寅命,凶。

查古人造、葬课所云禄马贵人,皆四柱中之显然可见者,如上数课是也。然难逢难遇,盖成格、成局之难也。又有本命飞禄、飞贵、飞马取造、葬之年,飞到山向中宫,俱大吉,此稍易取。

一本命地支切忌四柱地支冲之。若又天干克命干者,名天克地冲,最凶。

一太岁冲命,最凶,月次之,日又次之,时为轻。

如辰戌丑未命遇冲,不吉,但略轻,土冲土也,然太岁冲之亦凶。

又曰:东冲西不动,南冲北不移。谓木不能伤金,火不能克水也,亦略轻。如申酉命遇寅卯冲,亥子命遇巳午冲是也,止主是非。若北冲南命,西冲东命,则凶莫甚矣。然亦以太岁为重,月次之,盖岁君力大而月乃司令也。

凡本命羊刃,四柱切忌多见,如甲命忌卯字之类。

本命煞,惟天罡四煞最凶,造、葬皆忌。

天罡四煞,即岁煞也,修忌宅长,葬忌化命及祭主,吉不能制。

寅午戌生人属火,忌于丑年月日时,内作甲乙庚辛四向,凶(非此四向,则犯丑字不忌;不犯丑字,则此四向亦不忌。二者俱犯,乃凶;犯一个字亦凶)。申子辰年生人属水,忌于未年月日时,内作甲乙庚辛四向,凶。巳酉丑年生人属金,忌于辰年月日时,内作丙丁壬癸四向,凶。亥卯未年生人属木,忌于戌年月日时,内作丙丁壬癸四向,凶。

命食禄最吉,能催官禄,乃本命食神之禄也,八字用三、四点俱吉,或修食禄方亦妙。如甲命以丙为食神,丙禄在巳,四柱多用巳字是也,或修巳方亦吉。

凡三合之力胜于六合,但主命喜与八字六合,而三合次之,惟用三合降煞者,得主命与八字共成三合为妙。山向又喜八字三合,而六合轻矣。

凡坐山及来龙与命干、命支同推,但二十四山向少戊己二字,而多乾坤艮巽四字。用禄马贵人,则乾与亥同,坤与申同,艮与寅同,巽与巳同,如四柱用壬字,则为禄到乾亥,用丙丁则贵人到乾亥,用巳则马到乾亥也。坤、艮、巽仿此推。

如乾坤艮巽山用长生印绶者,则乾金与庚金同,坤土与戊土同,艮土与己土同,巽木与乙木同。

马有冲山者则取到向,如寅山马在申,忌申字冲寅山,则四柱多用寅字,又助起寅山 ,又马到申向也。禄贵到向俱吉,宜活法取之,毋执一也。

又有本命飞遁真禄、真贵、真马,则支干俱全之谓也。以太岁入中宫,遁到山向中宫,造、葬、安床、入宅俱大吉,修方者宜到方。

如甲子年生人,寅为禄马,丑未为贵人,用甲年五虎遁,则寅为丙寅,丑为丁丑,未为辛未。乙丑年修作,以太岁乙丑入中宫,顺数丙寅到乾六,则乾为禄马。辛未到坤二,则坤为阳贵人,丁丑到艮八则艮为阴贵人,乾坤艮三方大吉。

按:《通书》云:本命日不宜用事,诸历皆无明说,惟见《道藏》经。今选择家通忌天克地冲年月日时,如甲子忌庚午之类,并忌天比地冲年月日时,如甲子忌甲午之类。起例又忌葬日纳音克化命纳音,而地支相冲者,与篇内戊午忌丙子日者相合,具表于后。天克地冲,天比地冲,显而易明,故不列表。

甲子忌戊午	乙丑忌己未	丙寅忌甲申
丁卯忌乙酉	戊辰忌庚戌	己巳忌辛亥
庚午忌壬子	辛未忌癸丑	壬申忌丙寅
癸酉忌丁卯	甲戌忌壬辰	乙亥忌癸巳
丙子忌庚午	丁丑忌辛未	戊寅忌庚申
己卯忌辛酉	庚辰忌甲戌	辛巳忌乙亥
壬午忌甲子	癸未忌乙丑	甲申忌戊寅
乙酉忌己卯	丙戌忌戊辰	丁亥忌己巳
戊子忌丙午	己丑忌丁未	庚寅忌壬申
辛卯忌癸酉	壬辰忌丙戌	癸巳忌丁亥
甲午忌戊子	乙未忌己丑	丙申忌甲寅
丁酉忌乙卯	戊戌忌庚辰	己亥忌辛巳
庚子忌壬午	辛丑忌癸未	壬寅忌丙申
癸卯忌丁酉	甲辰忌壬戌	乙巳忌癸亥
丙午忌庚子	丁未忌辛丑	戊申忌庚寅

续表

己酉忌辛卯	庚戌忌甲辰	辛亥忌乙巳
壬子忌甲午	癸丑忌乙未	甲寅忌戊申
乙卯忌己酉	丙辰忌戊戌	丁巳忌己亥
戊午忌丙子	己未忌丁丑	庚申忌壬寅
辛酉忌癸卯	壬戌忌丙辰	癸亥忌丁巳

论开山立向与修山修向不同

凡鼎新开居、倒堂竖造，皆谓开山立向，则单论开山立向吉凶神，至年与月之修方凶神俱不必论。修主原有住屋，欲于屋后修造，谓之修山。不名开山，则忌开山凶神，兼忌修方凶神也。向上凶神，除太岁、三煞二者外，其余不必论矣。住屋前修造谓之修向，不名立向，则忌立向凶神，兼忌修方凶神也。坐山凶神除岁破、三煞二者外，其余不必忌矣。若所修之处，前后还有屋，则又兼中宫凶神论。

修山、修向、修方，看与修主住房利否，如与住房不利，又欲急修，则宜避宅别居，俟工完后入新宅可也。既避宅而去则止论山向空利，而方道与中宫神煞皆可不拘。修方神煞，年家则以三煞、岁破为最，打头火、天地官符次之。月家以大月建、小儿煞为最，飞宫官符、独火次之。凡修山、修向者，必要兼避方煞，惟新开山立向者，不论方煞也。修山而忌三煞在向者，盖三煞在向亦凶，必俟休囚之月，乃可修山也。修向而忌三煞、岁破在山者，盖山既大不利，则向亦不利也。

论修方

凡修方，先定中宫，于中宫下罗经，格定所修之方属何字，先查此字何年可修,次查何月可修,然后择吉日与方生合则吉。

方之必不可修者,曰本年戊己方也,岁破方也,太岁到方而带戊己、打头火、金神也。月家则大月建、小儿煞也。此皆必不可犯者也。至月家丙丁火及飞宫之打头火、天地官符次之,有制可修。

方之可修者,有三种:一曰空利方,本年无甚大凶煞占方,亦无甚吉神到方,但择吉月、吉日以修之,亦自平稳。二曰修吉神方,或太岁方,而带吉不带凶也(必要八节之三奇到)。或三德方,如甲年六月则岁德、天德、月德会于甲方也,年天喜方也(子年酉、丑年申、寅年未、卯年午、辰年巳、巳年辰、午年卯、未年寅、申年丑、酉年子、戌年亥、亥年戌)。次之,则年月之三台土曲方也(即平字),青龙官国方也(即开字),极富谷将方也(即危字),魁罡显星方也(即定字),月家之金匮方也,本年之窍马方也。此皆年月之吉方也。又或本命之禄马贵人方也,本命食禄方也。又或本命之贵人禄马飞到此方也。此三者乃本命之吉方也。必年月之吉方,又合本命之吉方,择吉日修之则无不吉也。

择吉日之法如何?曰吉方宜扶不宜克,扶则福大,克则无福。年家与此方或三合局或一气局,又必此方旺相之月,则诸吉当权,修之自然发福。然修吉方必不叠紧要煞乃可,盖吉不宜克,而煞不要克,二者不可并行也。若不紧要之煞,则不必论也。方吉命吉,自然降伏矣。三曰修凶煞方,除戊己、岁破及太岁之带凶者不修外,其余皆可制而修也,其制之之法详见后。

论修方兼山向及中宫

修方亦有分别,不问正向、横向,但在后不作住房而止作书室、下房者,则止论修方,而开山立向之吉凶不必论也。若在后欲作住房,则以开山立向为主,而兼修方论,必山向利、方向又利,乃可修也。此论甚确!盖虽修方而欲作正寝,则是其宅以所修之屋为主房,故即同开山论。今人修方,不论后面是住屋、闲屋,一概论方,不论山向,大失古人之旨。

四围有屋则中间之屋皆名中宫,太岁在向及戊己煞、三煞占山、占向则中宫终年不吉,不可修。月家大月建、小儿煞、打头火占中宫,亦不可修也。

月家飞宫、天地官符入中宫,若年月紫白、三奇在中宫,或本命禄马贵人飞入中宫,则可修也。

凡修中宫,忌戊己日。盖中宫本属土,又用戊己土日,则助起土煞,不吉也。若辰戌丑未月尤忌戊己日。

论用盘针

《通书》曰:盘针之法,汉初只用十二支。自唐以来,始添用四维、八干。古歌云:缝针之法壬子中,更论正针子亦中。又胡舜申《阴阳备用》云:闻诸前辈言盘针之用,当以丙午、壬子之中者为正。《狐首经》云:阳生于子,阴生于午;自子至丙,东南司阳;自午至壬,西北司阴。丙午、壬子之间为天地之中,南北之正。其说相合,故断然以丙午、壬子中针为是。

按:《通书》以壬子之中为缝针,今谓之中针。盖中针之子位,当壬子之中,乃子之初,自子至癸皆子位也。地理家格龙用之。若定方向则用正针,消砂纳水则用缝针。详见《本原》并见后图。

罗经图

罗经体制不一,多者至三十余层。然其用总不离乎三针者近是,今约取十二层内。一层天池,以受指南针者也。二层八卦,正方隅也。三层二十四山,一卦三山也。四层坐山九星,变卦也。五层净阴、净阳,配龙向也。六层穿山七十二龙,正针分金也。七层中针二十四山。八层二十四天星。九层六十龙,皆属中针,所以格龙者也。十层缝针二十四山。十一层六十龙。十二层一百二十分金,皆属缝针,所以消砂纳水者也。其余配卦、配宿皆由此推,故约举之而其义已备也。

定方隅法

《选择宗镜》曰:中宫下罗经,中宫定,而后方隅定。如直进有几层者,必自山下第一层之后檐起,量至大门之前檐水止,共几丈,折半为中宫。下罗经以定二十四字而方隅始确。《通书》有论层数者,如只有一层,则以栋柱之中为中宫。若有前廊,前深后浅,又以檐下为中宫。若前有廊,后有披厦,前后相等,则又以栋柱为中宫也。如有二层,则前层之后,后层之前,中间天井为中宫也。如有三层,则以中层为中宫也。四层则以二层后天井为中宫,与二层同也。五层则以第三层为中宫,与三层同也。此其说似是而非,盖栋数有浅深,而罗经二十四方位,无伸缩也。近时有以祖堂为中宫者亦非,是古并无此说。罗经二十四字乃一定之方位,如一层周围有二十四丈,则一字管一丈。有十二丈,则一字管五尺,此定理也。如子山午向则卯酉当腰。若必以祖堂为中宫,则祖堂在山下者,卯酉前长后短;祖堂近大门者,卯酉前短后长,有是理乎?

修方忌于祖堂不利,则合家不利。然相离稍远者,犹之可也。若于祖堂利,而于修主之住屋不利,则修主不利,而合家亦不得受福矣。大抵修主之住屋,若与祖堂共一栋,则吉凶同论。若异栋则必兼论,必俱利乃可。今人有单论祖堂利否者,非古人之旨也。古人云:祖堂不利则移香火于吉方。如修主住房不利,必要迁住吉方乃可修作,其义甚明。凡移徙而修者,必待修完后方可择吉入宅,或岁官交承亦可。如主命本年利作兑,不利作震,则当迁居于东,使所修之方,昔视之为震者,今则视之为兑矣。此活变之法也。

按:定中宫之法,论层数固未精,而论丈尺亦未甚确。盖方位皆以目之所见为定,如大门则以厅事为中,可也。如厅后则以正寝为中,可也。如坟茔则以祖穴为中,可也。移步换形,惟变所适,要在相其形势,取其尊者为主,以临四方,庶义精而理得矣。

(钦定协纪辨方书卷三十三)

钦定四库全书·钦定协纪辨方书卷三十四

利用二

年神总论

《选择宗镜》曰:年家吉凶神起例有八:一曰本年天干,二曰:三合五行,三曰:本年十二建星,四曰:本年五虎遁,五曰:本年纳音,六曰:四方,七曰:纳卦,八曰:羊刃。凡吉凶神从此八者而起则为真。于真凶之中又分轻重,大者避之,中者制之,小者以吉星照之而已。

岁德、岁德合、岁禄马贵人山方皆吉,能制诸凶煞。岁干化气克坐山化气为正阴府,凶。带卦者,为傍阴府,亦凶。俗术丙辛阴府用甲己二干化土制之,乙庚阴府用戊癸二干化火制之,切不可信!傍阴府有吉星制,或年月吉则不妨。杨筠松开乾山,用壬申、壬子、壬辰、壬寅,又用壬子、壬子、壬子、庚子合“天地一气格”。又取壬禄到乾亥为吉也。如祔葬及修造,正傍俱不忌。

○以上从岁天干起例。

三煞大凶,伏兵、大祸、夹三煞亦凶。三煞止忌单修,先从吉方起手连及修之无害。惟岁煞不可犯,伏兵亦凶。大祸与吉星会不为害,与凶煞会,凶。

临官为天官符,忌单修,若从吉方起手连及修之,无害。月家飞宫同到,小凶。

地官符于吉方起手连及修之,无害。月家飞宫同到小凶。地官符于吉方起手连及修之,无害,单修凶。或用太阳紫白、命贵禄马制之,吉。

帝旺为金匮星,吉,又为打头火,主火烛凶,若叠太岁尤凶。

打头火大忌，不可犯。或年独火、月游火、月家丙丁火，但有一火会合，其火即发。如月日得一白水星到方，有气或有壬癸水星到，能压制，不妨。

三煞最凶，伏兵、大祸次之，天官符、打头火又次之。

○以上从三合起例。

建星，如子年子上起建丑，为除；丑年丑上起建寅，为除是也。建为岁君、为元神、为吉凶众神之主，可坐不可向，在山在方叠吉星则大吉，叠凶星则大凶。在方为堆黄方亦叠吉则吉，叠凶则凶。除为四利太阳，小吉。满为土瘟，为四利丧门，凶，又为天富，小吉。平为三台，又为土曲，又为四利太阴，大吉。定为岁三合，为显星，吉，又为地官符，为畜官，次凶。执为四利死符，又为小耗，凶。破为岁破，为大耗，大凶。危为极富星，为谷将星，为四利龙德，吉。成为三合，为天喜，吉；又为飞廉，又为四利白虎，小凶。收为四利福德，小吉。开为青龙太阴，为生气华盖，又为官国星，上吉；又为四利吊客，小凶。闭为病符，凶。平、成、开、危最吉。定、除次吉，破大凶，建可吉可凶。

○以上从十二建星起例。

五虎遁干戊己为都天，丙丁为独火，庚辛为天金神。天金神一名游天暗曜，犯之患眼疾。用丙丁九紫火星制之无害。

○以上从五虎遁起例。

本年纳音克坐山墓上纳音者，为年克山家，凶。属金者为地金神，次凶。

○以上从纳音起例。

奏书、博士，吉，蚕室、力士，小凶。有吉星可用，大将军有吉星制，年月利，主吉。年月不利，亦主凶。又忌与太阴会，尤凶。

○以上从四方起例。

太岁天干纳在何卦，其冲破对卦名曰破败五鬼，忌修方，吉多不忌。

○以上从纳卦起例。

本年禄前一位为羊刃，对冲为飞刃，名李广箭，凶。然惟八干山有之，忌坐山不忌方与向，乾坤艮巽山无禄亦无刃。古人葬课，犯阴府年克者甚多，而八干山绝无犯李广箭者，其犯箭者皆四维山，原无箭故也。

○以上从羊刃起例。

按：年神总论，《宗镜》自为一家之言，大体醇正，故备录之。然唯太岁、岁破不犯，三煞犹可制化，况其他乎！阴府以纳甲为正卦为傍，与《通书》不合，而亦有理。然其义纡远,轻于年克山家,见《义例》。本篇十二建星,不足为凭,当兼诸神参看,见《义例·四利三元》条下。天干临官为禄,帝旺为刃,刃固不如禄之吉。然其凶亦不过如大煞止耳!大抵大煞、羊刃皆不为凶,叠凶星则凶,犹叠太岁月建也。且其起例既从年干,又曰乾坤艮巽四山无刃,则必年与山同。夫甲山用卯月日正为扶山,何凶之有?故今台官不用。然本条内云古人葬课犯阴府年克者甚多,则不为无功也。至其中所云神煞不忌新宅,而忌旧宅,又云年克山家伤祖父,无祖父则不忌,种种支离,概删不禄。

月吉神总论

天德方即天道方,月德方即三合月官、旺之间,大吉。天德合、月德合方,次吉。此四德到方,大能制此方之煞。并岁德、岁德合,共名六德,俱走天干,不走地支,不能制地支方煞也。

月金匮方吉,即三合月分之旺方也。修之发丁,修年金匮不如修月金匮,比月德后一步,吉与月德同。

月天赦方吉,春戊寅,夏甲午,秋戊申,冬甲子,此天赦也。然原无定在,故以月建入中宫遁之,遁得天赦,落在何方?此方宜修造,可制官符等煞。天月德三合周转,已有飞宫之义,不宜再飞。天赦,必飞乃现。

月凶神总论

月破山方皆凶,坐山尤凶,造葬皆不可犯。

月阴府山凶,月天干克坐山所纳之甲为正阴府,带卦者为傍阴府。

月克山家凶,月之纳音克山墓音也,以年日纳音制之。大月建,乃月家土煞,占山、占向、占方、占中宫,皆凶。动土尤凶,吉不能制。

小月建,占方凶,占山、占向亦凶,忌修不忌葬。

月家打头火小凶,与丙丁火并不可修造,用一白壬癸制之,月游火不足忌。

飞宫天地官符小凶,有吉星可用。

诸家年月日吉凶神附论

曾文辿曰:太岁坐山留福德,却将年月更加临。还须四柱无冲克,共转天河福愈深。杨筠松曰:太岁可坐不可向。又曰:吉莫吉于修太岁,凶莫凶于犯太岁。又曰:太岁叠吉星则贡福,叠凶星则降祸。俱言坐太岁之法也。造葬者,坐太岁极吉,向太岁极凶。然坐之有数端焉,一查太岁不叠戊己、阴府、年克、打头火乃可坐;二要八节三奇照之;三要月日时或与太岁一气,或与太岁三合乃吉,若支冲之,干克之则犯岁君,而大凶;四要太阳、紫白诸吉同到则尤妙,福大而久,非别吉之可比也。

太岁禄马贵人能压一切凶星,贵人为上,禄马次之。要与造主本命禄马同行,乃能致福。用命贵禄马而岁贵禄马不至者,命主无管摄。用岁贵禄马而命贵禄马不值者,岁君不依归,岁命交会,方为全美。选择务令有气得时,如木向春生,金逢秋旺之类 。飞宫亦有六合之法,合贵为上,合禄次之。如甲命禄在寅,十二月作艮,以月建丑入中宫,遁得寅字到乾,乾中有亥合艮中之寅也。余仿此。

邱平甫曰:诸家年月多差舛,惟有紫白却可凭。曾文辿曰:禄到山头主进财,从外压将来。马到山头进官职,要合三元白。贵人与白同旺相,贵子入朝堂。六白属金秋月旺,紫火春夏强。一八水土旺三冬,立见福禄崇。此言紫白之真,且宜与贵人禄马同到,又紫白喜旺相则愈有力,皆不二之论也。桑道茂及一行禅师皆云紫白所到之方,不避太岁、将军、官符诸凶,惟不能制大月建而已。不避宅长,一切凶年,并不能为害,惟不能制天罡四旺煞而已。则紫白之吉,古所共宗。《通书》有谓飞宫吊替多有不舍,故紫白难用者,妄也。

凡月家吉星,吊替飞宫,不犯冲伏为美。如一白到坎,八白为艮,为星伏之地。九紫到坎,八白到坤,为星冲之地,其吉减力。

右论三篇,亦出《选择宗镜》,其中飞天赦为今所不用。

然亦不背于理,录之以备一义也。金匮星今亦不用。盖金匮即大煞,以其旺为吉,又以其旺为凶,未免自相矛盾。大抵金匮大煞,本无吉凶,叠吉星则吉,叠凶星则凶,亦犹叠太岁、月建耳！其曰:六德不能制支煞,非是。夫支之凶者,正当以干制之,方见制化之理。如乙酉年岁煞在辰,用庚辰月日时,则天干一气皆金,与乙作合,为岁德,而辰亦不以煞论矣。故精于造命之法,则建除与山方犹属第二义。所谓天光下临也,乌有重支而轻干者乎！其曰:大月建吉不能制,亦非。夫月建谓之土煞,自较太岁为轻,况又不论定位而论飞宫,断无山方中宫无往不忌之理。其论坐太岁之法,慎重周详,体用兼备,非惟日者之妙用,实亦君子之存心,俗术并不论此,漫曰太岁可坐,何孟浪也?其中太岁不叠戊己可坐一语,则又可以明戊己煞之误 ,兼可以证大小月建之伪,诚破的之论,其论禄马贵人岁命同到,与古课吻合,而语义尤备。其曰甲命丑月寅禄到乾,则亦止用地支一字,可与真禄参观,各神制化,诸说不同,详见后。

制煞要法

《选择宗镜》曰:坐三煞,向太岁,此不能制者也,不可犯也。三煞在方、在向及阴府在山,此可制而不易制者也,不可轻也。其余纷纷神煞,中煞制之,小煞不必制。有吉星同到,自能压伏。除太岁在山、在方,宜合不宜冲,灸退在山、在方,宜补不宜克,此外则四法而已。干犯干制,如阴府、天金神,皆以干制干也。支犯支制,如地官符之类,择其死月死日修之可也。三合犯三合制,如三煞、打头火、天官符,以三合局克之可也。纳音犯纳音制,如年克、地金神,以纳音制之也。今《通书》制三煞等法,皆用纳音,不知纳音力轻,仍当兼地支三合取用方是。

《千金》曰:煞在山头更若何,贵人禄马喜相过。三奇诸德能降煞,吉制凶神发福多。此言山头之中煞、小煞不用克制,而止以诸吉照之者也。盖克则克倒坐山矣,山值休囚月,亦不吉。

又曰:吉星有气小成大,恶曜休囚不降灾。则克制、修方法也。勿作一例看。克制者,克制得法为主,吉星为用。若小煞则不必制,遇吉星自伏。

太阳三奇能降诸煞,紫白窍马能制地官符、大将军以下诸煞,禄制空亡,贵人降诸煞。以本命飞到者最为上,太岁飞到者次之,同到者尤吉。

制煞之法，宜用四柱克之，而不宜冲，克之则伏，冲之则起，而反为祸。除太岁阴府在坐山不宜克外，其余诸煞，如三煞、官符、大将军、伏兵、大祸等项，在坐则重而难制，在向、在方则轻而可降。

方上有煞可制者，先从吉方起手，连及修作，又从吉方住手，亦佳。

凶方怕叠太岁，怕太岁对冲，怕太岁三合其方，则皆大凶。次之怕月建相叠、相冲、相合，则亦为祸。不然不甚为祸也。盖岁君与月建之力极大，吉星必藉其力方能作福；凶星必藉其力方能作祸。吉方宜动，不修动决不作福；凶方宜静，不修动亦不作祸。惟年纳音所克之方，虽凶亦无害，已为太岁所制故也。

岁君月建冲破吉方则不吉，无力故也，若冲破凶方则又凶。盖煞如虎、如火，合之固起，冲之亦起，惟浮天空亡占向，可以八字冲之。

太岁可坐不可向，三煞可向不可坐，不易之论也。

凡制神煞，先令其星失时无气，更泊死绝休废之乡，得禄马贵人当旺之，令修之，化煞为权，较之克制尤稳。恐压伏太过，或遇冲合，反为祸也。

《书》曰：若要贵，修太岁；若要发，修三煞；要大兴，修火星；要小兴，修金神；要发富，修官符；救冷退，修灸退。又曰：制煞修方，反获吉福。此言修，非言葬；言修方，非言修山也。盖煞必须克，而坐山宜补，克之则山伤，补之则煞旺，故单云制煞修方者，以方可克故也。惟太岁或在山、或在方皆可修。盖修太岁者，可合而不可克，不克则不伤山也。

阴府与山分而为二，亦可修，克阴府不克坐山也。其余诸煞皆与山方合而为一，故克制此方即所以克制此煞。惟方不怕克也，故皆指修方言。此皆修年家坐宫煞，非修月家飞宫煞。

太岁必叠吉星，不叠凶星，而后修之，君明臣良，其吉可知，故曰：大富大贵。

三煞连占一方，其力极大，制之得法，自然发福。然此煞最凶，制不得法，必至为祸。修主孱弱，亦难驾御，不可轻试。

火星乃三合旺方，即打头火也。克而修之，旺气发越，大发人丁，故曰：大兴。

火克金神则为财，以丙丁奇制之则旺田产，故曰：小兴。

地官符为岁三合，修之得法，亦主旺财，故曰：发富。

三合死方为灸退,以月日旺相辅之,则无气而有气矣,故曰:救冷退。

制煞之法,古云:干犯干制,支犯支制,三合犯三合制,纳音犯纳音制。此确论也。又有化气犯者化气制,坐宫犯者坐宫制,飞宫犯者飞宫制。如阴府甲己属土,则以丁壬木制之。乙庚属金,则以戊癸火制之,此化气制化气也。如病符、小耗年家之不飞者,以年月日吉照之,此坐宫制坐宫也。如月家打头火,则以月家一白或壬癸水德制之,此飞宫制飞宫也。又有以阴府甲乙属木,戊己属土,三煞、打头火、官府等项,在寅卯辰则属木,巳午未则属火,本煞又自分五行克制者仿此,辨衰旺者,亦仿此。

制煞全看月令,必本煞衰月制神旺月乃可,惟太岁、灸退另论。若诸煞聚会或与太岁同宫,则不可制,勿犯可也。

《通书》曰:太岁以下凶煞甚多,难以尽避,其各神所临之地,惟奏书、博士宜向之,余各有所忌,须辨生旺休囚制化得宜。如有破坏须修营者,以天德、岁德、月德、天德合、岁德合、月德合、天恩、天赦、母仓所会之辰,或各神出游日,并工修之无妨。

凡制凶神,宜酌其轻重,不可用煞之生旺。如煞属木者,忌春令,并忌亥卯未日时。如用午字则木煞死,申字则木煞绝。余可类推。

按:《宗镜》载制煞之法甚详,醇多疵少,故节取而录之,其曰:吉方不动不作福,凶方不动不作祸,即《洪范》"龟蓍共违,静吉作凶"之理,原文有曰:戊己煞不动亦凶,则悖谬已甚矣!阴府制法,似是而非,辨见后。《通书》二则,言略而意赅,《时宪书》载于年神之下,制煞之大要也。今为逐条详具于左。

太岁　岁破

《宗镜》曰:太岁,君也,坐之吉,向之凶,冲破坐山故也。四柱八字合之吉,冲之克之凶,以臣犯君故也。叠紫白、三奇、禄马贵人等吉星则极吉,得君行道、膏泽及民也。叠戊己、年克、阴府大煞等凶星,则又极凶,众凶有藉,倚势作孽也。故太岁或在山、或在方,审其叠吉而不叠凶,则以四柱合之。或一气,或三合局、造葬移徙,其福大而且久,非诸吉星可比也。必要八节、三奇、太阳、紫白诸吉星同到,本命贵禄临之,尤妙。曾文辿曰:吉莫吉于修太岁,凶莫凶于犯太岁。太岁所在宜造葬,宜移徙,宜补葺,皆修也。不可拆毁,不可挖窑开池,皆犯也。

按:太岁为岁君,吉星会于坐山乘旺,固吉。然不得已而修作及葬事则可矣。若兴造之事,本属可缓,行险侥幸,未必得福,不如其勿犯也。《通书》有用月日纳音克太岁纳音之说,益属无理。至可坐不可向,则不易之论。盖向太岁则坐于岁破矣,虽有吉星,不能解也。

又按:坐太岁固吉,而亦有不同,如子午卯酉年,太岁与大煞同位,三煞与岁破同方,则坐之亦不吉。《宗镜》因飞宫大煞名打头火,遂谓太岁叠打头火凶,失其义矣,今改正。

三煞　伏兵　大祸

《通书》曰:三煞止忌修方,先从吉方起手,连及修之无害。如子年三煞在巳午未,若巽坤方有吉星,则从巽方起工,连及巳午未方,至坤方止工亦可。止忌单修巳午未方是也。

《宗镜》曰:三煞乃极猛之煞,伏兵、大祸次之。要制伏得倒占山,造葬皆忌。惟占方可制而修也。制法有三:一要三合局以胜之;二要三合得令之月,三煞休囚之月;三要本命贵人禄马及八节三奇,或日月以照临之。小修则或月或日之纳音克三煞方之纳音,得一吉星到方可也。三煞在南方巳午未则属火,用申子辰月日时。在东方寅卯辰则属木,用巳酉丑月日时。在西方申酉戌则属金,用寅午戌月日时。在北方亥子丑则属水,三合无土局不能制,忌用辰戌丑未相冲。曾文辿为壬申宅主修午未三煞方,取甲辰年、戊辰月、壬子日、庚子时竖柱,与壬申年生命成申子辰水局,以克火煞,一吉也。甲戊庚天干三奇,又辰子两支不杂,二吉也。谷雨前太阳在戌,与午方三合,而甲戊庚贵人在未,三吉也。甲年午未方为庚午、辛未,纳音属土,而戊辰月、壬子日纳音皆木,以木克土,四吉也。命马壬寅、岁禄岁马丙寅俱到离,五吉也。八白在坎照离九紫,正在未坤,六吉也。古人之妙用如此。

按:三煞为太岁三合之冲,可向不可坐,故占山则造葬皆忌,占方则可制而修也。然各年不可概论,寅申巳亥年,煞在生我之方,为收开闭之位,又当休气。辰戌丑未年,煞在我生之方,为除满平之位,又当相气。制化之法,虽轻重亦有不同,而要可制之、化之,变凶而为吉也。若子午卯酉年,则三煞与岁破同方,对方太岁又与大煞同位,虽有制伏亦难以吉论矣,故子午卯酉年,灾煞最凶,劫煞、岁煞次之。寅申巳亥年,岁煞最凶,劫煞、灾煞次之。辰戌丑未年略与子午卯酉等。若寅申年之劫煞,卯酉年之岁煞,与太岁为六合,其凶尤小。如壬寅年用壬寅月日时修亥方,则四禄聚亥。乙酉年用庚辰月日时修辰方,则一气皆金,并不以岁煞论矣。又寅午戌、亥卯未年为煞克岁,巳酉丑、申子辰年为岁克煞。煞克岁者,俟其休囚之令用之;岁克煞者,则惟忌子午卯酉四旺月,余月皆可用,只取吉神到方,八字成格而已。又化煞变克为生,与制煞之义有别。煞克岁者,用煞之子,如金煞克木岁,用水局月日时,则泄金以生木矣。岁克煞者,用煞之财,如水岁克火煞,用金局月日时,则泄火以生水矣。用子煞休,用财煞囚,具有妙义。惟木煞无土局,则不用化而用制可也。水煞无土局,则不用制,而用化可也。曾文辿取用甚精,夫亦举一隅耳,引而伸之,触类而长之,选择之能事毕矣。月三煞仿此。

年月克山家

《通书》曰:山家以得气运为妙。如月分与山运生旺比和,宜用之,月分衰病亦可用,惟忌年月日时克山运耳。然止忌开山,凡新立宅舍,修造动土,逾月安葬论之,旬日之内不忌。祔葬祖茔、倒堂竖造,或现成基址,不动地基,亦不忌。又本日克山家者,如甲子年作水土山,年纳音属金,克山家木运,当取火月日时生旺,兼作主火命并禄马贵人制之,吉。月、日克者亦然。

按:洪范五行,专论山运,自为一家之言。年克山家,世俗避之唯谨,虽有月日克制之说,用者绝少。惟旬日内不忌,世多用之,深以为便。夫葬之吉凶,不因日之近久,旬日无咎,逾月何伤?荀悦曰:非吉凶所从生。洵知言矣。然以五行生克之理而论,则以月日克年纳音,不如以年纳音生月日化克为生,于理为顺。再得正五行补龙扶山,自应吉无不利。月克较轻,日时尤轻。八字成局,纳音自可勿论。俗本又云:年克妨宅长,月克妨宅母,日克防子孙,则无稽已甚,不足道矣。

阴府太岁

《通书》曰:此煞惟忌山头,不忌作向、修方,惟安葬不可犯。又曰:正阴府忌修阳宅,安葬不忌。傍阴府忌坐山修造,不妨用天月德、太阳到山制之。

《宗镜》曰:旧说阴府单占坐山,以正五行之七煞克之,必阴府衰月、七煞旺相得令之月。如甲乙阴府属木,宜以庚克甲、以辛克乙,然必七月、八月金旺木衰,乃可制也。又阴府生山者可制,为坐山所克者可制。若与坐山同类则不可制,制则克倒坐山。如震金山戊癸年为阴府,癸生震,戊受克于震,可制而修也。若兑木山乙庚年为阴府,乙可制也。若以丙克庚则兑山伤矣。此皆指修山而言。若葬地决不可犯。且克阴府即克岁君,岁君不可克也。"

按:阴府之义本属纡远,《义例》甚明。术士不知其义,又以袭误传讹,遂各为臆说而不可解。如甲山丁壬年为阴府,以丁壬属木克甲己之土也,丙辛山甲己年为阴府,以甲己属土克丙辛之水也。《宗镜》引旧说乃曰甲阴府属木,宜以庚克之,将谓丁壬年用庚克甲山,则山已受太岁化气之克,何堪又受月日正五行之克?将谓丙辛山用庚克甲年,无论岁干不宜克而克,又非其听克。夫甲年之所以克丙辛山者在土不在木,开欲以金克之,诚不解其何谓也。若其与坐山同类不可制之说,则专指克太岁而言,而五行亦不合。如兑山乙庚年为阴府,乃以兑为属木而谓以丙克庚伤兑山,则又以兑为属金。夫五行各有专属,理之自然。虽诸家取义不同,亦必自成一说,断无忽命为木、忽命为金之理。然曰克阴府即克岁君,犹知阴府之义在年不在山。若诸家《通书》从年起例,所列阴府皆山,则所谓制阴府者皆克山耳,并未有知克岁君者也。至其曰正曰傍,诸说不一。大抵天干略近,卦义尤远。然观台官所传及展转遗误之故,又似卦系正文。详见《义例》。本节究之五行之义,当以正五行为本。其有取化气者,必实有合化之义而后取之。兹乃舍正取化,又非逐年递变,与五运之义亦不合,良不可为典要。世人不察,以其名为太岁也而即谓不可犯,以其名为阴府也而即谓安葬凶。又无确切制、化之法为之解说,多致疑畏误事。《宗镜・补龙篇》载曾文辿开乾山,一用丁酉年、己酉月、甲申日、己巳时,一用己酉年、癸酉月、壬申日、丁巳时。谓阴府有金制,甚为精当。盖乾纳甲,甲己化土丁壬为阴府,用甲己酉年月日时,一气皆金则丁壬不得化木。非但制之已也,且安知其非以金局扶乾山乎?若甲山阴府,则不可用金制,盖甲之化土其理曲,而甲本属木其理直。苟以金克丁壬,丁壬未必受克而甲木已先伤矣。毋宁丁年用火局、壬年用水局。用水以生甲之本行,用火以生甲之化气,而丁壬各从旺论,自不能化木而克土,乃为得之。仿此类推,则制之可也,化之亦可也。使各从其类而自不克我,亦无不可也。总之,以补龙扶山为主,太岁而外各随其义以为化裁,则不惑于俗术之曲说矣。

灸退

《通书》曰:灸退为三合死地,可向而不可坐,取天道、天德、月德、岁禄贵人制之。

《宗镜》曰:凡煞皆强梁有余,故宜克。灸退乃休囚不足,故宜补。盖二十四方位之气,皆随太岁转移,灸退乃太岁死地,山方无气,冷淡休囚,故宜择旺相月或月日时一气,或月日时三合补之,则不退而反盛旺也。若再加克制则愈休囚、愈退败矣。如申子辰年属水,水死于卯,卯为灸退。曾文辿取丙申年、辛卯月、乙卯日、己卯时修卯方,则三卯一气局也。或亥卯未三合亦可。余仿此。再得命禄、岁禄同到,或天干堆禄尤妙。假如修卯方,灸退用三乙字,乙禄到卯也。然以一气局或三合局为主,而禄不必甚拘。《通书》有用六合者,有单取堆禄者,非是。已上补法虽系修方,然修山亦可。

按:补灸退之法,《宗镜》得之,《通书》用德禄亦是,贵人则差轻耳。

大将军　太阴

《通书》曰:大将军,方伯之神,其方忌兴造。若不会诸凶,用真太阳制之,吉。太阴、吊客同方岁后也,其方忌兴造,宜太阳、岁德、三合制之。

《宗镜》曰:大将军占方不可修,然有轻重。如巳午未年将军在卯,甲己年则卯乃丁卯也。再以月建入中宫,顺数九宫,惟乙亥月丁卯仍在卯上,谓之将军还位,修造犯之,凶。余月则丁卯飞出别方,卯上得年家、月家之紫白,或太阳、三奇亦可修也。

按:《蓬瀛书》曰:岁在四孟,太阳与大将军合于四仲,名曰群丑。必须太阳到方,如申年太阴、大将军合于午,必六月太阳到午宫,又用午时修之,所谓真太阳到方也,大吉。若寅月太阴与大将军合于子,子时太阳无光,兼取丙丁奇、九紫到方为吉。若不会太阴,不叠凶煞,则有一二吉星,亦可修也。

官符 白虎 大煞

《通书》曰:官符有天官符、地官符,用年月日时纳音克之。如甲子年天官符在亥,遁得乙亥,纳音属火,以水纳音制之。又用一白水星,水德制之。余仿此。又曰:官符一年止占一字,三奇、紫白、禄马贵人一吉星到方,即从吉方起工,连及修之,吉。

《宗镜》曰:官符本非大凶,遇窍马吉,或太阳到,或紫白到,或于其死月以天赦日解之,以修主命贵人禄马临之,反吉。曾文辿曰:纷纷神煞不须求,但逢克应便堪修。吉星若照官符位,为官职位显皇州。此言官符之可修也。地官符遇窍马即吉,遇紫白亦吉,不必克也。杨筠松为人解讼,以命贵解官符。癸亥年地官符在卯,修主乙亥生命阴贵人戊子,以太岁癸亥入中宫,戊子到震卯方也。用午月卯木死于午也,用甲午日天赦也,讼果解。所谓支犯支制也。天官符乃三合中煞,或仿上制三煞,例以三合局制之,然比三煞则轻矣。年月纳音克之亦可修也。己未年天官符在寅,十一月有葬寅山申向者,小雪后太阳到山,平安迪吉。至月家飞宫官符尤无妨碍,谓必不可犯者,谬也。又曰:天官符以年月纳音克之,或日纳音亦可,再得太阳照之,三奇、紫白亦可。若以三合局克之,则尤伏矣,但不喜其还宫月分耳。

按:官符、白虎、大煞为岁三合,若叠凶煞则为太岁所吊照,其凶有力,故以为忌。若叠吉星则亦吉矣。故当以吉星照临,为取用之法,纳音克制次之。其曰三合制之尤伏,似亦以为太过之意。月家飞宫复临本位谓之还宫,飞伏同到嫌其过旺,则以三合局克之可也。天官符为岁临官之方,亦略与地官符同义,大煞叠太岁则凶,见“火星”条下。

丧门　吊客

《纪岁历》曰:丧门所理之地,不可兴举;吊客所理之地,不可兴造及问病、寻医、吊孝、送丧。

按:丧门、吊客为岁破三合小煞也,三合之冲破则凶,破这三合未为凶也。如两方同修则与岁破合局,冲克岁君,大忌。若单修一方,则止取吉星照。盖用岁三合月日,惟忌岁破三合月日耳。如子年丧门在寅,吊客在戌,修寅方宜用子辰月日时,合太岁,忌用寅午戌月日时;合岁破,亦不用,申冲寅方也。问病、寻医、吊孝、送丧应不忌。且如太岁在南方,将终年不向南行乎?

黄幡　豹尾

《乾坤宝典》曰:黄幡所理之地,不可取土、开门;豹尾所在之方,不宜嫁娶、兴造。

按:子、午、卯、酉年,黄幡即官符,豹尾即吊客。寅、申、巳、亥年黄幡即白虎,豹尾即丧门。辰、戌、丑、未年黄幡即太岁,豹尾即岁破。当从各神以为制化。黄幡为岁三合墓地,忌取土、开门,亦属有理。如不得已而用之,则取天道、天德、月德到方可矣。豹尾尤轻,嫁娶非忌其方,惟上轿、下轿忌向之。凡凶煞皆然,豹尾却不足忌也。

巡山罗睺　病符　死符　小耗

《宗镜》曰:巡山罗睺忌立向,不忌开山、修方。《通书》曰:以一白水星制之。《明原》曰:病符主灾病,死符、小耗同方忌冢墓置死丧及穿掘造作。

按:巡山罗睺为太岁前一位,逼近太岁,故立向忌之。寅年在甲,巳年在丙,申年在庚,亥年在壬。虽近而不同宫,对宫双山之月有吉星到山、到向,坐山乘旺,犹可择吉取用。若子年在癸,丑年在艮,卯年在乙,辰年在巽,午年在丁,未年在坤,酉年在辛,戌年在乾,则与太岁同宫,勿犯可也。《通书》谓以一白水星制之,则误作四余之罗睺以为属火,谬矣。病符为旧太岁,故亦忌立向。死符为旧岁破,故亦忌开山。然皆小煞,子午卯酉年犹与太岁、岁破同行,余年则性情迥别,各取山向三合月吉星盖照,便自可用,但日时勿干犯本年太岁、岁破耳。

岁刑　六害(月刑、月害附)

《通书》曰:岁刑忌修方,六害忌开山,月刑、月害止忌修方。宜取太阳、三奇、紫白、禄马贵人制之。

按:辰、午、酉、亥年岁刑即太岁。未、申年岁刑即岁破。开山、立向、修方皆忌,吉不能制也。余年止忌修方。太阳、六德可以化之,月刑亦然。六害为六合之冲,故忌开山。然惟辰、戌年叠灸退,巳、亥年叠劫煞,子、午年叠岁煞,当兼补制之法,而以太阳、六德化之,余年则凡有吉星到山,三合月、六合、六德日即吉,惟六合月不可用。盖岁之六合月,则六害为月破,六害之六合月,则月又为岁破,皆不吉也。若月害对方即是太阳,但择吉日即可修,惟忌刑冲耳。

蚕室　蚕官　蚕命

《堪舆经》曰:蚕室所理之方,不可修动。《历例》曰:蚕官所理之地,忌营构宫室;蚕命所理之地,不可举动百事,犯之皆丝茧不收。

按:蚕室、蚕官、蚕命为岁方长生之宫,皆无凶义,而《堪舆经》《历例》以为丝茧之占,亦恐伤生气耳,非凶煞也。应忌于其方修作蚕室。若养蚕则又应为吉方,余当不忌。

力士　飞廉

《堪舆经》曰:力士所居之方,不宜抵向。《神枢经》曰:飞廉所理之方,不可兴工动土。

按:力士恒居太岁前维,辰、戌、丑、未年与巡山罗睺同位,太岁同宫,不惟不宜抵向,修造亦不可犯,余年不忌也。飞廉亦小煞,子、丑、寅、午、未、申年同白虎。卯、辰、巳、酉、戌、亥年同丧门,当同各煞制之。

火星

《通书》曰:独火、打头火、月游火忌修造,不忌安葬。然必与年遁丙丁或月家丙丁独火会合方忌,不会不忌。丙丁独火不与诸火会合,亦不忌也,宜用一白水星水德制之。又本曰:忌用丙丁寅午戌月日时,并丙丁奇、九紫,助其火气。

《宗镜》曰:打头火即大煞,为太岁三合旺方,又为金匮星。《书》云:人家衰弱修金匮,独火将星原同位,是也。盖大旺则亢,亢则属火,然制化得宜,修动旺方则发丁旺家。惟子、午、卯、酉年岁君不可犯,其余年分仿上制三煞法,以三合局制之。《通书》忌用寅午戌局,非是。若巳、酉、丑年打头火在酉,不用寅午戌火局,何以制金之旺气乎?此煞与天官符,俱可吉可凶,不与三煞比三合制矣。再得年月一白水星或年月壬癸水德、本命禄尤妙。四柱忌用丙丁,至八节之丙丁奇则又吉而不忌也。年金匮不空则修月金匮,尤稳。月金匮又不必克,但诸吉同到则吉。寅午戌月在午,巳酉丑月在酉,申子辰月在子,亥卯未月在卯。择吉日修之,主发人丁,亦要无别紧煞乃可。

按:制火星之法,诸说皆同,水德壬癸也。年家用年干起五虎遁,月家用月建入中宫顺数至壬癸是也。四柱忌丙丁,不忌寅午戌。《宗镜》说是。三奇丙丁,三元九紫虽不忌亦不取耳。月家金匮方,今《通书》不载,然亦有理,四仲月会月建亦须避忌,与太岁同。

金神

《通书》曰:金神遇天干庚辛者,宜用天干丙丁制之。遇纳音属金者,宜用地支巳午制之,更宜用丙丁奇、太阳、罗星、九紫及寅午戌火局制之。

《宗镜》曰:金神忌修方、动土,犯之主目疾。盖目属肝,肝属木,金能克木也。葬事不忌。制之之法,以火克之而已。庚辛干者,为天金神,以丙丁干制之。纳音金者为地金神,以纳音火制之。又八节之丙丁奇,或年家之九紫,有气皆能制之。修作无害,非甚紧煞也。巳月金生,申酉月金旺则不可犯。金神在申酉方谓生旺得地,则必于火旺之月以寅午戌三合制之。若在午未方则火地克之,不待制而自可矣。

浮天空亡

《通书》曰:浮天空亡乃年干纳卦,绝命、破军之位,用天德、月德照之,本命贵人、禄马制之。

按:浮天空亡以年干取纳甲之卦,又以卦变绝命兼取所纳之干,较之阴府太岁取义更为纡远,各本《通书》俱用之。然亦年家小煞耳,当以六德照之,非但天月二德而已。绝命、破军于九曜属金,取三奇、九紫到方,于义为切。贵人禄马则通例也。一说用月日刑冲之,大谬。夫以月刑冲之,则其方系月刑、月破矣。以日刑冲之则其方系日刑、日破矣。二者皆选择之所忌,欲以制凶而反召凶,可乎?

破败五鬼

《通书》曰:修造犯之主虚耗,宜用太阳、三奇、岁月德合、岁命、贵人、禄马制之。

按:破败五鬼为年干纳卦之冲,较之浮天空亡,尤为小煞。岁月德合制之,固为亲切。然太阳、三奇、紫白有一吉星到方,亦自可修矣。

月厌　五鬼

月厌,为堪舆宗旨,董仲舒言之极详。今《时宪书》与天道、天德并载于逐月之下,天道、天德用日而兼用方,则月厌当亦兼方论也。子、午、卯、酉月与建、破同方,必不可犯,巳、亥月次之。寅、申、辰、戌为月三合,丑、未月为生气,太阳丙丁照之可用。又按古有岁厌之说,子年起子逆行,与月厌同义。五鬼子年起辰逆行,常居岁厌三合前辰。今以方位考之,则五鬼乃月厌之白虎,厌所谓前犹岁所谓后也,为月厌之后,从阴中之阴,故曰五鬼。然亦小煞,太阳、三奇、紫白、禄马、贵人盖照,皆可用也。

月建　月破

《天宝历》曰:月建所理之方,战斗攻伐宜背之,不可抵向。《太白经》曰:五帝所在,出军不可向之。

按:月建可坐不可向,月破可向不可坐。与太岁、岁破同,岁尊而月亲也。《通书》建、破论日而不论方,大、小月建论飞宫而不论定位,殊失其旨。世俗春不开东门、夏不开南门、秋不开西门、冬不开北门,则《太白经》五帝之义也。

大月建　小月建

《通书》曰:大月建忌修方、动土,小月建即小儿煞,止忌修方,用禄马、太阳、三白、九紫制之。《宗镜》曰:月家土煞为大月建,小儿煞与年家戊己煞同,小月建忌修方,不忌安葬,修方占山、占向、占中宫亦凶,大月建尤凶,不可制,造、葬皆忌。《通书》迁葬不载者,非。

按:小月建阳年以正月寅建入中宫,阴年以正月戌厌入中宫,皆顺数至本建,则小月建者,乃月支飞宫耳。大月建子年正月起艮,逆飞九宫,三年一周,十五年三元,周而复始。则大月建者,乃月干支飞宫,即其月入中宫,一星之本宫耳。详见《义例》。以理而论,自较月建之定位为轻,《通书》说是。《宗镜》据俗术之妄说,谓大月建主伤宅长,小月建主伤小儿。占山、占向、占方、占中宫皆忌,而反诋《通书》不忌安葬为非,实为过当。月太岁三煞,亦或止忌山,或止忌向,或止忌方,安有山、方、中宫只占一处,遂无往不忌之理乎?其曰月家土煞则是,然亦惟子、午、卯、酉年正、七月,辰、戌、丑、未年八、九月,寅、申、巳、亥年十一月,大月建与本月建同宫,谓之还位。及叠戊己五黄或入中宫,则不可犯。余月则有贵人、禄马、六德之奇到方,便自可修。如太岁叠吉星则吉是也。大抵术士之说,多自相矛盾,而不可通。如谓月建为吉凶众神之主,叠吉星则吉,叠凶星则凶。而又谓大月建凶不可制,其不可从明矣。以上各条各随其义,以为制化。若煞多而大凶,则不可犯。若二三小煞,则参互取义可也。

四柱法

四柱以年为君,月为相,日为有司,时为胥吏。所贵支干纯粹,成格、成局,扶龙相主。如君臣合德,官吏奉法,而人民实受其福也。年为君,故四柱切忌冲动太岁。月为相,当旺一时,故扶龙山、相主命必择龙必择龙山、主命旺相之月,而制煞、修方必择煞神休囚之月。日为有司,君相之德,赖以承宣,故日之吉凶,较年月尤切。用日之法,又以日干为君,日支为臣。干重而支轻,日干必要旺相,切忌休囚,总看月令,以辨衰旺。如寅卯月遇甲乙日为旺,丙丁日为相,皆吉。如庚辛日为废,壬癸日为泄,戊己日为受克,皆不吉也。然此不当令之日干,如四干、三干一气则比助身强。如二月用四辛卯,此大八字也。难逢难遇则取小八字。如五月甲日休囚,杨筠松亥年修卯方地官符,用癸亥年、戊午月、甲午日、丙寅时,盖甲日生在亥,禄在寅,又有年干癸水,亥宫壬水以生之,此古人扶持日干之法也。此之谓小八字,以四柱支干不纯,将就取用也。杨公曰:取干最宜逢健旺,即日干也。《造命书》曰:日干休囚,非贫即夭,皆名言也。若日干休囚而又无比肩、无印绶,立见退败。用时有二法:或与本日支干一类,或日干之禄时而已。时神吉凶,不必拘也。

四柱最忌地支相冲,大凶。冲龙、冲山、冲主命,亦大凶。天干克龙山,凶。惟辰、戌、丑、未为四库,自冲可,冲山亦可,冲主命,则凶。

凡四柱得天干一气,或地支一气,或两干两支不杂,或三台,或三奇、三德,谓之成格。三合局谓之成局,皆吉格也。然必扶龙山相主命乃吉,如是则体立矣。再得日月奇白照临山向,又四柱之贵人禄马到山到命,则用行矣。体用兼全上也。然有体而后求用,切不可骛用而失体。

按:《宗镜》四柱法,造、葬皆然。其上取大八字,其次亦取小八字,谓用时止有二法,则其义未备,三合、六合、贵人皆吉,不专取禄。如申年月甲日则禄为破,要在合年月以取用耳。小修止择吉日、吉时,与山方年命生合则吉。盖选择所以利民,过拘则废事,篇中所谓"难逢难遇"是也。

用日法

日贵旺相得令,忌休囚无气,而日干尤重。日之吉凶全看衰旺,日之衰旺全看月令。当令者旺,受生者相,皆大吉。克月令者囚,受克于月令者死,皆凶。日生月者休,亦不为吉,故母仓非上吉日。

寅卯月,甲乙寅卯为旺,丙丁巳午为相。巳午月,丙丁巳午为旺,戊己辰戌丑未为相。申酉月,庚辛申酉为旺,壬癸亥子为相。亥子月,壬癸亥子为旺,甲乙寅卯为相。辰戌丑未月,戊己为旺,庚辛申酉为相。此内惟戊己日忌动土,亦忌修中宫。天干旺相者,吉;支旺者,有转煞之疑。二月卯,五月午,八月酉,十一月子,乃谓转煞。然古人葬课四卯、四午、四酉,是不忌葬也。杨公取午月、甲午日,修官符方,是不忌造也。古人用四辛卯,亦天干四废四辛相扶,故不忌也。

日干休囚,四柱又无印绶、比肩,贫贱夭折之课也,切忌勿用。

寅月甲日,卯月乙日,巳月丙日,午月丁日,申月庚日,酉月辛日,亥月壬日,子月癸日,既得令而又得禄,吉而又吉者也。辰、戌月戊日,丑、未月己日,虽不得禄,实得令,中吉。

日干为君,支为臣,与月令同气,或与月三合,或与月建相生,及天德、岁德、月德为上吉。三德合日，天恩、天赦日为次吉。

《通书》忌天吏日，与年灸退同。寅午戌月忌酉日，亥卯未月忌午日，申子辰月忌卯日，巳酉丑月忌子日，即三合死地也，甚有理，亦主退气，不致伤人。

破日大凶，与月相冲日、冲岁，亦大凶。

正四废大凶，谓支干俱无气也；傍四废亦凶，或支或干无气也。《书》云：傍四废吉多可用。

荒芜日次凶，与四废大同小异，亦是失令休囚之日。春巳酉丑，夏申子辰，秋亥卯未，冬寅午戌，然正月止忌巳日，二月止忌酉日，三月止忌丑日，为准。三季仿此。有谓百事皆忌者，谬也。

四废、荒芜相兼日尤凶。春酉、夏子、秋卯、冬午。

建、破、平、收，俗之所忌。然惟破日最凶，必不可犯。建日吉多可用。平日甚吉，收日吉多无妨。《书》云：其日与黄道、天月德并可用。

凡辰戌丑未月修作中宫，决不可用戊己日。盖中宫与四季月皆属土，再见土日必不吉。

按：《宗镜》用日法，专取旺相，自为一家之言。而与建除、丛辰诸家亦不相背，甚为可取。然其论戊己日，则谓辰戌丑未月日忌修中宫者，是谓动土最忌者非。论四废日，则以正四废为凶者是，以傍四废为凶者非。荒芜日，即五虚日，以忌百事为谬者是，谓一月止忌一字者非。盖古人造葬，四柱取全局，故春月忌巳酉丑及庚辛申酉年月日时，卯月酉冲，故尤忌。非谓见一字之即为荒废也。且又有比肩相扶之法，亦非概以荒、废为凶。观其谓子午卯酉为转煞，而又载古人之不忌，以为明征，其义可见。至其以寅月甲日、卯月乙日为得令得禄，则醇乎其醇，胜于复日之义远矣。总之，日神吉凶，皆以生旺为主，四时五行，至为活变，当与宜忌参看，则轻重取舍甚明。至以年时合成八字，则又非宜忌之所能尽，神而明之，存乎其人耳。

用时法

时者，日之用也。全在帮扶日辰，或与日支干比和，或与日支三合、六合即吉。时家吉凶神，不必尽拘，惟贵人禄马为吉。如甲戊庚日以丑未时为贵人,甲日禄到寅时,子辰日马到寅时是也。

时冲月令、冲岁君,皆凶。大事则忌,小事可勿论。

时破大凶、日支冲时支也,如子日午时之类。

时刑次凶,日支刑时支也,如子日卯时之类。

五不遇时次凶,时干克日干也。如甲日庚午时之类。《三元歌》曰:纵得三奇与三门,五不遇兮损光明。可知其凶,切忌之。

旬中空亡、截路空亡,忌出行,不忌葬事。

时建吉与日比和也,凡犯五不遇则凶。古人多用建时,决不用破时。用五不遇者亦少。杨筠松葬丁巳亡命,子山午向,用壬申、戊申、壬申、戊申建时五不遇,然取两干不杂,地支一气,又戊禄到巳,申与巳合,且戊壬同生于申,故不以不遇为嫌也。凡用时,小修则只取帮扶日主,大修与埋葬则要帮扶四柱,使四柱纯粹,以补龙山、相主命,乃千古不二之法也。

孟月甲丙庚壬时,仲月艮巽坤乾时,季月乙辛丁癸时,谓之四大吉时,又为神藏煞没,但学者不明归垣入局之理,以取吉耳。如正月雨水后,亥将用事用子时,上四刻作壬子山向,则为神藏煞没。其他甲庚丙山向,亦仿此推。每一日只有一时,诸星归坦入局,如太阳在子,则壬子时吉。太阳在午,则丙午时吉。此即归垣入局之妙也,吉莫大焉。《元经》云:善用时者,常令朱雀铩羽、勾陈登陛、白虎烧身、元武折足、螣蛇落水、天空投匦,所谓六神悉伏也。如不得六神悉伏,则得吉将加时亦吉。

日干不旺,用禄时则旺,如甲日寅时,乙日卯时,皆吉时。能帮日干及帮四柱者,真吉神也。时家亦有三奇、紫白,仿月例推。

遁甲奇门时,乃行兵之用,非为造葬也。然造葬、修方、嫁娶、上官、出行等事,用之皆吉。

凡选时,用奇门之法,无以超接为定,次看禄马贵人到局,与奇相合,斯为上吉。能解一切凶煞,召吉致福。如奇到而禄不到,为独脚奇;禄到而奇不到,为空亡禄,不能为制煞之用也。

按:《宗镜》用时之法,甚为切当。惟四大吉时一条,误以四煞没时为神藏煞没,辨见《义例》。《元经》六神悉伏,则神藏煞没之正义也。其曰太阳在子则壬子时吉,太阳在午则丙午时吉,专取太阳,当自为一义。其以壬时为子时上四刻,于义尤精,见《义例·贵登天门》条下。其曰壬时作壬子山向,乃取真太阳到山到向之法。但时刻系天常赤道度,山向系地平方位度。惟北极之下,赤道与地平合。十二支占时之中四刻,八干、四维占前后时各二刻,合之亦为四刻。如巳正二刻至午初二刻属丙方,午初二刻至午正二刻属午方之类。自是以南则北极渐低,偏度渐多 。又夏至日行北陆,距地平远,则偏度多。冬至日行南陆,距地平近,则偏度少。术家不明天学,乃以二十四方位为二十四时,既与六壬之法不合,又不与山向相应。今按京师北极出地推得各节气太阳到方时刻,列为表。

甲为北极,乙为京师天顶。甲乙相距五十度五分。丙丁为赤道,戊为太阳,甲戊为夏至,太阳去极六十六度三十分,即戊己之余,戊庚为高弧,庚辛为太阳。地平经度距午七度三十分,即庚乙辛角,用弧三角形法(法见考成上编),求得戊甲乙角二度二十六分,即丙己弧为太阳,距午赤道度变时得十分,以减午正得午初三刻五分,为太阳到午方时刻。以加午正得午正初刻十分,为太阳到丁方时刻也。余仿此推。

时刻方位图

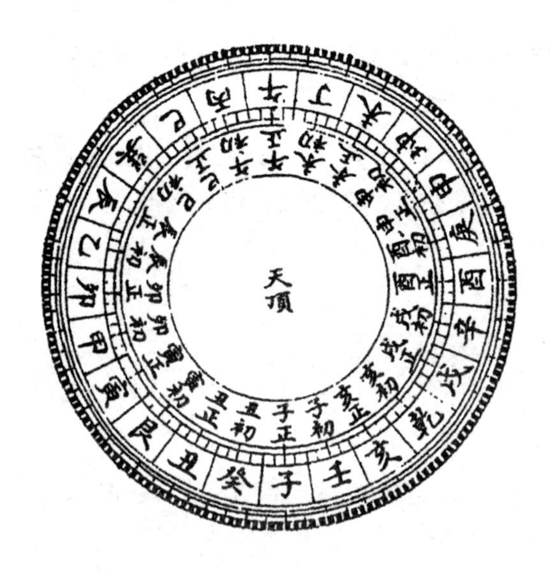

太阳到方图

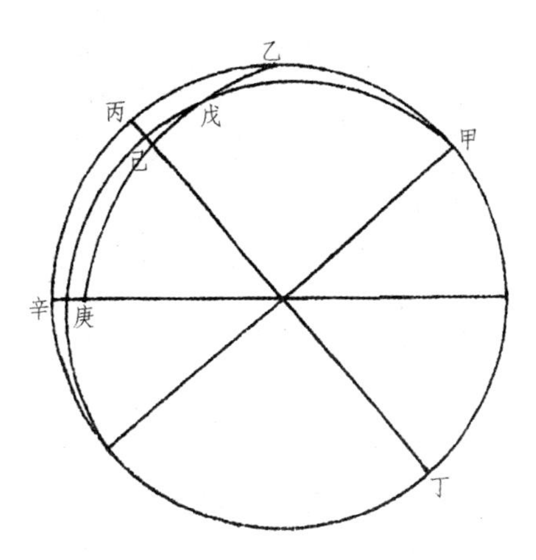

甲为北极，乙为京师天顶。甲、乙相距五十度五分。丙丁为赤道，戊为太阳，甲戊为夏至。太阳去极六十六度三十分，即戊己之余。戊庚为高弧。庚辛为太阳地平经度，距午七度三十分，即庚乙辛角。用弧三角形法（法见《考成》上篇）求得戊甲乙角二度二十六分，即丙己弧，为太阳距午赤道度。变时得十分以减午正，得午初三刻五分，为太阳到午方时刻。以加午正，得午正初刻十分，为太阳到丁方时刻也。余仿此推。

太阳到方时刻表

大寒			小寒			冬至			地平方位
小雪			大雪						
时	刻	分	时	刻	分	时	刻	分	
子初	三	〇四	子初	三	〇五	子初	三	〇五	子
子正	初	一一	子正	初	一〇	子正	初	一〇	癸
子正	二	〇四	子正	二	〇一	子正	二	〇〇	丑
丑初	初	〇一	子正	三	一一	子正	三	〇八	艮
丑初	二	〇六	丑初	一	一二	丑初	一	〇九	寅
丑正	一	一〇	丑正	初	一三	丑正	初	〇八	甲
寅初	二	〇五	寅初	一	〇五	寅初	一	〇〇	卯
卯初	初	〇六	寅正	三	〇六	寅正	三	〇〇	乙
卯正	二	一四	卯正	二	〇一	卯正	一	一二	辰
辰正	初	一三	辰正	初	〇四	辰正	初	〇〇	巽

(续表)

大寒			小寒			冬至			地平方位
小雪			大雪						
时	刻	分	时	刻	分	时	刻	分	
巳初	一	一四	巳初	一	〇八	巳初	一	〇六	巳
巳正	二	〇四	巳正	二	〇〇	巳正	一	一四	丙
午初	二	〇二	午初	二	〇一	午初	二	〇〇	午
午正	一	一三	午正	一	一四	午正	二	〇〇	丁
未初	一	一一	未初	二	〇〇	未初	二	〇一	未
未正	二	〇一	未正	二	〇七	未正	二	〇九	坤
申初	三	〇二	申初	三	一一	申初	初	〇〇	申
酉初	一	〇一	酉初	一	一四	酉初	二	三三	庚
酉正	三	〇九	戌初	初	〇九	戌正	一	〇〇	酉
戌正	一	一〇	戌正	二	一〇	戌正	三	〇〇	辛
亥初	二	〇五	亥初	三	〇二	亥初	三	〇七	戌
亥正	一	〇九	亥正	二	〇三	亥正	二	〇六	乾
亥正	三	一四	子初	初	〇五	子初	初	〇七	亥
子初	一	一一	子初	一	一四	子初	二	〇〇	壬

惊蛰			雨水			立春			地平方位
寒露			霜降			立冬			
时	刻	分	时	刻	分	时	刻	分	
子初	二	一三	子初	三	〇〇	子初	三	〇二	子
子正	一	〇二	子正	一	〇〇	子正	初	一三	癸
子正	三	〇八	子正	三	〇一	子正	二	〇九	丑
丑初	二	〇四	丑初	一	〇七	丑初	初	一〇	艮
丑正	一	〇八	丑正	初	〇六	丑初	三	〇五	寅
寅初	一	一二	寅初	初	〇四	丑正	二	一三	甲
寅正	三	〇三	寅正	一	〇六	寅初	三	一〇	卯
卯正	一	〇三	卯初	三	〇七	卯初	一	一二	乙
辰初	三	〇〇	辰初	一	〇八	卯正	三	〇九	辰
巳初	初	〇〇	辰正	二	一三	辰正	一	〇四	巽

(续表)

惊蛰			雨水			立春			地平方位
寒露			霜降			立冬			
时	刻	分	时	刻	分	时	刻	分	
巳正	初	〇二	巳初	三	〇四	巳初	二	〇八	巳
巳正	三	〇八	巳正	三	〇〇	巳正	二	〇九	丙
午初	二	〇八	午初	二	〇六	午初	二	〇四	午
午正	一	〇七	午正	一	〇九	午正	一	一一	丁
未初	初	〇七	未初	一	〇〇	未初	一	〇六	未
未正	三	一三	未正	初	一一	未正	一	〇七	坤
申初	初	〇〇	申初	一	〇二	申初	二	一一	申
申正	一	〇〇	申正	二	〇七	酉初	初	〇六	庚
酉初	二	一二	酉正	初	〇八	酉正	二	〇三	酉
戌初	初	一二	戌初	二	〇九	戌正	初	〇五	辛
戌正	二	〇三	戌正	三	一一	亥初	一	〇二	戌
亥初	二	〇七	戌初	三	〇九	亥正	初	一〇	乾
亥正	一	一一	亥正	二	〇八	亥正	三	〇五	亥
子初	初	〇七	子初	初	一四	子初	一	〇六	壬

谷雨			清明			春分			地平方位
处暑			白露			秋分			
时	刻	分	时	刻	分	时	刻	分	
子初	二	〇六	子初	二	〇八	子初	二	一〇	子
子正	一	〇九	子正	一	〇七	子正	一	〇五	癸
丑初	一	〇〇	丑初	初	〇八	丑初	初	〇一	丑
丑正	初	一一	丑初	三	一四	丑初	三	〇二	艮
寅初	一	〇三	寅初	初	〇〇	丑正	二	一二	寅
寅正	二	〇八	寅正	一	〇〇	寅初	三	〇六	甲
卯正	初	〇九	卯初	二	一二	寅正	二	〇〇	卯
辰初	二	〇九	辰初	初	一三	卯正	一	〇一	乙
辰正	三	一一	辰正	二	〇六	辰正	初	一〇	辰
巳初	三	一〇	巳初	二	〇七	巳初	一	〇四	巽

(续表)

谷雨			清明			春分			地平方位
处暑			白露			秋分			
时	刻	分	时	刻	分	时	刻	分	
巳正	二	〇九	巳正	一	〇四	巳正	初	一四	巳
午初	初	一四	午初	初	〇〇	午初	初	〇〇	丙
午初	三	〇〇	午初	二	一三	午初	二	一一	午
午正	一	〇〇	午正	一	〇二	午正	一	〇四	丁
午正	三	〇一	未初	初	〇〇	未初	初	〇〇	未
未初	一	〇六	未初	二	一一	未初	三	〇一	坤
未正	初	〇五	未正	一	〇八	未正	二	一一	申
申初	初	〇四	申初	一	〇九	申初	三	〇五	庚
申正	一	〇六	申正	三	〇二	申正	二	一四	酉
酉初	三	〇六	酉正	一	〇三	酉正	一	〇〇	辛
戌正	一	〇七	戌正	三	〇〇	戌正	初	〇九	戌
戌正	二	一二	亥初	初	〇〇	亥初	一	〇三	乾
亥初	三	〇四	亥正	初	〇一	亥正	初	一三	亥
亥正	三	〇〇	亥正	三	〇七	子初	初	〇〇	壬

芒种			小满			立夏			地平方位
小暑			大暑			立秋			
时	刻	分	时	刻	分	时	刻	分	
子初	二	〇一	子初	二	〇二	子初	二	〇三	子
子正	一	一四	子正	一	一三	子正	一	一二	癸
丑初	二	〇〇	丑初	一	一一	丑初	一	〇六	丑
丑正	二	〇七	丑正	二	〇一	丑正	一	〇七	艮
寅初	三	一一	寅初	三	〇二	寅初	二	一一	寅
卯初	一	一四	卯初	一	〇二	卯初	初	〇七	甲
辰初	初	一〇	卯正	三	一〇	卯正	二	〇四	卯
辰正	二	一〇	辰正	一	一〇	辰正	初	〇四	乙
巳初	二	一三	巳初	二	〇五	巳初	一	〇二	辰

（续表）

芒种			小满			立夏			地平方位
小暑			大暑			立秋			
时	刻	分	时	刻	分	时	刻	分	
巳正	二	〇三	巳正	一	〇九	巳正	初	一一	巽
午初	初	〇四	巳正	三	一四	巳正	三	〇五	巳
午初	一	一四	午初	一	一一	午初	一	〇六	丙
午初	三	〇五	午初	三	〇四	午初	三	〇三	午
午正	初	一〇	午正	初	一一	午正	初	一二	丁
午正	二	〇一	午正	二	〇四	午正	二	〇九	未
午正	三	一一	未初	初	〇一	未初	初	一〇	坤
未初	一	一二	未初	二	〇六	未初	三	〇四	申
未正	一	〇二	未正	一	一〇	未正	二	一三	庚
申初	一	〇五	申初	二	〇五	申初	三	一一	酉
申正	三	〇五	酉初	初	〇五	酉初	一	一一	辛
酉正	二	〇一	酉正	二	一三	酉正	三	〇八	戌
戌正	初	〇四	戌正	初	一三	戌正	一	〇四	乾
亥初	一	〇八	亥初	一	一四	亥初	二	〇八	亥
亥正	二	〇〇	亥正	二	〇四	亥正	二	〇九	壬

夏至			地平方位
时	刻	分	
子初	二	〇〇	子
子正	二	〇〇	癸
丑初	二	〇一	丑
丑正	二	一〇	艮
寅正	初	〇〇	寅
卯初	二	〇四	甲
辰初	一	〇〇	卯
辰正	三	〇〇	乙

(续表)

夏至			地平方位
时	刻	分	
巳初	三	〇七	辰
巳正	二	〇七	巽
午初	初	〇七	巳
午初	二	〇八	丙
午初	三	〇五	午
午正	初	一〇	丁
午正	一	〇七	未
午正	三	〇八	坤
未初	一	〇八	申
未正	初	〇八	庚
申初	一	〇〇	酉
申正	三	〇〇	辛
酉正	一	一一	戌
戌初	初	〇〇	乾
亥初	一	〇五	亥
亥正	一	一一	壬

地平二十四方,每方十五度,子正初刻当子中,午正初刻当午中,则是午正前七度半已交午,而午正后七度半方尽。午而交丁也,前后递加十度算。用表之法,如夏至节作午方,宜用午初三刻五分,至午正初刻十分,皆为太阳到方。余仿此。

造葬权法

《通书》云:凡修造,必身命年月方向皆利,则修作吉。如或不利而又不得不作者,则当迁居。自所迁之处视所作之方为吉可也。如年命利作兑,不利作震,则当迁居而东,既居于东,则自其居视所作之方,昔为震者,今为兑矣。

自此作之则无不可。

论作方终始。凡所作止在一宫,选择固易,如连跨数宫,有吉有凶,则当于吉宫起工,自此连及不利之宫,殊无害也。若兴造月日利而工作未办,则略起造,以应日时,自此接连以作之,固无不可也。及其毕工,须归福德之方吉。

论取土方道。太岁、三煞、官符、大小月建等方忌取土。若远隔百步之外,目所不见,则不问方道。

论清明前后修墓法。凡已葬墓茔,或加土、或种树、或砌祭台、或破坏修整,宜于寒食、清明之间,鸠工修作,不论山向年月日时。按《荆楚记》,寒食系冬至后一百零五日,以古历平气计之,清明在冬至后一百零六日半,寒食乃清明二日也。魏时寒食亦是三日。

论竖造宅舍。大寒五日后,择日拆屋起手。立春前择日竖造完工,不忌开山、立向,年月克山家及岁月诸凶神,谓之岁官交承。如已过立春后,年月凶神方位已定,不可修作。如方位无凶神,修作不妨。

论安葬。择大寒五日后、立春前,先择日破土,又择日安葬,不忌开山、立向、年月日时克山家、岁月诸凶神。要于立春前依时谢墓,或于来年寒食、清明节加土谢墓。

论凶葬法。凡人初死,乘凶葬之,虽值凶神,亦不为害。今人尽三之内,或一旬之内,并不问开山、立向、年月,但择吉日破土,尽一日之内成坟。俟凶神过,方加土谢墓。

右权法,世多用之,虽属变通,而亦有理,利用之道,于斯备矣。

(钦定协纪辨方书卷三十四)

钦定四库全书·钦定协纪辨方书卷三十五

附 录

选择之道,自《本原》以至《利用》,亦綦备矣！顾有世俗相沿,虽无甚义理,而今犹仍其旧者,亦有台本流传,虽不甚遵信,而昔已备一说者。又或醇疵各半,举其全而义乃明。抑或名异实同,抉其原而情始见,是虽不比于正编,而亦不可缺也。至于壬遁之法,虽非日家之本义,而亦选择所兼资。略举大要,以备参考。作《附录》。

推测时刻

春分	戌宫	初度	日出卯正初刻 日入酉正初刻	昼四十八刻 夜四十八刻
		六度	日出卯初三刻七分 日入酉正初刻八分	昼四十九刻一分, 夜四十六刻十四分
		十二度	日出卯初二刻十四分 日入酉正一刻一分	昼五十刻二分 夜四十五刻十三分
清明		十五度		
		十八度	日出卯初二刻六分 日入酉正一刻九分	昼五十一刻三分 夜四十四刻十二分
		二十四度	日出卯初一刻十三分 日入酉正二刻二分	昼五十二刻四分 夜四十三刻十一分

谷雨	酉宫	初度	日出卯初一刻六分 日入酉正二刻九分	昼五十三刻三分 夜四十二刻十二分
		六度	日出卯初初刻十三分 日入酉正三刻二分	昼五十四刻四分 夜四十一刻十一分
		十二度	日出卯初初刻六分 日入酉正三刻九分	昼五十五刻三分 夜四十刻十二分
立夏		十五度		
		十八度	日出卯初初刻 日入戌初初刻	昼五十六刻 夜四十刻
		二十四度	日出寅正三刻九分 日入戌初初刻六分	昼五十六刻十二分 夜三十九刻三分
小满	申宫	初度		
		三度	日出寅正三刻一分 日入戌初初刻十四分	昼五十七刻十三分 夜三十八刻二分
芒种		十五度	日出寅正二刻八分 日入戌初一刻七分	昼五十八刻十四分 夜三十七刻一分
夏至	未宫	初度	日出寅正二刻四分 日入戌初一刻十一分	昼五十九刻七分 夜三十六刻八分
小暑		十五度	日出寅正二刻八分 日入戌初一刻七分	昼五十八刻十四分 夜三十七刻一分
		二十七度	日出寅正三刻一分 日入戌初初刻十四分	昼五十七刻十三分 夜三十八刻二分
大暑	午宫	初度		
		六度	日出寅正三刻九分 日入戌初初刻六分	昼五十六刻十二分 夜三十九刻三分
		十二度	日出卯初初刻 日入戌初初刻	昼五十六刻 夜四十刻
立秋		十五度		
		十八度	日出卯初初刻六分 日入酉正三刻九分	昼五十五刻三分 夜四十刻十二分
		二十四度	日出卯初初刻十三分 日入酉正三刻二分	昼五十四刻四分 夜四十一刻十一分

处暑	巳宫	初度	日出卯初一刻六分 日入酉正二刻九分	昼五十三刻三分 夜四十二刻十二分
		六度	日出卯初一刻十三分 日入酉正二刻二分	昼五十二刻四分 夜四十三刻十一分
		十二度	日出卯初二刻六分 日入酉正一刻九分	昼五十一刻三分 夜四十四刻十二分
白露		十五度		
		十八度	日出卯初二刻十四分 日入酉正一刻一分	昼五十刻二分 夜四十五刻十三分
		二十四度	日出卯初三刻七分 日入酉正初刻八分	昼四十九刻一分 夜四十六刻十四分
秋分	辰宫	初度	日出卯正初刻 日入酉正初刻	昼四十八刻 夜四十八刻
		六度	日出卯正初刻八分 日入酉初三刻七分	昼四十六刻十四分 夜四十九刻一分
		十二度	日出卯正一刻一分 日入酉初二刻十四分	昼四十五刻十三分 夜五十刻二分
寒露		十五度		
		十八度	日出卯正一刻九分 日入酉初二刻六分	昼四十四刻十二分 夜五十一刻三分
		二十四度	日出卯正二刻二分 日入酉初一刻十三分	昼四十三刻十一分 夜五十二刻四分
霜降	卯宫	初度	日出卯正二刻九分 日入酉初一刻六分	昼四十二刻十二分 夜五十三刻三分
		六度	日出卯正三刻二分 日入酉初初刻十三分	昼四十一刻十一分 夜五十四刻四分
		十二度	日出卯正三刻九分 日入酉初初刻六分	昼四十刻十二分 夜五十五刻三分
立冬		十五度		
		十八度	日出辰初初刻 日入酉初初刻	昼四十刻 夜五十六刻
		二十四度	日出辰初初刻六分 日入申正三刻九分	昼三十九刻三分 夜五十六刻十二分

小雪	寅宫	初度		
		三度	日出辰初初刻十四分 日入申正三刻一分	昼三十八刻二分 夜五十七刻十三分
大雪		十五度	日出辰初一刻七分 日入申正二刻八分	昼三十七刻一分 夜五十八刻十四分
冬至	丑宫	初度	日出辰初一刻十一分 日入申正二刻四分	昼三十六刻八分 夜五十九刻七分
小寒		十五度	日出辰初一刻七分 日入申正二刻八分	昼三十七刻一分 夜五十八刻十四分
		二十度	日出辰初初刻十四分 日入申正三刻一分	昼三十八刻二分 夜五十七刻十三分
大寒	子宫	初度		
		六度	日出辰初初刻六分 日入申正三刻九分	昼三十九刻三分 夜五十六刻十二分
		十二度	日出辰初初刻 日入酉初初刻	昼四十刻 夜五十六刻
立春		十五度		
		十八度	日出卯正三刻九分 日入酉初初刻六分	昼四十刻十二分 夜五十五刻三分
		二十四度	日出卯正三刻二分 日入酉初初刻十三分	昼四十一刻十一分 夜五十四刻四分
雨水	亥宫	初度	日出卯正二刻九分 日入酉初一刻六分	昼四十二刻十二分 夜五十三刻三分
		六度	日出卯正二刻二分 日入酉初一刻十三分	昼四十三刻十一分 夜五十二刻四分
		十二度	日出卯正一刻九分 日入酉初二刻六分	昼四十四刻十二分 夜五十一刻三分
惊蛰		十五度		
		十八度	日出卯正一刻一分 日入酉初二刻十四分	昼四十五刻十三分 夜五十刻三分
		十二度	日出卯正初刻八分 日入酉初三刻七分	昼四十六刻十四分 夜四十九刻一分

以上系京都节气，日出入昼夜时刻，其各省日出入昼夜长短刻分不同，皆依北极高度推之，查《时宪书》即得。右《通书》推测时刻从春分起，或隔六度，或隔九度，故清明、立夏、小满、大暑、立秋、白露、寒露、立冬、小雪、大寒、立春、惊蛰交节气之日，无日出入刻分，今按各节气推得日出入昼夜时刻，已载《公规》卷内，其原表附录于此。

男女九宫

《三元经》曰：九宫建宅，男命上元甲子起坎一，中元甲子起巽四，下元甲子起兑七，逆行九宫。女命上元甲子起中五，中元甲子起坤二，下元甲子起艮八，顺行九宫。

按：上元甲子起坎一，中元甲子起巽四，下元甲子起兑七，而逆行九宫者，即三元年九星入中宫之一星，不分男女命也。三元家以一白入中宫，则六白起坎一，六白乾也，乾为男，故以一白入中宫者属之男命。又以乾六白为男，则坤二黑为女，男以六白起坎一，则女以二黑起坤二。二黑加坤二，则五黄入中宫，故以五黄入中宫者属之女命，而上元甲子遂于是始焉。年逆者星实顺，故男逆行；年顺者星实逆，故女顺行。世俗误以上元为中元，遂谓上元起兑七，中元起坎一，下元起巽四。康熙五十六年奉旨改正，列表于左。

男女生命	上元	中元	下元
甲子 癸酉 壬午 辛卯 庚子 己酉 戊午	男一女五	男四女二	男七女八
乙丑 甲戌 癸未 壬辰 辛丑 庚戌 己未	男九女六	男三女三	男六女九
丙寅 乙亥 甲申 癸巳 壬寅 辛亥 庚申	男八女七	男二女四	男五女一
丁卯 丙子 乙酉 甲午 癸卯 壬子 辛酉	男七女八	男一女五	男四女二
戊辰 丁丑 丙戌 乙未 甲辰 癸丑 壬戌	男六女九	男九女六	男三女三

（续表）

男女生命	上元	中元	下元
己巳 戊寅 丁亥 丙申 乙巳 甲寅 癸亥	男五女一	男八女七	男二女四
庚午 己卯 戊子 丁酉 丙午 乙卯	男四女二	男七女八	男一女五
辛未 庚辰 己丑 戊戌 丁未 丙辰	男三女三	男六女九	男九女六
壬申 辛巳 庚寅 己亥 戊申 丁巳	男二女四	男五女一	男八女七

逐日人神所在

一日在足大指，二日在外踝，三日在股内，四日在腰，五日在口，六日在手，七日在内踝，八日在腕，九日在尻，十日在腰背，十一日在鼻柱，十二日在发际，十三日在牙齿，十四日在胃脘，十五日在遍身，十六日在胸，十七日在气冲，十八日在股内，十九日在足，二十日在内踝，二十一日在手小指，二十二日在外踝，二十三日在肝及足，二十四日在手阳明，二十五日在足阳明，二十六日在胃，二十七日在膝，十二八日在阴，二十九日在膝胫，三十日在足趺。

十干十二支人神所在

甲日在头，乙日在项，丙日在肩背，丁日在胃胁，戊日在腹，己日在背，庚日在膝，辛日在脾，壬日在肾，癸日在足。

子日在目，丑日在耳，寅日在胸，卯日在鼻，辰日在腰，巳日在手，午日在心腹，未日在足，申日在头、一云在肩腰，酉日在背、一云在胫，戌日在头、一云在咽喉，亥日在项。

十二时人神所在

子时在踝，丑时在头，寅时在耳、一云在目，卯时在面，辰时在项，巳时在乳、一云在肩，午时在胸，未时在腹，申时在心，酉时在膝，戌时在腰，亥时在股。

右皆人神所在，不宜针灸。见《类经》。今《时宪书》止载逐日人神，具录于此。

太白逐日游方

《通书》曰：一日、十一日、二十一日，正东。二日、十二日，二十二日，东南。三日、十三日，二十三日，正南。四日、十四日、二十四日，西南。五日、十五日、二十五日，正西。六日、十六日、二十六日，西北。七日、十七日、二十七日，正北。八日、十八日、二十八日，东北。九日、十九日、二十九日，中方。十日、二十日、三十日，在天。

按：太白行逐日游方出于西域《日时善恶宿曜经》，临既非太白行度，且西域月日又与中国不合，实无义例。然载在《通书》《时宪书》由来已久，姑存其旧云。

长星 短星

《历例》曰：长星者，正月初七，二月初四，三月初一，四月初九，五月十五，六月初十，七月初八，八月初二、初五，九月初三、初四，十月初一，十一月十二，十二月初九是也。

短星者，正月二十一，二月十九，三月十六，四月二十五，五月二十五，六月二十，七月二十二，八月十八、十九，九月十六、十七，十月十四，十一月二十二，十二月二十五日是也。其日忌开市、纳财、立券、交易、裁衣。

曹震圭曰:长星,金也;短星,火也。谓金、火之气能毁伤万物也。

《考原》曰:长星者,庚辛也。以月建内所寄之干,用五虎元遁得庚辛者,自建辰向前数之,春、夏至庚则止,秋、冬至辛则止。其本节所当之卦则取其宫数,其余辰则一辰当一,得数是也。

如正月建寅,寅中有甲,以甲遁得庚午,自寅一、震三、辰一、巳一、午一,共得七数,故七日为长星也。

二月建卯,卯中有乙,以乙遁得庚辰,自卯之震三并辰一共四数,故四日为长星也。

三月建辰,辰中寄乙,就乙仍遁得庚辰,止得一数,故一日为长星也。

四月建巳,用丁遁得庚戌,自巳之巽四,历午未申酉戌,共九数也。午不用离九者,以巳用巽四故也。

五月建午,用丙遁得庚寅,为丙火长生之位,故向前得庚子。自离九,历未申酉戌亥子,得一十五也。

六月建未,就丁遁得庚戌,自未申历酉之兑七至戌,共得一十也。用兑七者,以六月为金气伏藏之时,故用西方之卦也。

七月建申,申中有庚为同体,又以秋冬用辛,故不用遁辰而用旺辰之酉。自申至酉之兑七,共得八数也。

八月建酉,酉中有辛,故即得兑七也。今为二日、五日,合之亦得七。

九月建戌,就辛遁得庚子、辛丑,自戌至子得三,自戌至丑得四也,不用宫数者,以戌尚西方之金,未至于乾也。

十月建亥,用癸遁得辛酉为干支同体,故用壬遁得辛亥,止得一也。

十一月建子,用壬遁得辛亥,故自子之坎一至亥,得十二也。

十二月建丑,就癸遁得辛酉,自丑至酉得九也,不用宫数与九月同。

短星者,丙丁也。以月建内所寄之干,用五子元遁得丙丁者,自建辰向前数之,春夏至丙则止,秋冬至丁则止。其本节所当之卦,则取其宫数,其余辰则一辰当一,得数于朔实二十九内减之,余数是也。

如正月用甲遁得丙寅,寅为艮八,以减二十九,余二十一日为短星也。

二月用乙遁是丙戌,自卯之震三至戌得十,以减二十九,余十九也。

三月就乙遁得丙子,自辰一历巽四至子得十三,以减二十九,余十六也。

四月用丁遁得丙午,为干支同体,故即用本宫之巽四以减二十九,余二十五也。

五月用丙遁得丙申,自午至申之坤二共四,以减二十九,余二十五也。

六月就丁遁得丙午,为干支同体,故即用旺辰得午之离九,以减二十九,余二十也。

七月用庚遁得丁丑,自申之坤二,历酉戌亥子丑得七,以减二十九,余二十二也。

八月用辛遁得丙申、丁酉,自兑七至申得十八,至酉得十九也,不以减二十九者,以其在十六以后也。

九月就辛遁得丙申、丁酉,自戌至申得十一,至酉得十二,不用宫数与长星同,以减二十九,余十八、十七也。今为十六日、十七日,未知孰是。

十月用癸遁得丁巳,自亥之乾六至巳得十二,以减二十九,余十七也。今为十四日,未知孰是。大抵长星应在十五以前,短星应在十六以后,恐传者误也。

十一月用壬遁得丙午,以子丑之月,水旺火寒,又为丙火胎养之位,故复用也。自子之坎一至午得七,以减二十九,余二十二也。

十二月就癸遁得丙辰,自丑至辰得四,以减二十九,余二十五也。不用宫数与长星同。

邵泰衢曰:《明原》以长星为金,短星为火,非也。不知此生于月也,十五以前月光渐长而曰长,十六以后月轮渐缺而曰短。正、七月者春秋之始也,故长于初七、初八之上弦,短于二十一、二十二之下弦也。长至于望之十五者,长也。短自十六而至于二十五者,短不及晦也。五月而十五者,物长至五月而一阴生也。九月而十六、十七者,五阴盛而阴将消也。十月而初一日者,阳将长而长之所由始也。四月、五月而二十五者,阳已极,而短之所由止也。十五之前初六、十一、十四无长星。十五之后二十七、二十六、二十三无短星,正相应也。短星者皆在下半月,不应有十四也。

按:《明原》以长星为金,短星为火。《考原》依其说,曲为迁就,仍不能尽合,邵泰衢以为生乎月,又无理解。顾相传已久,存其名而阙其义可也。

百忌日

甲不开仓,乙不栽植,丙不修灶,丁不剃头,戊不受田,己不破券,庚不经络,辛不合酱,壬不决水,癸不词讼。

子不问卜,丑不冠带,寅不祭祀,卯不穿井,辰不哭泣,巳不远行,午不苫盖,未不服药,申不安床,酉不会客,戌不乞狗,亥不嫁娶。

祀灶日

凡祀灶,择六癸日。

洗头日

每月宜用三日、四日、八日、九日、十日、十一日、十三日、十四日、十五日、二十二日、二十三日、二十六日、二十七日,及申、酉、亥、子日。不宜伏、社、建、破、平、收日。

按:百忌日所忌用事,凡《万年书》《通书》所有,及沐浴宜申、酉、亥、子日,不宜伏、社日,已入《宜忌》卷内。原文附载于此。

嫁娶周堂

凡选择嫁娶日,大月从夫顺数,小月从妇逆数。遇第、堂、厨、灶日用之。如遇翁、姑而无翁、姑者,亦可用。

按:周堂图,乾为翁,坎为第,艮为灶,震为妇,巽为厨,离为夫,坤为姑,兑为堂,有合于《仪礼》“新妇馈盥,舅姑飨妇”之位次。其所谓翁姑夫妇者,各人所立之方向也。第与堂者,第为坎宅,堂为坐西向东之堂,行礼之所,古人堂室如是也。有厨而又有灶者,厨为女氏之行厨,所以馈舅姑;灶为男氏之爨灶,所以飨新妇也。岂得有吉凶生于其间耶!曹震圭以卦为说,义亦类此。而要谓遇翁姑夫妇则凶,殊为非理。因载在《时宪书》,故存其旧,第勿拘忌可耳。

五姓修宅

年	子	丑	寅	卯	辰	巳	午	未	申	酉	戌	亥
宫姓属土 宜六、七、八、十二月 不宜三、九月	害财	大通	鬼贼	鬼贼	大墓	气绝	白虎	大通	小通	小通	小墓	害财
商姓属金 宜七、八、十、十一月 不宜六、十二月	小通	大墓	气绝	白虎	小通	鬼贼	鬼贼	小墓	大通	大通	小通	小通
角姓属木 宜正、二、十、十一月 不宜六、十二月	小通	小墓	大通	大通	害财	小通	小通	大墓	气绝鬼贼	白虎鬼贼	害财	小通
徵姓属火 宜正、二、四、五月 不宜三、九月	白虎鬼贼	小通	小通	小通	小墓	大通	大通	小通	害财	害财	大墓	气绝鬼贼
羽姓属水 宜正、二、十、十一月 不宜三、九月	大通	鬼贼	小通	小通	大墓	气绝	白虎	鬼贼	小通	小通	小墓	大通

《唐书·吕才传·卜宅篇》曰:《易》称“上古穴居而野处,后世圣人易之以宫室,盖取诸大壮”。殷周时有卜择之文,《诗》称“相其阴阳”,《书》“卜洛食”。近世乃有五姓,谓宫也、商也、角也、徵也、羽也,以为天下万物悉配属之,以处吉凶。然言皆不类,如张、王为商,武、庚为羽,是以音相谐附。至柳为宫、赵为角,则又不然。其间一姓而两属,复姓数字不得所归,是直野人巫师说尔。按《堪舆经》,黄帝对天老始言五姓,且黄帝时独姬、姜数姓耳。后世

赐族者寖多,然管、蔡、郕、霍、鲁、卫、毛、聃、郜、雍、曹、滕、毕、原、酆、郇,本之姬姓;孔、殷、宋、华、向、萧、亳、皇甫,本之子姓。至因官命氏,因邑赐族,本同末异,讵为配宫、商哉?春秋以陈、卫、秦为水姓;齐、郑、宋为火姓,或所出之祖,所分之星,所居之地,以著由来,非宫、商、角、徵、羽相管摄也。

《考原》曰:宫音为土,商者为金,角音为木,徵音为火,羽音属水。若岁遇绝位为气绝,胎为白虎,自墓为大墓,冲墓为小墓,克岁支为害财,岁支来克者为鬼贼,同类为大通,相生为小通。如宫姓属土,长生于申,则巳年气绝,午年白虎,申、酉年小通,辰年大墓,戌年小墓,丑、未年大通,亥、子年害财,寅、卯年鬼贼也。商姓属金,寅年气绝,卯年白虎,丑年大墓,未年小墓,巳、午年鬼贼,申、酉年大通,辰、戌、亥、子年小通也。角姓属木,申年为气绝、鬼贼,酉年为白虎、鬼贼,未年为大墓,丑年为小墓,辰、戌年为害财,寅、卯年为大通,巳、午、亥、子年为小通也。徵姓属火,亥年为气绝、鬼贼,子年为白虎、鬼贼,戌年为大墓,辰年为小墓,申、酉年为害财,寅、卯、丑、未年为小通,巳、午年为大通也。羽姓属水,则巳年为气绝,午年为白虎,丑、未年为鬼贼,辰年为大墓,戌年为小墓,寅、卯、申、酉年为小通,亥、子年为大通也。起月与年同,宜大通、小通月,不宜大墓、小墓月。

按:五姓修宅,以五姓分五音,历代以来,诸儒驳论不胜枚举,吕才其最著者也。顾载在《时宪书》由来已久,姑存其旧。至其配年之法,既取生克,又取墓、绝、胎,且气绝、白虎既兼取鬼贼,而宫姓巳、午年又为小通,商姓寅、卯年,羽姓巳、午年又为害财,则皆不取。其配月之法,小通惟取两月,或取生我,或取我生,皆无义例,亦不足辨矣。

事类总集

《通书》曰:年贵人冬至后用阳贵,夏至后用阴贵。时贵人昼用阳贵,夜用阴贵。又一说,子至巳用阳贵,午至亥用阴贵。

凡修造,用家主名姓昭告,若家主行年不利,即以子弟行年得利者,作修造主昭告神祇。俟修造完备入宅,然后安谢。

凡新立宅舍,或尽行拆除旧宅,倒堂竖造,修主人眷,既已出火避宅,其起工只就坐上架马。若修主不出火避宅,或坐宫或移宫,但就所修之方,择吉方起工架马，或别择吉方架马亦利。若修作在住近空屋，或在一百步之外起工架马，并不问吉凶方道。

凡原有旧宅，净尽折去另造，谓之倒堂竖造，与新立宅舍同，择吉方出火避宅，俟工作完备，别择吉年月入宅归火。

凡立磉，便为立向、修方。如月家不利，须竖造同月。盖竖造既得吉日，则在前定磉，难得全吉之日，吉多凶少亦可用。至扇架则又轻于定磉矣。

凡修造桥梁，僧尼院宇、庵观神庙，开山、立向、修方并与民俗年月同。

凡新立宅舍，尚未归火入宅，即于宅内新造牛栏、马枋、羊栈、猪牢等屋，并不问年月方道，如在百二十步之外，须看年月方道无凶煞占方，宜起手修作。

凡方道有三，曰阴方道，曰阳方道，曰交接方道。阴方道者，即中宫滴水门也。阳方道者，地基不与旧宅相接也。交接方道者，或前后左右屋宇与旧宅相连也。如屋上起楼及架天井，就檐滴水归里，皆属中宫，名曰阴方，只取中宫无煞得吉，会为大利。如建亭台，造轩阁，不进中宫，名曰阳方，只取外方向为利。如就屋比连接架，增檐添桁、补廊，名曰交接方，要内外俱有吉会，方为大利。

凡作宅据方隅而作，方隅则当用作方法。若开新基、立栋宇或净尽拆除旧屋而创新居，则当用作山法。然造作之事，以人家居处为本宫，所居在所作百步外，则虽新创者，始可专用作山法。若所居在所作百步内，则虽新创亦当以作方法论之。如所居虽在所作百步之外，但屋宇旧房门廊俱在，则其宅已定，不过补东而去西，除旧而换新，尚当用作方法，但不在百步之内，祸福轻耳。故凡造作用作方法者多，用作山法者少。

论方道远近神煞。京城府州县，寸金之地，所作之方，但隔街路，作之不妨，如小修葺，并不问吉凶之方，但要吉日，余即不畏。若是乡村之地，修方道，或隔大溪水，人不得渡，四时常流，亦不问凶煞。若隔小水溪涧，常流不绝，小煞不妨。若居城市，隔一街巷三五尺，非自己地者，亦不犯方隅神煞。如欲屋近作楼台厅馆，虽是修方，亦取方道，有吉神无凶煞，作之不妨。

论入宅法。山向中宫并无凶煞，惟大门微有凶神，却用关闭正门，从左右作小门出入，或开横门出入，或奉祖先福神香火暂住吉方。俟凶神过后，正向得利，别择吉月吉日。或岁除正初，或立春交接，移入祖先福神香火奉祀，遂开正门无妨。

论归火，与竖造同日。惟推吉时，家主先移祖先福神香火入宅，俗谓先过香火。俟毕工后再择吉日，同家眷从吉方入宅。如竖造之日，不先移香火入宅，必待山向年月得利，方可入宅归火。若竖造之日虽吉，或犯归忌、九丑，又须别择。

凡人家修造内堂完备，已归火入宅，向后续造厅廊，或久住宅舍，又欲修作、安硙、开渠、修筑等事，只用修方法择年月，其山家墓运、阴府太岁并不必忌。惟浮天空亡、巡山罗睺及月家飞宫方道紧煞忌之。

凡造葬，先看山家墓运，要正阴府太岁不克山头。若浮天空亡、天官符占舍位，并忌开山、立向，巡山罗睺止忌立向。次论月家飞宫、天地官符，忌开山、立向。又论月家飞宫、天地官符，忌开山、立向。又论山家墓运、正阴府太岁月日时忌克山。如山家官符、穿山罗睺、天禁朱雀、山家困龙并忌开山，吉星到则能制。但用通天窍、走马六壬、星马贵人为主，克择利，宜年月，兼求三奇、紫白、禄马贵人诸家銮驾帝星。若有一吉神同到，盖照山向，以佐其吉，修造则择竖造吉日，安葬则择破土吉日，大吉。

凡吉星到山为盖，到方向为照。若吉星到山到向，并照中宫，竖造、安葬大利。如修方对宫方上得吉星，名曰吉星照方，修作大利。

凡方道遭火，尽七日之内择日起工，半月内择日竖造，并不问吉凶方道。

凡入山伐木、起工架马、定磉扇架，与竖造宅舍同。

凡成造船只日，与竖造宅舍吉日同。忌火星、天贼、伏断、正四废、执、破日。

凡盖船篷日，忌天火、天贼、八风、破日。

凡新船下水日，与出行日同。宜天德、月德、天德合、月德合、要安、平、定、成日，忌触水龙日。

凡合寿木，宜木建日。正月庚寅，二月辛卯，三月戊辰，四月己巳，五月壬午，六月癸未，七月庚申，八月辛酉，九月戊戌，十月己亥，十一月壬子，十二月癸丑，及四废日、本命纳音生旺日。忌本命日、本命对冲日、建日、破日、重日，日辰纳音克本命纳音日。

凡甃砌生坟，亦如葬事。选择年月，要开山、立向不犯年月家凶煞，更得吉神盖照山向，却可用事。若作印堂土堆，惟择吉日，不问山向吉凶。开圹、砌金井，宜四废日、旬中空亡月日及本命纳音有气月日。

凡金井下砖日,择日与葬日同。

凡疗病、针灸,卒然有疾,岂待择吉而后求医?然先贤必用择日,欲人之不轻服药也。至于针灸,视逐日人神所值之处,尤宜回避。

凡嫁娶吉日,宜不将、天德、月德、天德合、月德合、母仓、黄道上吉。次吉,月恩、益后、续世、戊寅己卯人民合日。又日辰合吉,虽无不将亦可用,不必拘也。

凡月忌日,不忌嫁娶。辛亥年十一月初五日,辛卯、壬子年十二月初五日乙卯,嫁娶用之亦多。略举此事,以袪俗忌。

凡嫁娶周堂,值翁、姑,新人入门时,俗有从权出外少避,候新人坐床,翁、姑方可回家。

凡封拜施恩事,出于上,百无忌,惟择吉时。

凡上官、嫁娶、出行、入宅、修造、安葬、修方,一切动用,宜四大吉时兼黄道吉星时,得吉星到时,可胜诸凶。所有九丑、路空、旬空俱不忌。或合通天窍,走马六壬、天罡取用吉时,吉神到山到向为吉。

杂用宜忌

起工架马吉日

正月:辛未、乙未、壬午、丙午,外癸酉、丁酉、丁丑、癸丑。

二月:戊寅、庚寅、己巳,外丙寅、甲寅、丁丑、癸丑。

三月:己巳、甲申。

四月:外丁丑、丙戌、丙午、庚午、丙子、庚子。

五月:乙亥、己亥,外辛亥。

六月:乙亥、甲申、庚申,外癸酉、丁酉、辛亥。

七月:戊子、壬子,外丙子、庚子、戊辰、丙辰。

八月:乙亥、己亥、庚寅、戊寅、甲申、戊申、庚申,外戊辰、壬辰、丙辰、辛亥、丙寅。

九月:癸卯,外辛卯。

十月:壬午、辛未、乙未,外庚午、丁未。

十一月:庚寅、戊寅,外乙丑、丁丑、癸丑、甲寅。

十二月:戊寅、己卯、乙卯、己巳,外丙寅、甲寅。

起工通用吉日

起工通用吉日:己巳、辛未、甲戌、乙亥、戊寅、己卯、壬午、甲申、乙酉、戊子、庚寅、乙未、己亥、壬寅、癸卯、丙午、戊申、己酉、壬子、乙卯、己未、庚申、辛酉、成、开日。

架马吉方:宜天德、月德、月空、三奇、帝星等诸吉方。

架马凶方:忌年家三煞、独火、官符、月飞宫、州县官符、月流财、小儿煞,惟坐宫修方不出火避宅忌之。

定磉扇架吉日

正月:丁酉、丙午、癸丑。

二月:乙丑、丙寅、乙亥、戊寅、癸未、庚寅、己亥、癸丑、甲寅、己未。

三月:甲子、甲申、戊子、丁酉、庚子、壬子。

四月:甲子、庚午、庚子、丙午、癸丑。

五月:丙寅、戊辰、辛未、甲戌、戊寅、癸未、庚寅、甲寅、丙辰、己未。

六月:丙寅、乙亥、戊寅、甲申、甲寅、庚申。

七月:甲子、戊辰、辛未、戊子、庚子、壬子、丙辰。

八月:乙丑、丙寅、戊寅、庚寅、己亥、癸丑、丙辰。

九月:庚午、己卯、壬午、癸卯、丙午。

十月:甲子、庚午、辛未、壬午、戊子、乙未、庚子、壬子、丙辰、辛酉。

十一月:丙寅、戊寅、甲申、庚寅、戊申、甲寅、丙辰、庚申。

十二月:甲子、丙寅、己巳、戊寅、甲申、戊子、庚子、壬子、甲寅、庚申。

定磉扇架通吉日

甲子、乙丑、丙寅、戊寅、己巳、庚午、辛未、甲戌、乙亥、戊寅、己卯、辛巳、壬午、癸未、甲申、丁亥、戊子、己丑、庚寅、癸巳、乙未、丁酉、戊戌、己亥、庚子、壬寅、癸卯、丙午、戊申、己酉、壬子、癸丑、甲寅、乙卯、丙辰、丁巳、己未、庚申、辛酉,又宜天德、月德、黄道等诸吉神值日,亦可通用。忌正四废、天贼、建、破日。

修厨吉日

正月:戊寅。

二月:乙亥、丙寅、癸丑、戊寅、甲申、辛未、甲寅、己未。

三月:己巳、甲申,外丙子、甲子、庚子、壬子。

四月:癸丑、乙卯、庚申。

五月:丙寅、己巳、辛未、戊寅、甲寅、庚寅、壬辰、癸未、己未、乙卯。

六月:丙寅、戊寅、甲寅、辛亥、甲申、庚申。

七月:壬子、丙辰、庚申。

八月:丙寅、庚寅、戊寅、壬子、庚申、乙亥。

九月:己未、丙午、辛卯。

十月:辛未、乙未、庚子、丁未、壬子。

十一月:丙寅、戊寅、甲申、戊申、庚申、甲寅、庚寅。

十二月:丙寅、己巳、戊寅、甲申、甲寅、庚申。

造门吉日

宜甲子、乙丑、辛未、癸酉、甲戌、壬午、甲申、乙酉、戊子、己丑、辛卯、癸巳、乙未、己亥、庚子、壬寅、戊申、壬子、甲寅、丙辰、戊午。又宜天德、月德、满、成、开日。

逐月造门吉日

正月:癸酉,外丁酉。

二月:甲申、己亥、甲寅。

三月:癸酉,外丁酉。

四月:甲子,外庚午。

五月:辛未。

六月:甲申、甲寅,外庚申。

七月:庚子、壬子。

八月:乙丑,外乙亥。

九月:外庚午、丙午。

十月:甲子、辛未、庚子、乙未,外庚午。

十一月:甲寅。

十二月:甲子、甲申、甲寅、庚子,外庚申。

门光星

○○●●●○○●●●○○○●●●○○○●●●○○●●●○○○

白白丫丫丫白白人人人白白白丫丫丫白白白人人人白白丫丫丫白白白

大月从右数至左,逆行,小月从左数至右,顺行。

白字大吉,丫字损畜,人字损人。

塑绘神像开光吉日

春秋二季,用心、危、毕、张四宿值日,属太阴,吉。

夏冬二季,用房、虚、昴、星四宿值日,属太阳,吉。

又宜天德、月德、天恩、福生、黄道、建、除、满、成、开日。

忌伏断、天贼、正四废、天地空亡、六壬空亡,又忌旬中空亡、截路空亡时。

逐月塑绘神像吉日

正月:丁酉,外癸酉。

二月:癸未、乙亥、辛亥,外甲申、丁未、己未。

三月:丁酉,外癸酉、甲申。

四月:戊午,外甲子、丁丑、庚午。

五月:癸未、壬寅、辛亥、丙辰,外丙寅、辛未、戊寅、甲辰、甲寅、己未。

六月:乙亥、丁酉、癸未、壬寅、辛亥,外丙寅、庚申、甲申、甲寅。

七月:丙辰,外戊辰、甲子、丙子、庚子。

八月:乙亥、庚寅、壬寅、辛亥、丙辰,外乙丑、壬辰、丁巳。

九月:戊午,外庚午、辛卯、癸卯、丙午、壬午。

十月:丁酉、丙辰、戊午,外甲子、庚午、辛未、乙未、丁未。

十一月:庚寅。

十二月:外丙寅、戊寅、甲申、甲寅、庚申。

养子纳婿吉日

养子宜天德、月德、天德合、月德合、黄道、益后、续世。纳婿宜与嫁娶日同。

作牛栏吉日

宜甲子、己巳、庚午、甲戌、乙亥、丙子、庚辰、壬午、癸未、庚寅、庚子日。《牛黄经》又有戊辰、戊午、己未、辛酉日。又宜戊、己、庚、辛、壬、癸日。初一、初五、初六、十二、十三、十五日。

逐月作牛栏吉日

正月:庚寅。

二月:外戊寅。

三月:己巳。

四月:庚午、壬午。

五月:己巳、壬辰,外乙未、丙辰。

六月:庚申,外甲申、乙未。

七月:戊申、庚申。

八月:外乙丑。

九月:甲戌。

十月:甲子、丙子、庚子、壬子。

十一月:乙亥、庚寅。

十二月:外乙丑、丙寅、戊寅、甲寅。

作马枋吉日

宜甲子、丁卯、辛未、乙亥、己卯、甲申、戊子、辛卯、壬辰、庚子、壬寅、乙巳、壬子、天德、月德。忌戊寅、庚寅、戊午、天贼、四废。

逐月作马枋吉日

正月:丁卯、乙亥、己卯,外庚午。

二月:辛未,外丁未、己未。

三月:丁卯、己卯、甲申、己巳。

四月:甲子、戊子、庚子,外庚午。

五月:辛未、壬辰,外丙辰。

六月:辛未、乙亥、甲申,外庚申。

七月:甲子、辛未、丙子、戊子、庚子、壬子。

八月:壬辰,外乙丑、甲戌、丙辰。

九月:外辛酉。

十月:甲子、辛未、庚子、壬子,外庚午、乙未。

十一月:辛未、乙亥、壬辰。

十二月:甲子、戊子、庚子,外丙寅、甲寅。

养蚕作茧吉日

正月:癸酉、癸卯、甲寅、丁卯、庚午、壬午、丙午。

二月:甲寅、乙巳、戊寅、庚寅。

三月:丁卯、癸卯、乙巳、甲申、戊申。

四月:丁卯、庚午、壬午、癸卯、甲子、丙子。

五月:乙未、丁未、戊寅、甲寅、乙巳、庚午、壬午、庚寅。

六月:甲寅、乙未、甲申、戊申、癸酉、庚寅、戊寅。

七月:甲子、丙子、癸酉、乙未。

八月:甲申、戊申、乙巳。

九月:庚午、癸酉、壬午、丙午。

十月:甲子、庚子、癸酉、壬午、丁未、乙未。

十一月:戊寅、庚寅、甲寅。

十二月:乙卯、戊申、甲寅、庚寅、戊寅、甲申、乙巳。

作生坟合寿木

宜生命合六甲旬空月日,忌生命建、破、魁、罡年。又宜本命纳音生旺有气日,忌入墓日。安寿木宜天德、月德、月空方,忌三煞方。

子午卯酉生命,忌子午卯酉年。

寅申巳亥生命,忌寅申巳亥年。

辰戌丑未生命,忌辰戌丑未年。

水土命宜申酉亥子戌月日,忌辰月辰日。

金命宜巳午未申酉月日,忌丑月丑日。

木命宜亥子丑寅卯月日,忌未月未日。

火命宜寅卯辰巳午月日,忌戌月戌日。

寅午戌命忌寅午辰方。申子辰命忌申酉戌方。

巳酉丑命忌巳午未方。亥卯未命忌亥子丑方。

斩草吉日

正月:庚午、己卯、壬午。

二月:庚午、壬午、甲午、丙午。

三月:壬申、甲申。

四月:甲子、乙丑、庚午、壬午、辛卯。

五月:乙丑、壬寅、癸丑、甲寅。

六月:丁卯、壬申、甲申、辛卯、丙申、癸卯、乙卯。

七月:甲子、丁卯、己卯、壬午、辛卯、癸卯、丙午、乙卯。

八月:乙卯、壬辰、戊辰、癸丑。

九月:庚午、壬午、辛卯、癸卯、丙午、乙卯、丁卯。

十月:甲子、丁卯、庚午、辛未、己卯、辛卯、乙卯、丙午。

十一月:壬申、甲申、乙未、丙申。

十二月:壬申、甲申、丙申、壬寅、甲寅。

入棺吉时

子日甲庚,丑日乙辛,寅日乙癸,卯日丙壬,

辰日丁甲,巳日乙庚,午日丁癸,未日乙辛,

申日甲癸,酉日丁壬,戌日庚壬,亥日乙辛。

入殓吉时

甲子申酉,乙丑日出,丙寅亥子,丁卯寅卯午,

戊辰巳申,己巳巳午申,庚午辰巳,辛未巳午丑未,

壬申未申亥,癸酉辰申,甲戌日入,乙亥酉亥,

丙子日出,丁丑寅卯,戊寅辰巳,己卯巳申,
庚辰巳申,辛巳巳未丑,壬午巳未,癸未丑未,
甲申酉亥,乙酉申酉,丙戌戌亥,丁亥巳未,
戊子寅申,己丑丑未,庚寅丑申,辛卯丑未,
壬辰日入,癸巳丑未,甲午巳未,乙未日入,
丙申日出,丁酉寅卯辰,戊戌巳申,己亥巳申,
庚子戌亥,辛丑丑寅,壬寅亥子,癸卯丑未,
甲辰寅申,乙巳亥子,丙午寅卯,丁未亥子,
戊申寅申,己酉巳申,庚戌巳申,辛亥巳未,
壬子辰戌,癸丑丑未,甲寅寅申酉乙卯申酉,
丙辰巳亥,丁巳亥子,戊午巳申,己未午申,
庚申辰巳,辛酉寅申,壬戌丑寅,癸亥巳申。

成服除服吉日

成服宜甲子、己巳、乙酉、庚寅、丁酉、丙午、癸丑、戊午、庚申、鸣吠日、鸣吠对日。忌重、复、建、破日。

逐月成服吉日

正月:乙酉、庚寅、丙午、丁酉、癸丑、戊午。
二月:甲子、庚寅、丙午、庚申、癸丑。
三月:甲子、乙酉、庚寅、丁酉、丙午、癸丑。
四月:甲子、乙酉、庚寅、丁酉、庚申、癸丑、戊午。
五月:乙酉、庚寅、庚申。
六月:甲子、乙酉、庚寅、丁酉、丙午、庚申。
七月:甲子、乙酉、丙午、丁酉、癸丑、戊午。
八月:甲子、庚寅、庚申、戊午。
九月:甲子、乙酉、庚寅、丁酉、丙午、庚申、戊子。
十月:甲子、庚寅、丁酉、丙午、乙酉、庚申、戊子。
十一月:甲子、乙酉、庚寅、丁酉、庚申。
十二月:甲子、乙酉、丁酉、丙午、庚申、戊午。
除服宜壬申、丙子、甲申、辛卯、丙申、庚子、丙午、戊午、己酉、辛亥、壬子、

乙卯、己未、庚申、除日。忌建、破日。

逐月除服吉日

正月:辛卯、乙卯,外丁卯、癸卯、己卯。

二月:戊辰、庚辰、壬辰、丙辰。

三月:辛巳、癸巳、乙巳、丁巳。

四月:庚午、壬午、甲午、戊午。

五月:乙未、己未,外辛未。

六月:壬申、甲申、丙申、庚申。

七月:己酉,外癸酉、丁酉、乙酉、辛酉。

八月:甲戌、丙戌、戊戌、庚戌、壬戌。

九月:辛亥、外乙亥、癸亥、丁亥。

十月:丙子、庚子,外甲子、戊子。

十一月:乙丑、丁丑、己丑、辛丑。

十二月:戊寅、外丙庚、庚寅、壬寅、甲寅。

按:康熙七年,吏部、礼部、钦天监会议,《选择通书》内缺少《公规·春牛经》《日出入昼夜时刻》《气候》《岁时纪事》《逐月起工架马吉日》《定磉扇架吉日》《修厨吉日》《造门吉日》《塑绘神像吉日》《男女合婚行嫁月》《养子纳婿吉日》《作牛栏吉日》《作马枋吉日》《养蚕作茧吉日》《作生坟吉日》《斩草吉日》《入棺吉时》《入殓吉时》《入殓安葬的呼日》《殃煞出去方》《成服除服吉日》《事类总集》等项二十三条,于《通书大全》内取用。今除《公规·春牛经》《日出入昼夜时刻》《气候》《岁时纪事》已入《公规》,《男女合婚行嫁月》《入殓安葬的呼日》《殃煞出去方》入《辨讹》《事类总集》内。《洪范五行》《九宫贵人神煞》等条入《本原》《义例》《利用》外,余皆附载于此。其论周堂值翁姑,则世俗之权而失其经,亦可见陋说之害理也。其论专取吉时,则至不得已而通其变,亦可见术数之不拘也。至其选定吉日,世亦不甚遵信。如入殓、成服,各有礼制,不问阴阳也。牛栏、马枋,事本相同,无须别择也。若门光星,大月起寅,小月起卯,按日顺数,上旬越戌,下旬越辰,东西为吉,南损畜,北损人,虽有例可推,而实无义可解,略之而索隐。或以为奇,录之而习见自呈其陋,观者当自知辨也。至于上官天迁图,亦出《通书大全》,已为《选择通书》所不取,盖与诸家周堂同出术士捏造,概置不录。

年月神煞

年干	甲	乙	丙	丁	戊	己	庚	辛	壬	癸
官星	辛酉	庚申	癸子	壬亥	乙卯	甲寅	丁午	丙巳	己丑 己未	戊辰 戊酉
催官	辰	巳	丑	寅	戌	亥	未	申	子午	酉卯
干鬼	申	酉	亥	子	寅	卯	巳	午	戌辰	丑未
羊刃	卯	辰	午	未	午	未	酉	戌	子	丑
飞刃	酉	戌	子	丑	子	丑	卯	辰	午	未
天禄星	艮寅	震卯	巽巳	离午	巽巳	离午	坤申	兑酉	乾亥	坎子
文昌星	巳	午	巳	午	申	酉	亥	子	寅	卯
魁名星	寅卯	寅卯	巳午	巳午	辰戌 丑未	辰戌 丑未	申酉	申酉	亥子	亥子
天财星	亥子	亥子	寅卯	寅卯	巳午	巳午	辰戌 丑未	辰戌 丑未	申酉	申酉
文魁星	午未	巳申	辰酉	戌卯	申巳	酉辰	子丑	亥寅	寅亥	卯戌

右年神皆从岁干起例,官星即正官也。催官即正官六合也。干鬼即偏官也。羊刃即阳刃,飞刃其对冲也。天禄星即干禄与本宫卦也。文昌星即食神禄也。魁名星即比劫也。天财星即印绶也。文魁星即伤官与其六合也。今台本惟用干禄不用禄宫,余皆不用。盖皆禄命之法,不系神煞。《宗镜》以羊刃为李广箭,甚言其凶,殊属无谓。故将全例备录于此,以见专取羊刃者之可以不必也。

年支	子	丑	寅	卯	辰	巳	午	未	申	酉	戌	亥
长生生天太阳	申	巳	寅	亥	申	巳	寅	亥	申	巳	寅	亥
沐浴大败 桃花煞	酉	午	卯	子	酉	午	卯	子	酉	午	卯	子
冠带豹尾	戌	未	辰	丑	戌	未	辰	丑	戌	未	辰	丑
临官岁德合 游祸	亥	申	巳	寅	亥	申	巳	寅	亥	申	巳	寅

（续表）

年支	子	丑	寅	卯	辰	巳	午	未	申	酉	戌	亥
帝旺金匮星 将星 大煞	子	酉	午	卯	子	酉	午	卯	子	酉	午	卯
衰人仓方 土瘟	丑	戌	未	辰	丑	戌	未	辰	丑	戌	未	辰
病驿马 天后	寅	亥	申	巳	寅	亥	申	巳	寅	亥	申	巳
死灸退	卯	子	酉	午	卯	子	酉	午	卯	子	酉	午
墓华盖 黄幡	辰	丑	戌	未	辰	丑	戌	未	辰	丑	戌	未
绝劫煞	巳	寅	亥	申	巳	寅	亥	申	巳	寅	亥	申
胎灾煞	午	卯	子	酉	午	卯	子	酉	午	卯	子	酉
养岁煞	未	辰	丑	戌	未	辰	丑	戌	未	辰	丑	戌

右年神皆从岁支三合起例。今台本不取长生、沐浴、临官及衰方，盖沐浴、衰方不比死地。长生为生天太阳，临官为岁德合，名义不符。游祸论日辰不系方位，想亦后人因其八而补其四。如王日之因其五而补其七也。况三煞原非取绝、胎、养为义，而俗术又合病、死、墓三方，名曰通天煞，益属荒唐，故将起例附录于此，以见此编非阙略也。

年支	子	丑	寅	卯	辰	巳	午	未	申	酉	戌	亥
岁厌	子	亥	戌	酉	申	未	午	巳	辰	卯	寅	丑
岁支六合金乌星	丑	子	亥	戌	酉	申	未	午	巳	辰	卯	寅
太阴守殿	寅	丑	子	亥	戌	酉	申	未	午	巳	辰	卯
红鸾	卯	寅	丑	子	亥	戌	酉	申	未	午	巳	辰
五鬼	辰	卯	寅	丑	子	亥	戌	酉	申	未	午	巳
支神退流财	巳	辰	卯	寅	丑	子	亥	戌	酉	申	未	午
厌对太阳升殿	午	巳	辰	卯	寅	丑	子	亥	戌	酉	申	未
阴中太岁六害	未	午	巳	辰	卯	寅	丑	子	亥	戌	酉	申
支德六合	申	未	午	巳	辰	卯	寅	丑	子	亥	戌	酉
天喜	酉	申	未	午	巳	辰	卯	寅	丑	子	亥	戌
年解星	戌	酉	申	未	午	巳	辰	卯	寅	丑	子	亥
玉兔星	亥	戌	酉	申	未	午	巳	辰	卯	寅	丑	子

右年神皆从岁厌起例。台本惟用五鬼、支退、六害,余皆不用。支退流财无理,阴中太岁名义不合,见《辨讹》。岁支六合虽有取义,然岁非月比。太阳岁一周天,专以六合名金乌,其义较远。支德已是五合,又取六合,亦属太纡。红鸾、天喜星命家用之,亦无紧要。岁厌,虽近古,然大率由月而推,不如四时之切。且历来《通书》皆不用,何可又增之以滋拘忌乎?至于太阳升殿,则因厌对又为六仪也,太阴守殿则因在厌后二辰,如岁后二辰为太阴也。玉兔对金乌,年解随天喜。观其起例,大抵亦术士所推衍。附录于此,庶不得挟以为秘诀云尔。

年干	甲	乙	丙	丁	戊	己	庚	辛	壬	癸
天帑星	乾	坤	艮	兑	坎	离	震	巽	乾	坤
甲穿山罗睺 山家困龙 乙天禁朱雀	戌 乾 亥	申 庚 酉	午 丁 未	辰 巽 巳	寅子 甲癸 卯丑	戌 乾 亥	申 庚 酉	午 丁 未	辰 巽 巳	寅子 甲癸 卯丑
丙独火丁	寅子 卯丑	戌 亥	申 酉	午 未	辰 巳	寅子 卯丑	戌 亥	申 酉	午 未	辰 巳
戊都天己	辰 巳	寅子 卯丑	戌 亥	申 酉	午 未	辰 巳	寅子 卯丑	戌 亥	申 酉	午 未
庚天金神辛	午 未	辰 巳	寅子 卯丑	戌 亥	申 酉	午 未	辰 巳	寅子 卯丑	戌 亥	申 酉
壬水德癸	申 酉	午 未	辰 巳	寅子 卯丑	戌 亥	申 酉	午 未	辰 巳	寅子 卯丑	戌 亥

右年神从纳甲遁干起例。天帑星为年干纳甲,破败五鬼即其冲也。今台本不用天帑星,是不以天帑为吉,亦实无吉可言,则破败五鬼之不为凶可知矣。甲为穿山罗睺,乙为天禁朱雀,甲乙之间为山家困龙。丙丁为独火,戊己为都天,庚辛为金神,壬癸为水德。十干本属一例,今台本《通书》既不用戊己、壬癸,而于丙丁独火又云与年独火、打头火并方为灾。金神虽载在《时宪书》,亦不甚以为拘忌。乃独于甲乙则曰开山凶,甚属非理。夫十干

甲乙最吉,不当以遁干为凶。壬癸为丙丁之对,《宗镜》诸书以水德制火星,其义略有可取。戊己属土入中宫,叠太岁为堆黄。与月建并忌动土,犹土王用事忌动土之义,即不列为吉凶神,而于理固不背也。已具《利用》卷中,故附录于此。

	春	夏	秋	冬
天贵	甲乙	丙丁	庚辛	壬癸
干支旺日	甲寅　乙卯	丁巳　丙午	庚申　辛酉	癸亥　壬子
干支相日	丁巳　丙午	戊己 辰戌丑未	壬子　癸亥	甲寅　乙卯
土公忌方	寅卯辰	巳午未	申酉戌	亥子丑
六畜肥	申子辰	亥卯未	寅午戌	巳酉丑
天良日	甲寅	丙寅	庚寅	壬寅
太岁游	乾	艮	巽	坤
净栏煞	巽	坤	乾	艮
孤辰	巳	申	亥	寅
寡宿	丑	辰	未	戌

右月神皆从四时起例。天贵为令星旺相日兼干支。土公忌即月建,已见《义例》《利用》卷。六畜肥则生当令之三合,由母仓而推衍者也。天良日以令星阳干加寅,由天赦而推衍者也,其义虽吉,然不可为典要。太岁游即四时长生之卦,净栏煞为其对冲,又由生天太阳、破败五鬼而推衍者也。孤辰、寡宿以令前为孤辰、令后为寡,又由奇门孤虚而推衍者也。虽有义例而纡阔不切事理,故今台本皆不用。然较之世俗以月令所生之三合为大败、六不成,以母仓为鲁班刀砧煞者,尚属可通。故录之以备一说,而其余之不录者,概可类推也。

天星吉时

日支	子	丑	寅	卯	辰	巳	午	未	申	酉	戌	亥
天贵星 太乙星	申	戌	子	寅	辰	午	申	戌	子	寅	辰	午
明辅星 贵人星	酉	亥	丑	卯	巳	未	酉	亥	丑	卯	巳	未
月仙星 福德星	子	寅	辰	午	申	戌	子	寅	辰	午	申	戌
天德星 宝光星	丑	卯	巳	未	酉	亥	丑	卯	巳	未	酉	亥
天开星 少微星	卯	巳	未	酉	亥	丑	卯	巳	未	酉	亥	丑
日仙星 凤辇星	午	申	戌	子	寅	辰	午	申	戌	子	寅	辰

按:天贵星、太乙星,即青龙也。明辅星、贵人星,即明堂也。月仙星、福德星,即金匮也。天德星、宝光星,即天德也。天开星、少微星,即玉堂也。日仙星、凤辇星即司命也。术士饰其名以动听,其实非有二也。今《日表》已删去,附载于此。又本以“道远几时通达,路遥何日还乡”为诀,子午日起申,丑未日起戌,寅申日起子,卯酉日起寅,辰戌日起辰,巳亥日起午。以次数之,值道、远、通、达、遥、还字,有足绕者为吉,亦即起黄道之法,非另有秘诀也。

吉将加时

《通书》曰:善用时者,使六神悉伏,如不得六神悉伏,则宜就吉将加时,亦以吉论。

按:六神悉伏,即贵登天门,吉将加时,则六壬之贵人、六合、青龙、太常、太阴、天后六吉将也。其法以月将加时,视时上所临之神,遇吉将者是。夫六神既不悉伏,则六吉亦不得位,未足为吉。若四大吉时又遇吉将乃为吉耳。然于义不悖,《大统历》亦用之。附录于此,不作立成者,以四大吉时贵登天门,已列立成,同一月将加时故也。

奇门三元歌

轩辕黄帝战蚩尤，涿鹿经今苦未休。
偶梦天神授符诀，登坛致祭谨虔修。
神龙负图出洛水，彩凤衔书碧云里。
因命风后演成文，遁甲奇门从此始。
一千八十当时制，太公删成七十二。
逮于汉代张子房，一十八局为精艺。
先须掌上排九宫，纵横十五在其中。
次将八卦轮八节，一气统三为正宗。
阴阳二遁分顺逆，一气三元人莫测。
五日都来换一元，超神接气为准的。
二至之前有闰奇，此时叠节累乘之。
积日以成为闰月，积时以成为闰奇。
认取九宫为九星，八门时逐九星行。
九宫逢甲为直符，八门直使自分明。
符上之门为直使，十时一位堪评据。
直符常以加时干，直使逆顺时宫去。
六甲元号六仪名，三奇即是乙丙丁。
阳遁顺仪奇逆布，阴遁逆仪奇顺行。
吉门偶尔合三奇，直此经云百事宜。
更合从傍加简点，余官不可有微疵。
三奇得使诚堪取，六甲遇之非小补。
乙逢犬马丙鼠猴，六丁玉女骑龙虎。
又有三奇游六仪，号为玉女守门扉。
若作阴私和合事，请君但向此中推。
天三门兮地四户，问君此法知何处。

太冲(卯)小吉(未)与从魁(酉),此是天门私出路。
地户除危定与开,举事皆从此中去。
六合太阴太常君,三辰元是地私门。
更得奇门相照耀,出门百事总忻忻。
太冲天马最为贵,卒然有难宜逃避。
但当乘取天马行,剑戟如山不足畏。
三为生气五为死,盛在三兮衰在五。
能识游三避五时,造化真机须记取。
就中伏吟为最凶,天蓬加著地天蓬。
天蓬若到天英上,须知即是反吟宫。
八门返复皆如此,生在生门死在死。
纵令吉宿得奇门,万事皆凶不堪使。
六仪击刑何太凶,甲子直符愁向东。
戌刑在未申刑虎,寅巳辰辰午刑午。
三奇入墓好详之,甲日那堪得未时。
丙丁属火火墓戌,此是诸事不须为。
更兼六乙来临二,星奇临六亦同推。
又有时干入墓宫,课中时下忌相逢。
戊戌壬辰兼丙戌,癸未丁丑亦同凶。
五不遇时龙不睛,号为日月损光明。
时干来克日干上,甲日须知时忌庚。
奇与门兮共太阴,三般难得总加临。
若还得二亦为吉,举措行藏必遂心。
更得直符直使利,兵家用事最为贵。
当从此地击其冲,百战百胜君须记。
天乙之神所在宫,大将宜居击对冲。
假令直符居离九,天英坐取击天蓬。
甲乙丙丁戊阳时,神居天上要君知。
坐击须凭天上奇,阴时地下亦如之。

若见三奇在五阳，偏宜为客自高强。
忽然逢着五阴位，又宜为主好裁详。
直符前三六合位，太阴之神在前二。
后一宫中为九天，后二之神为九地。
九天之上好扬兵，九地潜藏好立营。
伏兵但向太阴位，若逢六合利逃形。
天地人分三遁名，天遁月精华盖临。
地遁日精紫云蔽，人遁当知是太阴。
生门六丙合六丁，此为天遁甚分明。
开门六乙合六己，地遁如斯而已矣。
休门六丁共太阴，欲求人遁无过此。
庚为太白丙为惑，庚丙相加谁会得。
六庚加丙白入荧，六丙加庚荧入白。
白入荧兮贼即来，荧入白兮贼须灭。
丙为勃兮庚为格，格则不通勃乱逆。
丙加天乙为直符，天乙加丙为飞勃。
庚加日干为伏干，日干加庚飞干格。
加一宫兮战在野，同一宫兮战于国。
庚加直符天乙伏，直符加庚天乙飞。
庚加癸兮为大格，加己为刑格不宜。
庚加壬时为上格，又嫌岁月日时迟。
更有一般奇格者，六庚谨勿加三奇。
此时若也行兵去，匹马只轮无返期。
六癸加丁蛇夭矫，六丁加癸雀投江。
六乙加辛龙逃走，六辛加乙虎猖狂。
请观四者是凶神，百事逢之莫措手。
丙加甲兮鸟跌穴，甲加丙兮龙回首。
只此二者是吉神，为事如意十八九。
八门若遇开休生，诸事逢之总趁情。

伤宜捕猎终须获，杜好邀遮及隐形。
景上投书并破阵，惊能擒讼有声名。
若问死门何所主，只宜吊死与行刑。
蓬任冲辅禽阳星，英芮柱心阴宿名。
辅禽心星为上吉，冲任小吉未全亨。
大凶逢芮不堪遇，小凶英柱不精明。
大凶无气变为吉，小凶无气亦同之。
吉星更能逢旺相，万举万全功必成。
若遇休囚并废没，劝君不必进前程。
要识九星配五行，各随八卦考羲经。
坎蓬星水离为火，中宫坤艮土为营。
乾兑为金震巽木，旺相休囚看重轻。
与我同行即为相，我生之月诚为旺。
废于父母休于财，囚于鬼兮真不旺。
假如水宿乃天蓬，相在初冬与仲冬。
旺于正二休四五，其余仿此自研穷。
急则从神缓从门，三五返覆天道亨。
十干加伏若加错，入库休囚百事危。
十精为使用为贵，起宫天乙用无疑。
宫制其门不为迫，门制其宫是迫推。
天网四张无走路，一二网低有路通。
三至四宫行入墓，八九高强任西东。
节气推移时候定，阴阳顺逆要精通。
三元积数成六纪，天地未成有一理。
请观歌里精微诀，非是贤人莫传与。

附：烟波钓叟赋[①]

阴阳顺逆妙难穷，二至还乡一九宫[②]。
若能事达阴阳理，天地都来一掌中。
轩辕黄帝战蚩尤，涿鹿经今苦未休，
偶遇天神授符诀，登坛致祭谨虔修。
神龙负图出洛水，彩凤衔书碧云里，
因命风后演成文，遁甲奇门从此始[③]。
一千八十当时制，太公删成七十二[④]。
逮于汉代张子房，一十八局为精艺[⑤]。

校者注 ① 本节内容为校者所加。

② 阴与阳是中国古代哲学的两个基本概念，古人用这两个概念概括和揭示宇宙万物间即对立又统一的关系。后来，这两个概念为术数家所用，它们遂成为中国古代术数的基本概念和通用术语，成为术数家解释宇宙万物、万事、万象的主要理论武器。奇门遁甲术的“遁”分阳遁和阴遁，阳遁顺布六仪而逆布三奇，阴遁反之，则是逆布六仪而顺布三奇。

③ 这八句是说明奇门遁甲术的起源。传说远古黄帝、炎帝的部族与蚩尤大战于涿鹿时，天神向黄帝授洛图和洛书，黄帝命风后依据河图和洛书推演奇门遁甲术。

④ 太公，是周人姜太公，即姜子牙。传说姜太公参与推动了奇门遁甲术的改革与发展，此说于史无据，自然也不可信。一千八十局，传说就是上文所谈的风后演成的，这同样不可信。这一千八十局，其实是时家奇门的实际定局。一年四千三百二十个时辰由于有四次重复，4320÷4＝1080，即实际硬局数只有一千零八十个。

所谓“删成七十二局”，是指一个节气十五天，奇门遁甲术把五天作为一元，一个节气则为三元，一年二十四节气，24×3＝72，即二十四节气共有七十二元，每元一局，正好七十二局。而这七十二局说的是活局，它们也如上边说的，也重了四次，72÷4＝18，即实际活局数则为十八个

⑤ 张子房就是汉初著名谋士张良。张良将七十二局改进，简化为十八局之说，也不可信。十八个活盘，阳遁九局，阴遁九局，每盘可推演一元即五天，每天十二个时辰，也就是说可推演六十个时辰，这样十八个活局便可推演为一千零八十（60×18＝1080）个硬局。

先须掌上排九宫，纵横十五在其中[①]。
次将八卦轮八节，一气统三为正宗[②]。
阴阳二遁分顺逆，一气三元人莫测[③]。
五日都来换一元，超神接气为准的[④]。

校者注　① 奇门遁甲术的排局框架，是后天八卦和洛书的结合，八卦四正卦中，震卦居东方为三，离卦居南方为九，兑卦居西方为七，坎卦居北方为一；四隅卦中，艮卦居东北为八，巽卦居东南为四，坤卦居西南为二，乾卦居西北为六。中宫则为五。而方位则为上南下北，左东右西，正好与现代地图方向相反。如图：

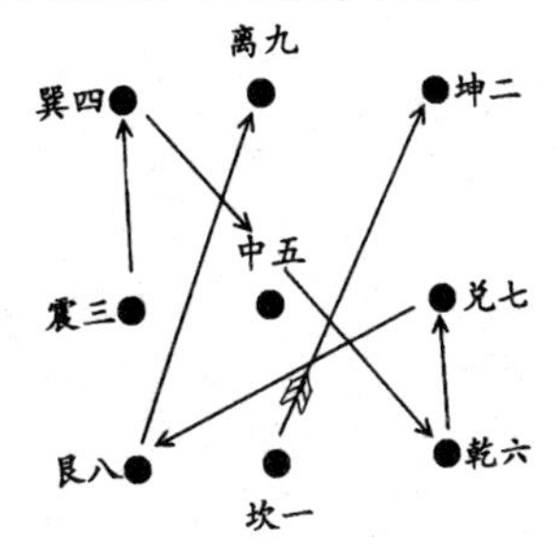

“纵横十五”是九宫洛书之数的奇妙性，如图：

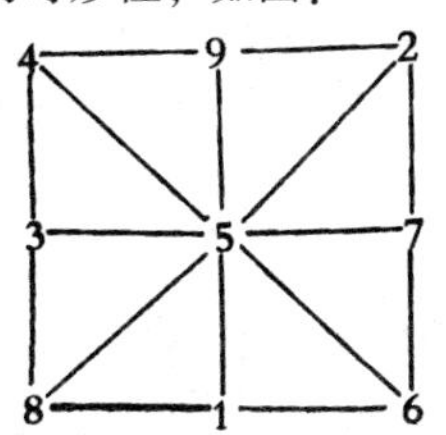

用直线将四隅卦连接起来，正好构成一个正方形，这个正方形的四条边线上的每组三个数之和都是十五，而两条对角线和两条中线上的每组三个数之和也都是十五。

② 八节，指的是二十四节气中的二至——冬至、夏至，二分——春分、秋分，和四立——立春、立夏、立秋、立冬。

一气，指一个节气；统三，指一个节气统领着包括自己在内的三个节气，因为这三个节气的局数是依次相连的。

③ 奇门遁甲术规定，冬至到芒种这十二个节气用阳遁，夏至到大雪这十二个节气用阴遁。还规定，阳遁顺而六仪、逆布三奇，阴遁则逆而六仪、顺布三奇。这样，阳遁和阴遁排局时六仪三奇布到的顺逆次序恰好相反。

④ 奇门遁甲术以五日为一元，是因为一日为十二个时辰，五日恰好为六十个时辰，以一元为一局，又恰好把从甲子到癸亥这六十个时辰排满占完。

认取九宫为九星，八门时逐九星行[①]。
九宫逢甲为直符，八门直使自分明[②]。
符上之门为直使，十时一位堪评据[③]。
直符常以加时干，直使逆顺时宫去[④]。
六甲元号六仪名，三奇即是乙丙丁[⑤]。

校者注 ① 九星，指天蓬、天任、天冲、天辅、天英、天芮、天柱、天心、天禽这九星。每星主一宫，分别居九宫：天蓬主坎一宫，天任主艮八宫，天冲主震三宫，天辅主巽四宫，天英主离九宫，天芮主坤二宫，天柱主兑七宫，天心主乾六宫，天禽主中五宫寄坤二宫。

九星的五行属性是：天蓬属水，天任属土，天冲属木，天辅属木，天英属火，天芮属土，天柱属金，天心属金，天禽属土。

八门，即休、生、伤、杜、景、死、惊、开这八门。八门配八宫，所在宫位为：休门坎一宫，生门艮八宫，伤门震三宫，杜门巽四宫，景门离九宫，死门坤二宫，惊门兑七宫，开门乾六宫。

② 直符，就是九星，但它不是指一般情况下的九星，而是指某个特定时辰里相应宫位上的那个星。直，即值，所以直符即某个特定时辰里当值的星符。

直使，就是八门，但它不是指一般情况下的八门，而是指某个特定时辰里相应宫位上的那一门。直，即值，所以直使就是某个特定时辰里当值的门使。

③ 这两句的意思是直符和直使是相应的，它们都管十个时辰，满十个时辰之后便移入另一个宫。

这是因为九星和八门一样，都分配在一定的宫里，所以每个星都与一定的门相应，前面已经讲过，直符是特定时辰的九星，直使是特定时辰的八门，那么直符与直使自然也是相应的。

④ 这两句中的前一句讲的是拨转活盘的规则。说天盘的拨转方法在确定直符之后，把天盘直符拨转到对着标有时辰天干的地盘那一宫去。

后一句是讲门盘的拨转方法：在六十甲子表上从正时的旬头数起，数到正时其数为几，便从旬头——也是直符——所泊之宫，按照阳顺阴逆的法则数起，正数到数满，所落之宫就是直使应该加临之宫。

⑤ 六甲，指六十甲子中的带甲的干支，即甲子、甲戌、甲申、甲午、甲辰、甲寅。六仪，指天干戊、己、庚、辛、壬、癸。

甲为天之贵神，常隐遁于六仪之下，所以叫“遁甲”。甲子同六戊，甲戌同六己，甲申同六庚，甲午同六辛，甲辰同六壬，甲寅同六癸。所谓甲的隐遁，就是用六仪代表六甲。在每局活盘的天盘和地盘上，一般都同时标出各宫的六甲和六仪，如甲子戊、甲戌己……。

三奇，指天干中的乙、丙、丁。三奇中乙为日奇，丙为月奇，丁为星奇。

在每局活盘上，旬头皆为天干甲，又为戊，还有乙、庚、辛、壬、癸，加上乙、丙、丁三奇，十干就俱备了。

阳遁顺仪奇逆布，阴遁逆仪奇顺行①。
吉门偶尔合三奇，直此经云百事宜②。
更合从傍加简点，余宫不可有微疵③。
三奇得使诚堪取，六甲遇之非小补④。
乙逢犬马丙鼠猴，六丁玉女骑龙虎⑤。
又有三奇游六仪，号为玉女守门扉⑥。

校者注 ① 这两句说的是活盘布六仪、三奇的规则。规则是：阳遁顺布六仪，逆布三奇；阴遁逆布六仪，顺布三奇。

具体而言，阳遁顺布六仪即甲子戊、甲戌己、甲申庚、甲午辛、甲辰壬、甲寅癸；逆布三奇即丁、丙、乙；阴遁逆布六仪即甲寅癸、甲辰壬、甲午辛、甲申庚、甲戌己、甲子戊，顺布三奇即乙、丙、丁。

② 吉门，指八门中的休门、生门、开门这三门。

拨转天盘直符，门盘直使定局之后，要先看休、生、开门在哪一宫，如果三门之一又合三奇之一，那么这个方位基本就是吉利方位，如果只有奇而不合吉门，则不算吉方。

③ 这两句是说，三吉门之外的各宫的吉凶要仔细检点、审看，判断究竟是吉还是凶，而判断的依据，主要是看格的吉凶，得吉格则吉，得凶格则凶。

④ 这两句讲的是三奇得使格。

天盘三奇之一与地盘特定的六甲相合，便成三奇得使之格，百事大吉。

三奇得使的构成形式为：

天盘乙奇，地盘甲戌、甲午，为乙奇得使；

天盘丙奇，地盘甲子、甲申，为丙奇得使；

天盘丁奇，地盘甲辰、甲寅，为丁奇得使。

⑤ 这两句是对三奇得使的具体解释，其中的犬即甲戌，马即甲午，鼠即甲子，猴即甲申，龙即甲辰，虎即甲寅，玉女即六丁。

⑥ 这两句讲的是三奇游六仪格即玉女守门格。

注意：这里的“三奇”不是指乙、丙、丁，而是仅指丁。就是说，其中的“三”不是其数词而是序数词，表示“第三”。

所谓“三奇游六仪”，就是地盘丁奇游于时向的六仪（旬头即六仪，但这里二旬指的是十个时辰，而非十天）之下，无论哪一旬，都有构成玉女守门的时间，时间就是甲子旬的庚午时，甲戌旬的己卯时，甲申旬的戊子时，甲午旬的丁酉时，甲辰旬的丙午时，以及甲寅旬的乙卯时。由此可知，“又有三奇游六仪，号为玉女守门扉”这两句之间有因果关系，即前者表原因，后者表结果，意思是由于第三奇即丁奇游于六仪之下，而在不同的旬中出现，每旬中都有一个玉女守门的时辰。

“玉女守门”，指玉女即丁奇在定局之后，正为下临直使之门，所以称为玉女守门。

若作阴私和合事，请君但向此中推。
天三门兮地四户，问君此法知何处？
太冲小吉与从魁，此是天门私出路；
地户除危定与开，举事皆从此中去[①]。
六合太阴太常君，三辰元是地私门。

校者注 ① 前两句即：“若作阴私和合事，请君但向此中推”，是讲天三门、地四户的作用的，告诉人们天三门、地四户之方可以占测阴私和合之事。这其实是对下六句的总结。

天三门，即从魁、小吉、太冲三个方位。地四户，即除、定、危、开四个方位。

求天三门的方法是：做成两层活盘，上下盘各分十二宫。上盘各宫分别布入十二月将，下盘各宫分别布入十二地支；上盘十二月将逆时针依次排列，下盘十二地支顺时针依次排列。求天门时，以上盘当月将加下盘正时时支，十二月将中从魁、小吉、太冲三个方位就是天三门。

求地四户的方法是：也做成两层活盘，上下各分为十二宫，下盘在各宫中顺时针依次标上十二地支为月建：十一月建子，十二月建丑，正月建寅，二月建卯，三月建辰，四月建巳，五月建午，六月建未，七月建申，八月建酉，九月建戌，十月建亥。上盘分两圈，在内圈各宫顺时针依次写上建除十二宫名称；在外圈各宫顺时针依次写上十二地支以表时支。如下左图：

更得奇门相照耀，出门百事总忻忻①。
太冲天马最为贵，卒然有难宜逃避。

校者注　①　这四句讲的是地私门。地私门与“贵人”相关，贵人是由日干决定的，分阳贵人和阴贵人。

关于阳贵人：庚日和戊日丑为阳贵人，甲日未为阳贵人，乙日申为阳贵人，己日子为阳贵人，丙日酉为阳贵人，丁日亥为阳贵人，癸日巳为阳贵人，壬日卯为阳贵人，辛日寅为阳贵人。

求地私门的方法是：制做阳贵、阴贵两个活盘，日支为亥、子、丑、寅、卯、辰用阳贵活盘，日支为巳、午、未、申、酉、戌用阴贵活盘。

阳贵活盘的上盘分十二宫，自子至亥顺时针依次写出十二神：螣蛇、朱雀、六合、勾陈、青龙、天空、白虎、太常、元武、太阴、天后、贵人。阴贵活盘的上盘同样分十二宫排十二神，十二神排列次序与阳贵活盘相反，自子至亥顺时针依次写出天后、太阴、元武、太常、白虎、天空、青龙、勾陈、六合、朱雀、螣蛇、贵人。由此可以看出一点，无论是阳活盘还是阴活盘，贵人的位置是一定的，即都是亥位。阳贵人活盘和阴贵人活盘下盘十二宫都是顺时针方向排上十二地支。

求地私门时，先看日支，以判定是用阳贵人还是用阴贵人，日支为亥至辰用阳贵人，日支为巳至戌用阴贵人。接着再看日干，看贵人为哪个地支，然后把上盘的贵人加到下盘的这个地支上，这时的六合、太阴、太常三个方位就是地私门。例如丁亥日，日支为亥，用阳贵人；日干为丁，丁阳贵为亥，就用阳活盘，将上盘贵人加到下盘亥上，此时六合在寅，太阴在酉，太常在未，那么寅、未、酉就是地私门。以日辰求地私门阳贵人和阴贵人活盘如下：

地私门阳贵活盘图

地私门阴贵活盘图

但当乘取天马行，剑戟如山不足畏[①]。
三为生气五为死，盛在三兮衰在五；
能识游三避五时，造化真机须记取[②]。
就中伏吟为最凶，天蓬加着地天蓬[③]。
天蓬若到天英上，须知即是反吟宫[④]。

校者注 ① 这四句讲的是求天马。

求天马的活盘分十二宫，两层。下盘顺时针方向在十二宫中标上十二地支；上盘逆时针方向在十二宫中标上十二月将神。如下图：

求天马的方法是：一种情况是在过了本月中气之后，以当月月将神加时支，另一种情况是未过本月中气，则以上月月将神加时支，拨转之后，看上盘太冲所临下盘地支，这个地支就是天马方位。要弄清各月月将神各是什么：正月亥癸明，二月戌河魁，三月酉从魁，等等，应当记住。

② 这四句讲的是游三避五。

奇门遁甲术中的“三”为生气、活气；“五”为害气、死气。“三”和“五”指的是时辰从六甲数起所到的数。如甲己日，甲子时到丙寅时为“三”，到戊辰时为“五”。由于“三”为生气、活气，所以丙寅时吉；“五”为死气、害气，所以戊辰时凶。

③ 这两句讲的是伏吟格的构成与吉凶。

天盘天蓬星加临地盘天蓬星，九星都是本宫未动，是九星伏吟。六甲的旬头，所以六甲之时直符在本宫未动，八门也在本宫未动，为星符伏吟，也是八门伏吟。伏吟在各格中最凶。

④ 这两句讲的是反吟格的构成。

天蓬原本在坎一宫，经过拨盘而加临地盘离九宫天英星之上，所加者恰为对宫，这叫九星反吟。例如冬至上元阳遁一局甲、己日乙丑时，地盘离九宫为乙奇，以天盘天蓬星为直符，加临时在九宫之上，叫直符反吟。八门也是这样。凡处在伏吟对宫位置上，就是反吟。

八门返复皆如此，生在生门死在死；
纵有吉宿得奇门，万事皆凶不堪使[①]。
六仪击刑何太凶？甲子直符愁向东，
戌刑在未申刑虎，寅巳辰辰午刑午[②]。
三奇入墓好详之，甲日那堪得未时。
丙丁属火火墓戌，此时诸事不须为；
更兼天乙来临二，星奇临六亦同推[③]。
又有时干入墓宫，课中时不忌相逢；

校者注　①　这四句讲的是八门反吟格的构成与吉凶。

“返复”，即“反复”，就是反吟。凡是门在本宫为伏吟，在对宫为反吟。奇门遁甲术的反吟是建立在地支六冲原理之上的，凡天盘的星与门和地盘的星与门所在宫位构成对冲，都是反吟。

地支六冲的规律是：将十二地支依次分为前后两部分，即子、丑、寅、卯、辰、巳和午、未、申、酉、戌、亥，两部分各有六个地支，其对冲关系是：子与午相冲，丑与未相冲，寅与申相冲，卯与酉相冲，辰与戌相冲，巳与亥相冲。

②　这四句讲的是六仪击刑格的构成与吉凶。

六仪击刑，指天盘六甲的地支加临它所到的地支元宫。有六种情况：甲子直符加临震三宫，震三宫的地支为卯，则子刑卯；甲戌直符加临坤二宫，坤二宫的地支为未，则戌刑未；甲申直符加临艮八宫，艮八宫的地支为寅，则申刑寅；甲午直符临离九宫，离九宫的地支为午，则午自刑；甲辰直符加临巽四宫，巽四宫的地支为辰，则辰自刑；甲寅直符加临巽四宫，巽四宫的地支为巳，则寅刑巳。

六仪击刑极凶。

③　这六句讲的是三奇入墓格的构成和吉凶。

三奇入墓，指的是乙、丙、丁三奇下临其墓库地支所在的三宫。

墓，指十天干寄生十二宫中的墓宫。十二宫依次为：长生、沐浴、冠带、临官、帝旺、衰、病、死、墓、绝、胎、养。墓在第九位，处于死亡后的状态，极凶。

甲木墓在未、乙木墓在戌，丙火墓在戌，丁火墓在丑，亦即乙奇和丙奇墓都在戌，丁奇墓在丑。地支戌在乾六宫，丑在艮八宫，所以天盘乙奇或丙奇加在乾六宫就是乙奇或丙奇入墓，天盘丁奇加在艮八宫就是丁奇入墓。

三奇入墓极凶，万事不可为。

戊戌壬辰兼丙戌，癸未丁丑亦同凶[①]。
五不遇时龙不睛，号为日月损光明；
时干来克日干上，甲日须知时忌庚[②]。
奇与门兮共太阴，三般难得总加临；
若不得二亦为吉，举措行藏必遂心[③]。
更得直符直使利，岳家用事最为贵；
当从此地击其冲，百战百胜君须记[④]。
天乙之神所在宫，大将宜居击对冲；

校者注 ① 这四句讲的是时干入墓格的构成和吉凶。

时干入墓，就是时支为时干之墓，所以特定的时支为时干入墓。丙为阳火，墓在戌，所以丙戌时为时干入墓；丁丑阴火，墓在丑，所以丁丑时为时干入墓；戊为阳土，墓在戌，所以戊戌时为时干入墓；己为阴土，墓在丑，所以己丑时为时干入墓；壬为阳水，墓在辰，所以壬辰时为时干入墓；癸为阴水，墓在未，所以癸未时为时干入墓。六十时辰中，丁丑、丙戌、癸未、己丑、壬辰、戊戌六个时辰为时干入墓。

时干入墓凶，不可用。

② 这四句讲的是五不遇时格的构成和吉凶。

所谓五不遇时，就是时辰的天干克日辰的天干。天干分阴阳，阴阳各五，其相克关系是阳干克阳干，阴干克阴干，所以称为五不遇时。歌云：四日怕庚己怕乙，乙辛庚丙最为殃；丙壬丁怕癸时恶，辛丁壬愁最不良；戊畏甲兮君莫用，癸应嫌己莫相当。

五不遇时的推法是：从日干数起，数列第七位，当日此干所在之时就是五不遇时。如癸日，由癸数七位为己，己未即为当日的五不遇时。

③ 这四句讲的是三诈格的构成和吉凶。

三诈，即真诈、重诈、休诈。在一个定局中，某宫天盘为乙、丙、丁三奇之一，门盘为开、休、生三吉门之一，这叫得奇得门，若神盘又合太阴、六合、九地之一，称为三诈。其中得奇得门合太阴，叫真诈；合九地，叫重诈；合六合，叫休诈。

三诈有十分之利。

④ 这四句讲的是亭亭格和白奸格的构成和吉凶。

亭亭，天之贵神，背背而击其对冲，定解取胜。求法是：用太冲天马活盘，以天月将加正时时支，神后所临三宫即为亭亭。

白奸，天之奸神。求法是：以天盘月将加下盘时支，下盘的寅、午、戌三宫如遇上盘的寅、申、巳、亥四孟神加临，此宫即为白奸之方。

假令直符居离九，天英坐取击天蓬[①]。
甲乙丙丁戊阳时，神居天上要君知；
坐击须凭天上奇，阴时地下亦如之。
若见三奇大五阳，偏宜为客自高强；
忽然逢着五阴位，又宜为主多裁详[②]。
直符前三六合位，太阴之神在前二，
后一宫中为九天，后二之神为九地[③]。
九天之上好扬兵，九地潜藏可立营，
伏兵但向太阴位，若逢六合利逃形[④]。
天地人分三遁名，天遁月精华盖临，
地遁日精紫云日，人遁当知是太阴[⑤]。
生门六丙合六丁，此为天遁甚分明[⑥]。

校者注　① 这四句讲的是“二胜”中的阳遁第一胜。

三胜是：第一胜指直符之宫，分阳遁和阴遁，阳遁指天盘直符所临之宫，阴遁指地盘直符所临之宫。第二胜指九天宫。第三胜指生门所临之宫，以合三奇为好。

天乙就是天盘直符，奇门遁甲术认为打仗坐背天盘直符所临之方以击对方，必胜。

② 这里的五阴五阳与通常所谓的阳火阴火、阳木阴木不同，是指子午以东为阳，子午以西为阴。

无论阳遁还是阴遁，时干的五阳干的时辰，都宜于为客，打仗应主动出击，先行举兵，其他百事皆吉。由于五阳利于为客，而天盘星代表客，地盘星代表主，所以文中才说“神居天上”。而时干为五阴干的时辰，无论阳遁还是阴遁，都宜于为主，打仗应先守后攻，潜藏不出，其他百事皆不利。

③ 这四句是说八神中四吉神的排列位置。这四个吉神是太阴、六合、九天、九地。

这里说的顶盘即八诈门盘上的太阴起例布星的顺序是：先用此盘的直符跟随转到天盘当时直符的位置上，然后再按阳顺阴逆的规则排布其他各神，这时直符前三宫是六合的位置，前二宫是太阴的位置，后一宫是九天的位置，后二宫是九地的位置。

④ 这四句是承上四句说四吉的应用。九天所临之宫宜于为客，应扬兵进击；九地所临之宫宜于为主，应屯兵固守；太阴所临之宫利于埋伏军队；六合所临之宫利于逃身匿形。

⑤ 这里讲的是九遁中的“三遁”。九遁为天遁、地遁、人遁、云遁、风遁、虎遁、龙遁、神遁、鬼遁。其中天遁、地遁、人遁最主要，合称“三遁”。

⑥ 这两句是讲天遁。

天遁的构成形式是：生门合天盘丙奇，下临地盘丁奇。

开门六乙合六己，地遁如斯而已矣[①]。
休门六丁共太阴，欲求人遁无过此[②]。
要知三遁何所宜，藏形遁迹斯为美[③]。
庚为太白丙为惑，庚丙相加谁会得？
六庚加丙白入荧，六丙加庚荧入白。
白入荧兮贼即来，荧入白兮贼须灭[④]。
丙为勃兮庚为格，格则不通勃乱逆；
丙加天乙为直符，天乙加丙为飞勃[⑤]。
庚加日干为伏干，日干加庚飞干格[⑥]。
加一宫兮战在野，同一宫兮战于国[⑦]。
庚加直符天乙伏，直符加庚天乙飞[⑧]。

校者注 ① 这两句是讲地遁。

地遁的构成形式：是开门合天盘乙奇，下临地盘六己。

② 这两句是讲人遁。

人遁的构成形式是：休门合天盘丁奇，又合神盘太阴。

③ 天遁、地遁、人遁之用最宜隐形遁迹，不易暴露；并且宜行百事，大吉大利。

④ 这六句讲的是太白入荧格和荧入太白格。

庚为金，所以称太白金星；丙为火，所以称火星，也称荧惑。天盘六庚加临地盘丙奇，天盘丙奇加临地盘六庚，构成两个格：一为太白入荧，一为荧入太白，此二格皆为凶格。

太白入荧，指天盘六庚加临地盘丙奇，这是金入火乡，金受火克，所以凶险。

荧入太白，指天盘丙奇加临地盘六庚，这是火入金乡，必克金，所以凶险。

太白入荧应防备贼寇来犯，荧入太白则贼寇会因恐惧而自退，此二格都不宜主动出击。

⑤ 这四句讲的是“格”与“勃”。悖，通勃，乱的意思；格，通隔，不通的意思。

天盘六庚下临年干、月干、日干、时干，构成岁格、月格、日格、时格；丙天盘六丙下临年干、月干、日干、时干，则构成岁悖、月勃、日勃、时勃。

天盘丙奇加地盘直符为符勃；天盘直符加地盘丙奇为飞勃。

⑥ 这两句讲的是伏干格和飞干格。伏干格也称日格。

天盘六庚加临地盘日干，为伏干格。此为凶格，战斗主客皆伤，尤不利主。

当日日干在天盘，加临地盘六庚，为飞干格，此时战斗主客两伤，尤不利客。

⑦ 这两句讲的是方庚与直符发生的情况。所谓“加一宫”，指天盘六庚加临地盘直符。带“战在野”意思是说“加一宫”主战斗在郊野，凶险。所谓“同一宫”，指以甲申庚为直符——称为天乙太白，直符与六庚同行加临地盘时干所在之宫。“战于国”意思是说战斗于城邑，凶险。

⑧ 这两句讲的是天乙伏宫格和天乙飞宫格。

天盘六庚加地盘直符，为天乙伏宫格。如天盘直符加地盘六庚，为天乙飞宫格。

庚加癸兮为大格，加己为刑最不宜；
庚加壬时为上格，又嫌岁月日时迟[1]。
更有一般奇格者，六庚谨勿加三奇，
此时若也行兵去，匹马只轮无返期[2]。
六癸加丁蛇夭矫，六丁加癸雀投江，
六乙加辛龙逃走，六辛加乙虎猖狂，
请观四者是凶神，百事逢之莫措手[3]。
丙加甲兮鸟跌穴，甲四丙兮龙回首，

校者注 ① 这四句讲的是大格、刑格、上格、岁格、月格、日格和时格。

天盘六庚加地盘六癸为大格。

天盘六庚加地盘六己为刑格。

天盘六庚加地盘六壬为上格，又称伏格。

“又嫌岁月日时迟”，说的是岁格、月格、日格、时格——天盘六庚加地盘年干，为岁格，大凶。天盘六庚所加临之地盘若为月朔即每月初一的日干，为月朔格，简称月格，大凶。天盘六庚加临地盘当日日干，为日格，大凶。天盘六庚加临地盘正时时干，为时格，也称时干格、伏干格，大凶。

② 这四句讲的是奇格。

天盘六庚加临地盘乙、丙、丁三奇，就是奇格。对于此格的吉凶要依据五行生克关系做具体分析。

③ 这六句讲的是螣蛇夭矫格、朱雀投江格、青龙逃走格和白虎猖狂格。

天盘六癸加临地盘丁奇，为螣蛇夭矫格，此时百事不利。癸属水，为北方元武龟蛇，为蛇首，而丁属火，癸加丁则水火相克，蛇被火烧，所以不吉。

天盘六丁加临地六癸，为朱雀投江格。丁属火，为朱雀，癸属水，丁加癸为火鸟首入水中，水火不容，所以凶险。

天盘六乙加临地盘六辛，为青龙逃走格。乙属木，为东方青龙，辛属金，为太白，是西方白虎，乙加辛，为金虎克木龙，所以称为青龙逃走。金克木为龙虎相残，自然大凶。

天盘六辛加临地盘六乙，为白虎猖狂格。辛属金，为西方白虎，乙属木，金克木，有猛虎碰到无力木之象，所以称为白虎猖狂。

以上四格极凶，所以说“百事逢之莫措手”。

只此二者是吉神，为事如意十八九[①]。
八门若遇开休生，诸事逢之总趁情；
伤宜捕猎终须获，杜好邀遮及隐形；
景上投书并破阵，惊能擒讼有声名；
若问死门何所主，只宜吊死与行刑[②]。
蓬任冲辅禽阳星，英芮柱心阴宿名；
辅禽心星为上吉，冲任小吉未全亨，
大凶蓬芮不堪遇，小凶英柱不精明[③]。
大凶无气变为吉，小凶无气亦同之；
吉星更能逢旺相，万举万全功必成；
若遇休囚并废没，劝君不必进前程[④]。

校者注 ① 这四句讲的是飞鸟跌穴格和青龙回首格。

天盘丙奇加临地盘甲子，为飞鸟跌穴格。丙属火，为朱雀，甲属木，为鸟之巢穴，所以丙加甲为飞鸟跌穴。

天盘甲子加临地盘丙奇，为青龙回首格，又叫青龙返首格。甲属木，为青龙，丙属火，龙遇火则返首而去，所以甲加丙为青龙回首。

这两格是大吉之格，做事十有八九可以成功。由以上可以看出，十干相加多为凶格，唯飞鸟跌穴和青龙回首两格是吉格。

② 这八句讲的是八门的吉凶。

八门是：开、休、生、伤、杜、景、惊、死这八门。

八门中，开、休、生三门是吉门，无论做什么事情都能够称情遂意；伤、杜、惊、死这四门为凶门，做事应避开它们；景门半吉半凶。

③ 这六句和下面二十二句讲的是九星及其吉凶。

九星为天蓬、天任、天冲、天辅、天禽、天英、天芮、天柱、天心这九星。

九星分阳星和阴星两类，其中天蓬、天任、天冲、天辅、天禽为阳星，天英、天芮、天柱、天心为阴星。

天辅、天禽、天心三星为大吉之星，天冲、天任二星为次吉之星，天蓬、天芮二星为大凶之星，天英、天柱二星为半凶之星。

④ 这六句讲的是九星在旺、相、休、囚、死状态上的吉凶。

旺、相、休、囚、死是五行在一年四季中的状态。旺，即旺盛状态；相，次旺状态；休，休息状态；囚，衰落状态；死，毫无生机状态。

通常所说的九星吉凶，是指撇开九星所占的具体条件而设定的吉凶，如果把九星所处的旺、相、休、囚、死状态考虑进去，九星的吉凶就会发生变化。具体地说，吉星何若不得旺、相之气，则难是共戚；吉星何若逢旺、相，则吉事必成；吉星何若逢休、囚，则不再吉。

要识九星配五行，各随八卦考羲经；
坎逢星水离为火，中宫坤艮土为营；
乾兑为金震巽木，旺相休囚看重轻[①]。
与我同行即为相，我生之月诚为旺，
废于父母休于财，囚于鬼兮真不旺[②]。
假如水宿乃天蓬，相在初冬与仲冬，
旺于正二休四五，其余仿此自研穷[③]。

校者注 ① 这六句讲的是九星的五行属性。

九星的五行属星与各星所配的八卦中的各卦是相联系的。后天八卦从正北的坎卦开始按顺时针方向旋转，各卦及其所配之星的五行属性为：

坎卦正北属水，天蓬在坎一宫为水星；艮卦东北属土，天任在艮八宫为土星；

震卦正东属木，天冲在震三宫为木星；巽卦东南属木，天辅在巽四宫为木星；

离卦南方属火，天英在离九宫为火星；坤卦西南属土，天芮在坤二宫为土星；

兑卦正西属金，天柱在兑七宫为金星；乾卦西北属金，天心在乾六宫为金星；

中央属土，天禽在中五宫寄坤二宫为星。

② 这四句讲的是定“六亲”问题。

所谓“六亲”，指父母、兄弟、子孙、妻财、官鬼，加上自身——也就是“我”，成六亲。

六亲是关系的产物，它是由一卦所在宫的五行和每爻所纳地支的五行之向的生克关系所决定的，该卦所在宫的五行为“我”，各爻所纳地支的五行为“亲”，具体的“亲”是由“我”和“亲”之间的关系而定的。定六亲的原则是：

生我者为父母；

我生者为子孙；

克我者为官鬼；

我克者为妻财；

比和者为兄弟。

明白了这些，就知道上边那四句话是什么意思了。九星各旺于“我”生之月，相于同一五行之月，死于生“我”之月，囚于“官鬼”之月，休于“妻财”之月。

③ 这四句是以天蓬为例说明九星在各月的旺、相、休、囚、死的情况。

天蓬为水星，相于亥、子月，旺于寅、卯月，死（废）于申、酉月，休于巳、午月，囚于辰、未月。天任、天禽、天芮为土星，相于辰、戌、丑、未月，旺于申、酉月，死于巳、午月，休于亥、子月，囚于寅、卯月。

天冲、天辅为木星，相于寅、卯月，旺于巳、午月，死于亥、子月，休于辰、戌、丑、未月，囚于申、酉月。

天柱、天心为金宿，相于申、酉月，旺于亥、子月，死于辰、戌、丑、未月，休于寅、卯月，囚于巳、午月。

急则从神缓从门，三五返覆天道亭[①]。
十干加伏若加错，入库休囚百事危[②]。
十精为使用为贵，起宫天乙用无遗[③]。
天目为客地为主，六甲推兮无差理，
劝君莫失此玄机，洞微九宫扶明主[④]。
宫制其门不为迫，门制其宫是迫雄[⑤]。
天网四张无路走，一二网低有路通，
三至四宫行入墓，八九高强任西东[⑥]。
节气推移时候定，阴阳顺逆要精通。
三元积数成六纪，天地未成有一理。
请观歌里精微诀，非是贤人莫传与[⑦]。

校者注 ① 这两句讲的是遇到紧急情况如何应付。

所谓“急则从神”，就是遇到危难紧急情况，来不及选择三奇和吉门，可以向天盘直符所在之宫及地盘直符所在之宫而去，便可保吉利无灾。所谓“缓从门”，就是在正常情况下从容而动，就选择三奇吉门之后而行。

“三”指八门中的三吉门，“五”指八门中的五凶门。“三五返覆天道亭”，意思是说虽然有时得三吉门，有时得五凶门，反复变化，只要顺应天道，或从神或从门，便可以吉无不利。

② 拨动活盘直符随时干，如果不构成凶格，此时可用；如果构成凶格，则不可用。这与时干有直接关系，如时干入墓、时干克时干、十干伏吟、六仪击刑、三奇入墓等等，举事欲吉反凶。

③ “十”为“九”加“一”之和，阴阳二遁，阳遁直使起于一宫，终于九宫；而阴遁直使起于九宫，终于一宫。一宫与九宫直门相冲，一与九之和为十。一宫为子，九宫为午，子午之东阳气用事，所以冬至到芒种为阳遁；子午之西阴气用事，所以夏至到大雪为阴遁。乙为日奇，丙为月奇，丁为星奇。

④ 判断吉凶，除了观察其他因素之外，还要观察主客——分析何者为主，何者为客，何时、何方利于主，何时、何方利于客。在活盘上，天盘为客，地盘为主。

⑤ 这两句讲的是迫和制。

门克宫，为迫；宫克门，为制。门克宫，称为门被迫，吉门若被迫，则吉可不成；凶门被迫，则凶事尤甚。

⑥ 这四句讲的是天网四张格。

天盘六癸所临之宫为天网四张。占测之时，应当看其网之高低而分别对待，不可一概而论。六癸临几宫，则天网高几尺。

⑦ 一节三元，即三候，每元五日，全年七十二候。以天干和地支相配合，从甲子到癸亥，一轮六十日为一纪，则六纪。

阳遁歌

冬至惊蛰一七四，小寒二八五为次。大寒春分三九六，立春八五二为局。雨水九六三无失，清明立夏四一七。谷雨小满五二八，芒种六三九为法。

阴遁歌

夏至白露九三六，小暑八二五阴局。大暑秋分七一四，立秋二五八宫次。处暑一四七为是，霜降小雪五八二。寒露立冬六九三，大雪四七一宫缄。

八门九星定例歌

坎宫一位起蓬休，芮死还居坤二流。冲宿伤门三震位，杜门天辅巽宫周。心开乾六禽星五，天柱惊门兑七求。生任居艮景英九，禽宿无门坤上游。

按：奇门择时之法，以乙丙丁三奇与开休生三吉门会合为吉。修造则专取三奇到方，其起例如前法。阴阳遁各九局，自局之本宫起甲子，阳遁顺布六仪，逆布三奇；阴遁逆布六仪，顺布三奇。戊同甲子，己同甲戌，庚同甲申，辛同甲午，壬同甲辰，癸同甲寅。捷法：阳顺阴逆，以戊己庚辛壬癸丁丙乙为次。盖顺布丁丙乙在乙丙丁即是逆，而逆布丁丙乙在乙丙丁即是顺也。其八卦八节一气统三之法，冬至坎、立春艮、春分震、立夏巽，皆阳遁顺行。夏至离、立秋坤、秋分兑、立冬乾，皆阴遁逆行。如冬至上元用坎一局，小寒上元则用坤二局，大寒上元则用震三局。夏至上元用离九局，小暑上元则用艮八局，大暑上元则用兑七局是也。上元局定，中元、下元皆轮流，自然之理。盖五日六十时为一元，而甲己日必甲子时，故以甲己日为符首，甲子、甲午、己卯、己酉日为上元，甲寅、甲申、己巳、己亥日为中元，甲辰、甲戌、己丑、己未日为下元。如阳遁一局，甲子日为上元，甲子时起坎一，己巳日为中元。甲子时起兑七，甲戌为下元。甲子时起巽四，至己卯日复为上元。一节十五日，三元既周，则下节另起也。

又有置闰之法，乃由气盈而生。如今年甲子日冬至用冬至上元，是为正授，“正”之云者，符首与节同日也。至明年冬至为己巳日，符首甲子在冬至前五日，则冬至前甲子日即用冬至上元，是为超神“超”，之云者，符首在节前也。至后年冬至为甲戌日，前之符首甲子在冬至前十日，后之符首己卯在冬至后五日，前远后近，则冬至前甲子日仍用大雪上元，己巳日仍用大雪中元，冬至之甲戌日仍用大雪下元，而冬至后之己卯日方用冬至上元。重用大雪三元，是为置闰，“闰”之云者，谓闰一气也。后己卯日方用冬至上元，是为接气，“接”之云者，符首在节后也。故曰置闰必在二至之前，超不过十，接不过五。然此乃以平气正授起算。若以定气而论，盈缩各有不同，当以远近为断。如前之符首在节前七日，后之符首在节后八日，前近后远，则当仍用超神。若之符首在节前八日，后之符首在节后七日，前远后近，则当置闰可也。接气又有拆局、补局之法，先用本节下元不可从，要之正授之后为超神，超神之后为置闰，置闰之后为接气，接气之后为正授或为超神，此则一定不易耳。其每局六十时飞布之法，先依本局排定地盘，次取各时六甲之星为直符，六甲之门为直使，以直符加时干，阳顺阴逆。九星飞布九宫，以直使加时宫，不论阴阳八门，顺转八卦（一说九星亦是顺行八卦），直符、螣蛇、太阴、六合、白虎、元武、九地、九天八神，阳顺阴逆，以次推排（一说白虎作勾陈，元武作朱雀）。今列二式于左。

阳遁一局甲子时

乙丑时

如阳遁一局，甲子戊起坎一，甲戌己在坤二，甲申庚在震三，甲午辛在巽四，甲辰壬在中五寄坤，甲寅癸在乾六，丁在兑七，丙在艮八，乙在离九，是为地盘。甲子时蓬戊直符加甲子，休门直使亦加甲子，是为伏吟。乙丑时蓬戊直符加乙在离九，芮己在坎一，冲庚在坤二，辅辛在震三，禽壬在巽四，心癸在中五，柱丁在乾六，任丙在兑七，英乙在艮八。休门直使加乙丑在坤二，生门在兑，开门在离，丙奇与生门合于兑方吉。

阴遁九局甲子时

丙寅时

如阴遁九局，甲子戊起离九，甲戌己在艮八，甲申庚在兑七，甲午辛在乾六，甲辰壬在中五寄坤，甲寅癸在巽四，丁在震三，丙在坤二，乙在坎一，是为地盘。甲子时英戊直符加甲子，景门直使亦加甲子，是为伏吟。丙寅时英戊直符加丙在坤二，任己在坎一，柱庚在离九，心辛在艮八，禽壬在兑七，辅癸在乾六，冲丁在中五，芮丙在巽四，蓬乙在震三。景门直使加丙寅在兑七，开门在艮，休门在震，与乙奇合，生门在巽与丙奇合，丙寅时震巽二方吉。全局一千八十，各有专书，今不尽录也。

（钦定协纪辨方书卷三十五）

钦定四库全书·钦定协纪辨方书卷三十六

辨讹

术士好奇而嗜利，讹言繁兴，此以为吉，彼以为凶。自汉褚少孙补《史记》已言之，况又经六代、唐、宋、元、明以来，其谬说又不知凡几。二十四向而神煞盈千，六十甲子而术家盈百，以前民利用之具而成惑世诬民之书，不可不辨也。顾流传民间者，随地而异，耳目难周，即所睹闻亦难尽驳，卷中辨论者，夫亦举一隅云耳。作《辨讹》。

男女合婚大利月

阴阳家言多病迂泥，术士捏造益属荒唐，而惑世诬民则未有如合婚大利月之尤甚者。夫妇之道，人伦之始。《书》载“厘降”，《诗》咏“关雎”，未尝有合婚之说也。《诗》曰：“士如归妻，迨冰未泮。”《礼》曰：“仲春之月，令民会男女。”未尝有大利月之说也。即禄命之法，以人生年月日时去留疏配，推人寿夭穷通，亦未尝有以男女年月定妨妻妨夫之说也。为是说者不知其所自起，而皆托于吕才，观《唐书·吕才传》，其于阴阳术数辨驳甚详，则其为术士之伪托，无疑也。今取其说而论之。三元九宫者，乃年九星入中宫之一星，非谓其年之生命即在是宫也。由年而衍之于人，由男而衍之于女，已属展转支离（说见《附录》）。而又以地理家游年变卦之法，两宫相配以定吉凶。无论比拟非伦，且地理专取净阴净阳（说见《本原》）。而婚姻则取阴阳配偶，是葬之所谓吉，正婚之所谓凶，更属显然背谬。又况世传九星误以上元为中元（说见《附录》），则宫已非其宫，而卦亦非其卦。然则世之惘惘焉，据以为拘忌者，诚不啻谬以千里也。孤辰寡宿者，乃由奇门孤虚之法而推衍之，而荒诞无义理。奇门以旬空为孤，其对为虚，又有年孤、月孤、日孤、时孤，乃年、月、日、时后二辰。如子年月日时，则戌亥为孤，辰巳为虚，皆以方位言也。《通书》有孤辰寡宿日，以令前一辰为孤辰，令后一辰为寡宿。如寅卯辰春令，巳为孤辰，丑为寡宿。寡即孤意，孤即虚意，已属无稽（说见《附录》）。然一月止忌一日，其害犹小，而合婚者，乃谓亥子丑年正月生男命为孤辰，主妨妻；九月生女命为寡宿，主妨夫。盖因兵书有云“背孤击虚，一女可敌十夫”。术士遂捏为孤寡之名，而以妨夫、妨妻为说。夫以三年而生一月之内，合诸日时命以千计，而谓其皆妨夫、妨妻，虽三尺童子亦不信也。

胞胎相冲者，寅申年忌巳亥月，卯酉年忌子午月。盖术家以隔三为破，犹建除之平、收也。夫隔三之义，月日则然，而亦非尽以为忌，况男年与女月，女年与男月，了不相干，何破之有？俗术因产厄之可畏，而捏此名以吓人，诚可恶也。骨髓破，取本生年月与胞胎同，而或平或收又非魁罡之义。铁扫帚，既取三合，而水局取衰病月，金局取冠带与衰月，火局取临官与死月，木局取帝旺与胎月，参差不伦，又必传写之误。无端而加以扫、破之名，当亦不能自为之说也。年月六害，禄命不忌，且年月非夫妇，何以遂为不和之占？假令年月相冲，又当作何论断？此不待辨而知其非也。四败生命，既非本于五行，又无取于三合，其月分更无例可推。而谓男女生月犯之多啾唧，殊无谓也。至于男命以干克者为妻，女命以克干者为夫，乃禄命之法，论日干，非论年纳音也。术士从而衍之，以男女生命纳音为主，男取音之所克为妻，女取克音者为夫。自长生至衰为益财，自病至养为退财，绝为鳏寡，死墓为多厄，死墓绝为妨妻、妨夫。如水命男以火为妻，火生于寅而衰于未，故正月至六月生为益财。病于申而养于丑，故七月至十二月生为退财。绝于亥，故十月生为望门鳏。死于酉，墓于戌，故八、九月生为妻多厄。而八、九、十月生又为死墓绝，妨妻。又如水命女以土为夫，土长生于申而衰于丑，故七月至十二月生为益财。病于寅而养于未，故正月至六月生为退财。绝于巳，故四月生为望门寡。死于卯，墓于辰，故二、三月生为夫多厄。而二、三、四月生又为死墓绝，妨夫。

夫五音之命各十二年，三月之中计二万五千九百二十命，六月之中计五万一千八百四十命，无论何日何时而谓生此三月之内皆妨妻、妨夫，生此六月之内皆退财，固万万无是理也。至于男之益财，金命十月误起七月，土命七月误起五月。女之益财，火木金命皆差早一月。死墓绝妨夫误与男命同，则传写之讹，更不足辨。世人不察其所以然之故，惟听术士之说，一一求其悉合，多至逾时不得婚嫁，嘻，俗术之害人，何至此极耶！然合婚之说，北方世俗用之，士大夫及南方皆不深信，而行嫁大利月则举世用之而不辨其非，而不知其所谓大利者，固术士之捏造而无理之甚者也。其法以女命为主，子寅辰午申戌六阳年，自本命前一月向前顺数。丑卯巳未酉亥六阴年，自本命后一月向后逆数，第一月为大利，第二月妨媒氏首子，第三月妨翁姑，第四月妨女父母，第五月妨夫，第六月妨本身，至第七月又复一转。夫第十二月为女本命，第六月为本命之冲，虽选择无忌地支一字之理，而犹有可言。阳前阴后一月，又何取以为大利耶？且第一月利矣，以次而推，何由而妨媒氏？何由而妨翁姑？何由而妨父母？何由而妨夫婿？求之阴阳五行、九宫八卦、堪舆、建除、丛辰之说，无一可通，此不亦荒诞不经之至乎！而世俗懵然信之，一月偶愆，辄逾数岁。《摽梅》《束楚》，《诗》之致慨于失时者，比比皆然。故曰惑世诬民之尤甚者也。今已奏准删除，具录《立成》于左，观者当自知辨。

合婚立成			
男女生命	上元	中元	下元
甲子癸酉壬午辛卯庚子己酉戊午	男七女五	男一女二	男四女八
乙丑甲戌癸未壬辰辛丑庚戌己未	男六女六	男九女三	男三女九
丙寅乙亥甲申癸巳壬寅辛亥庚申	男五女七	男八女四	男二女一
丁卯丙子乙酉甲午癸卯壬子辛酉	男四女八	男七女五	男一女二
戊辰丁丑丙戌乙未甲辰癸丑壬戌	男三女九	男六女六	男九女三
己巳戊寅丁亥丙申乙巳甲寅癸亥	男二女一	男五女七	男八女四
庚午己卯戊子丁酉丙午乙卯	男一女二	男四女八	男七女五
辛未庚辰己丑戊戌丁未丙辰	男九女三	男三女九	男六女六
壬申辛巳庚寅己亥戊申丁巳	男八女四	男二女一	男五女七
男五宫寄二宫，女五宫寄八宫。			

生气	一四 六七	二八 七六	三九 八二	四一 九三	游魂	一六 六一	二九 七四	三八 八三	四七 九二
天医	一八 六三	二四 七九	三六 八一	四二 九七	归魂	一一 六六	二二 七七	三三 八八	四四 九九
福德	一三 六八	二七 七二	三一 八六	四九 九四	绝体	一九 六二	二六 七八	三四 八七	四三 九一
五鬼	一七 六四	二三 七一	三二 八九	四六 九八	绝命	一二 六九	二一 七三	三七 八四	四八 九六

《通书》曰：吕才云：合得生气、天医、福德为上吉，子孙昌盛，不避胞胎月内诸凶。如遇绝体、游魂、归魂为中等，可以轻重较量言之。如命卦通和，月中少忌，可以成婚。但婚姻之事，理无十全，中平亦吉。若遇五鬼则主男女口舌。惟遇绝命则于男女多各有忧，虽命卦和悦，亦不宜也。

生命	亥子丑	寅卯辰	巳午未	申酉戌
孤辰	正月	四月	七月	十月
寡宿	九月	十二月	三月	六月

右男忌孤辰，女忌寡宿。如生气不忌。

生命	寅申	卯酉	辰戌	巳亥	子午	丑未
胞胎相冲	四月 十月	五月 十一月	六月 十二月	七月 正月	二月 八月	三月 九月

右名穿胎煞，犯之多产厄。若遇生气、天医、福德即不忌。如寅申年生男不娶四、十月女。卯酉年生女不嫁五、十一月男。余仿此。

生命	子	丑	寅	卯	辰	巳	午	未	申	酉	戌	亥
骨髓破男破女家 女破男家	二	三	十	五	十二	正	八	九	四	十一	六	七
铁扫帚男扫女家 女扫男家	正 十二	六 九	四 七	二 八	正 十二	六 九	四 七	二 八	正 十二	六 九	四 七	二 八
六害不和	六	五	四	三	二	正	十二	十一	十	九	八	七

四败	大败	狼籍	飞天狼籍	八败
子辰巳生命	四月	五月	二三月	六月
丑申酉生命	七月	八月	正七月	九月
寅卯午生命	十月	十一月	五六月	十二月
未戌亥生命	正月	二月	十一月	三月

右煞男女生月，犯之每多啾唧。

男命	水	火	木	金	土
益财益女家	正月至 六月生	四月至 九月生	七月至 十二月生	十月至 三月生	七月至 十二月生
退财退女家	七月至 十二月生	十月至 三月生	正月至 六月生	四月至 九月生	正月至 六月生
望门鳏	十月	正月	四月	七月	四月
妻多厄	八九月	十一十二月	二三月	五六月	二三月
死墓绝妨妻	八九 十月	十一 十二正月	二三 四月	五六 七月	二三 四月

女命	水	火	木	金	土
益财益夫家	七月至 十二月生	七月至 十二月生	四月至 九月生	正月至 六月生	十月至 三月生
退财退夫家	正月至 六月生	正月至 六月生	十月至 三月生	七月至 十二月生	四月至 九月生
望门寡	四月	四月	正月	十月	七月

（续表）

女命	水	火	木	金	土
夫多厄	二三月	二三月	十一 十二月	八九月	五六月
死墓绝妨夫	二三四月	二三四月	十一十二 正月	八九十月	五六七月

女命	子午	丑未	寅申	卯酉	辰戌	巳亥
大利月	六十二	五十一	二八	正七	四十	三九
妨媒氏首子	正七	四十	三九	六十二	五十一	二八
妨翁姑	二八	三九	四十	五十一	六十二	正七
妨女父母	三九	二八	五十一	四十	正七	六十二
妨夫主	四十	正七	六十二	三九	二八	五十一
妨女身	五十一	六十二	正七	二八	三九	四十
右女命，已上亲属，若得行嫁大利月，是遇吉期，无诸禁忌，喜见新人。余月各有所忌，如无所忌之人则吉。						

诸家銮驾星曜

玉皇銮驾、紫微帝星、紫微銮驾、北辰帝星、撼龙帝星、都天宝照、都天转运、行衙帝星、周仙罗星、星马贵人，既非实有此星，又且必无此理。且于一帝星之中又有金轮、火轮、水轮、天乙、太乙诸名，皆术士揑造。《选择宗镜》曰：统而论之，有五六玉皇，终年各守一方，绝不移易，是六朝之分皇，五代之各帝也。有是理乎！且择日而取日月星辰到山向者，喜山向之光辉也，岂谓日月星辰中有神仙乎？彼昏不知，误以为道家所称太阳帝君、太阴帝君、银河星君，遂各揑一玉皇以压之，以致纷纷不一，诬罔极矣！今皆删去不用，而各录《立成》于左。

玉皇銮驾立成

甲己丁壬戊癸阳年	子	丑	寅	卯	辰	巳	午	未	申	酉	戌	亥
玉皇	庚酉	辛戌	乾亥	壬子	癸丑	艮寅	甲卯	乙辰	巽巳	丙午	丁未	坤申
火轮	辛戌	乾亥	壬子	癸丑	艮寅	甲卯	乙辰	巽巳	丙午	丁未	坤申	庚酉
金轮	乾亥	壬子	癸丑	艮寅	甲卯	乙辰	巽巳	丙午	丁未	坤申	庚酉	辛戌
水轮	壬子	癸丑	艮寅	甲卯	乙辰	巽巳	丙午	丁未	坤申	庚酉	辛戌	乾亥
土轮	癸丑	艮寅	甲卯	乙辰	巽巳	丙午	丁未	坤申	庚酉	辛戌	乾亥	壬子
炽轮	艮寅	甲卯	乙辰	巽巳	丙午	丁未	坤申	庚酉	辛戌	乾亥	壬子	癸丑
天乙	甲卯	乙辰	巽巳	丙午	丁未	坤申	庚酉	辛戌	乾亥	壬子	癸丑	艮寅
火帝	乙辰	巽巳	丙午	丁未	坤申	庚酉	辛戌	乾亥	壬子	癸丑	艮寅	甲卯
天定	巽巳	丙午	丁未	坤申	庚酉	辛戌	乾亥	壬子	癸丑	艮寅	甲卯	乙辰
宝台	丙午	丁未	坤申	庚酉	辛戌	乾亥	壬子	癸丑	艮寅	甲卯	乙辰	巽巳
炽帝	丁未	坤申	庚酉	辛戌	乾亥	壬子	癸丑	艮寅	甲卯	乙辰	巽巳	丙午
炎帝	坤申	庚酉	辛戌	乾亥	壬子	癸丑	艮寅	甲卯	乙辰	巽巳	丙午	丁未
乙庚丙辛阴年	子	丑	寅	卯	辰	巳	午	未	申	酉	戌	亥
玉皇	甲寅	艮丑	癸子	壬亥	乾戌	辛酉	庚申	坤未	丁午	丙巳	巽辰	乙卯
火轮	艮丑	癸子	壬亥	乾戌	辛酉	庚申	坤未	丁午	丙巳	巽辰	乙卯	甲寅
金轮	癸子	壬亥	乾戌	辛酉	庚申	坤未	丁午	丙巳	巽辰	乙卯	甲寅	艮丑
水轮	壬亥	乾戌	辛酉	庚申	坤未	丁午	丙巳	巽辰	乙卯	甲寅	艮丑	癸子
土轮	乾戌	辛酉	庚申	坤未	丁午	丙巳	巽辰	乙卯	甲寅	艮丑	癸子	壬亥
炽轮	辛酉	庚申	坤未	丁午	丙巳	巽辰	乙卯	甲寅	艮丑	癸子	壬亥	乾戌
天乙	庚申	坤未	丁午	丙巳	巽辰	乙卯	甲寅	艮丑	癸子	壬亥	乾戌	辛酉
火帝	坤未	丁午	丙巳	巽辰	乙卯	甲寅	艮丑	癸子	壬亥	乾戌	辛酉	庚申

（续表）

乙庚丙辛阴年	子	丑	寅	卯	辰	巳	午	未	申	酉	戌	亥
天定	丁午	丙巳	巽辰	乙卯	甲寅	艮丑	癸子	壬亥	乾戌	辛酉	庚申	坤未
宝台	丙巳	巽辰	乙卯	甲寅	艮丑	癸子	壬亥	乾戌	辛酉	庚申	坤未	丁午
炽帝	巽辰	乙卯	甲寅	艮丑	癸子	壬亥	乾戌	辛酉	庚申	坤未	丁午	丙巳
炎帝	乙卯	甲寅	艮丑	癸子	壬亥	乾戌	辛酉	庚申	坤未	丁午	丙巳	巽辰

紫微帝星立成												
	紫微	荧惑	太乙	宝台	游都	奕游	天乙	天煞	荣光	朗耀	凶煞	黑煞
甲己丁壬戊癸阳年	壬子	癸丑	艮寅	甲卯	乙辰	巽巳	丙午	丁未	坤申	庚酉	辛戌	乾亥
乙庚丙辛阴年	壬亥	乾戌	辛酉	庚申	坤未	丁午	丙巳	巽辰	乙卯	甲寅	艮丑	癸子

紫微銮驾　年龙月兔日虎时牛

甲己丁壬戊癸阳年立成												
年龙	子	丑	寅	卯	辰	巳	午	未	申	酉	戌	亥
月兔	亥	子	丑	寅	卯	辰	巳	午	未	申	酉	戌
日虎	戌	亥	子	丑	寅	卯	辰	巳	午	未	申	酉
时牛	酉	戌	亥	子	丑	寅	卯	辰	巳	午	未	申
天乙	庚酉	辛戌	乾亥	壬子	癸丑	艮寅	甲卯	乙辰	巽巳	丙午	丁未	坤申
天定	乾亥	壬子	癸丑	艮寅	甲卯	乙辰	巽巳	丙午	丁未	坤申	庚酉	辛戌
太乙	壬子	癸丑	艮寅	甲卯	乙辰	巽巳	丙午	丁未	坤申	庚酉	辛戌	乾亥

（续表）

甲己丁壬戊癸阳年立成												
玉皇	甲卯	乙辰	巽巳	丙午	丁未	坤申	庚酉	辛戌	乾亥	壬子	癸丑	艮寅
金轮	癸巳	丙午	丁未	坤申	庚酉	辛戌	乾亥	壬子	癸丑	艮寅	甲卯	乙辰
水轮	丙午	丁未	坤申	庚酉	辛戌	乾亥	壬子	癸丑	艮寅	甲卯	乙辰	巽巳

乙庚丙辛阴年立成												
年龙	子	丑	寅	卯	辰	巳	午	未	申	酉	戌	亥
月兔	亥	子	丑	寅	卯	辰	巳	午	未	申	酉	戌
日虎	戌	亥	子	丑	寅	卯	辰	巳	午	未	申	酉
时牛	酉	戌	亥	子	丑	寅	卯	辰	巳	午	未	申
天乙	甲卯	艮寅	癸丑	壬子	乾亥	辛戌	庚酉	坤申	丁未	丙午	巽巳	乙辰
天定	癸丑	壬子	乾亥	辛戌	庚酉	坤申	丁未	丙午	巽巳	乙辰	甲卯	艮寅
太乙	壬子	乾亥	辛戌	庚酉	坤申	丁未	丙午	巽巳	乙辰	甲卯	艮寅	癸丑
玉皇	庚酉	坤申	丁未	丙午	巽巳	乙辰	甲卯	艮寅	癸丑	壬子	乾亥	辛戌
金轮	丁未	丙午	巽巳	乙辰	甲卯	艮寅	癸丑	壬子	乾亥	辛戌	庚酉	坤申
水轮	丙午	巽巳	乙辰	甲卯	艮寅	癸丑	壬子	乾亥	辛戌	庚酉	坤申	丁未

北辰帝星立成												
年支	子	丑	寅	卯	辰	巳	午	未	申	酉	戌	亥
天剑	壬子	癸丑	艮寅	甲卯	乙辰	巽巳	丙午	丁未	坤申	庚酉	辛戌	乾亥
天锋	癸丑	艮寅	甲卯	乙辰	巽巳	丙午	丁未	坤申	庚酉	辛戌	乾亥	壬子
天凶	艮寅	甲卯	乙辰	巽巳	丙午	丁未	坤申	庚酉	辛戌	乾亥	壬子	癸丑
天台	甲卯	乙辰	巽巳	丙午	丁未	坤申	庚酉	辛戌	乾亥	壬子	癸丑	艮寅
天魁	乙辰	巽巳	丙午	丁未	坤申	庚酉	辛戌	乾亥	壬子	癸丑	艮寅	甲卯

(续表)

北辰帝星立成												
年支	子	丑	寅	卯	辰	巳	午	未	申	酉	戌	亥
天仇	巽巳	丙午	丁未	坤申	庚酉	辛戌	乾亥	壬子	癸丑	艮寅	甲卯	乙辰
天冤	丙午	丁未	坤申	庚酉	辛戌	乾亥	壬子	癸丑	艮寅	甲卯	乙辰	巽巳
天虚	丁未	坤申	庚酉	辛戌	乾亥	壬子	癸丑	艮寅	甲卯	乙辰	巽巳	丙午
天灾	坤申	庚酉	辛戌	乾亥	壬子	癸丑	艮寅	甲卯	乙辰	巽巳	丙午	丁未
天帝	庚酉	辛戌	乾亥	壬子	癸丑	艮寅	甲卯	乙辰	巽巳	丙午	丁未	坤申
天福	辛戌	乾亥	壬子	癸丑	艮寅	甲卯	乙辰	巽巳	丙午	丁未	坤申	庚酉
天祸	乾亥	壬子	癸丑	艮寅	甲卯	乙辰	巽巳	丙午	丁未	坤申	庚酉	辛戌

撼龙帝星立成										
年干	甲	乙	丙	丁	戊	己	庚	辛	壬	癸
泰龙	艮寅	甲卯	乙辰	巽巳	丙午	丁未	坤申	庚酉	辛戌	乾亥
益龙	乙辰	巽巳	丙午	丁未	坤申	庚酉	辛戌	乾亥	壬子	癸丑
升龙	丙午	丁未	坤申	庚酉	辛戌	乾亥	壬子	癸丑	艮寅	甲卯
丰龙	坤申	庚酉	辛戌	乾亥	壬子	癸丑	艮寅	甲卯	乙辰	巽巳
萃龙	辛戌	乾亥	壬子	癸丑	艮寅	甲卯	乙辰	巽巳	丙午	丁未
壮龙	壬子	癸丑	艮寅	甲卯	乙辰	巽巳	丙午	丁未	坤申	庚酉

都天宝照立成												
年支	子	午	丑	未	寅	申	卯	酉	辰	戌	巳	亥
太阳	坤	申	乾	亥	艮	寅	巽	巳	丙	午	丁	未
土宿	庚	酉	壬	子	甲	卯	丙	午	丁	未	坤	申
贪粮	辛	戌	癸	丑	乙	辰	丁	未	坤	申	庚	酉
禄存	乾	亥	艮	寅	巽	巳	坤	申	庚	酉	辛	戌

（续表）

都天宝照立成												
年支	子	午	丑	未	寅	申	卯	酉	辰	戌	巳	亥
巨门	壬	子	甲	卯	丙	午	庚	酉	辛	戌	乾	亥
破军	癸	丑	乙	辰	丁	未	辛	戌	乾	亥	壬	子
武曲	艮	寅	巽	巳	坤	申	乾	亥	壬	子	癸	丑
文曲	甲	卯	丙	午	庚	酉	壬	子	癸	丑	艮	寅
左辅	乙	辰	丁	未	辛	戌	癸	丑	艮	寅	甲	卯
廉贞	巽	巳	坤	申	乾	亥	艮	寅	甲	卯	乙	辰
右弼	丙	午	庚	酉	壬	子	甲	卯	乙	辰	巽	巳
罗睺	丁	木	辛	戌	癸	丑	乙	辰	巽	巳	丙	午

都天转运行衙帝星立成												
年支	子	丑	寅	卯	辰	巳	午	未	申	酉	戌	亥
贪狼	中	巽	震	坤	坎	离	艮	兑	乾	中	巽	震
巨门	乾	中	巽	震	坤	坎	离	艮	兑	乾	中	巽
禄存	兑	乾	中	巽	震	坤	坎	离	艮	兑	乾	中
文曲	艮	兑	乾	中	巽	震	坤	坎	离	艮	兑	乾
廉贞	离	艮	兑	乾	中	巽	震	坤	坎	离	艮	兑
武曲	坎	离	艮	兑	乾	中	巽	震	坤	坎	离	艮
破军	坤	坎	离	艮	兑	乾	中	巽	震	坤	坎	离
左辅	震	坤	坎	离	艮	兑	乾	中	巽	震	坤	坎
右弼	巽	震	坤	坎	离	艮	兑	乾	中	巽	震	坤

周望仙人罗星立成

甲己丁壬戊癸阳年	辰	巳	午	未	申	酉	戌	亥	子	丑	寅	卯
紫气	癸丑	艮寅	甲卯	乙辰	巽巳	丙午	丁未	坤申	庚酉	辛戌	乾亥	壬子
太阴	甲卯	乙辰	巽巳	丙午	丁未	坤申	庚酉	辛戌	乾亥	壬子	癸丑	艮寅
太阳	乙辰	巽巳	丙午	丁未	坤申	庚酉	辛戌	乾亥	壬子	癸丑	艮寅	甲卯
木星	丁未	坤申	庚酉	辛戌	乾亥	壬子	癸丑	艮寅	甲卯	乙辰	巽巳	丙午
金星	庚酉	辛戌	乾亥	壬子	癸丑	艮寅	甲卯	乙辰	巽巳	丙午	丁未	坤申
水星	辛戌	乾亥	壬子	癸丑	艮寅	甲卯	乙辰	巽巳	丙午	丁未	坤申	庚酉
乙庚丙辛阴年	辰	巳	午	未	申	酉	戌	亥	子	丑	寅	卯
紫气	乾亥	辛戌	庚酉	坤申	丁未	丙午	巽巳	乙辰	甲卯	艮寅	癸丑	壬子
太阴	庚酉	坤申	丁未	丙午	巽巳	乙辰	甲卯	艮寅	癸丑	壬子	乾亥	辛戌
太阳	坤申	丁未	丙午	巽巳	乙辰	甲卯	艮寅	癸丑	壬子	乾亥	辛戌	庚酉
木星	巽巳	乙辰	甲卯	艮寅	癸丑	壬子	乾亥	辛戌	庚酉	坤申	丁未	丙午
金星	甲卯	艮寅	癸丑	壬子	乾亥	辛戌	庚酉	坤申	丁未	丙午	巽巳	乙辰
水星	艮寅	癸丑	壬子	乾亥	辛戌	庚酉	坤申	丁未	丙午	巽巳	乙辰	甲卯

星马贵人吉凶方位立成

星马吉凶神	金神	将军	太岁	太乙	大耗	丧门	吊客	天定	官符	小耗	符病	天乙
申子辰年	乾亥	壬子	癸丑	艮寅	甲卯	乙辰	巽巳	丙午	丁未	坤申	庚酉	辛戌
巳酉丑年	坤申	庚酉	辛戌	乾亥	壬子	癸丑	艮寅	甲卯	乙辰	巽巳	丙午	丁未
寅午戌年	巽巳	丙午	丁未	坤申	庚酉	辛戌	乾亥	壬子	癸丑	艮寅	甲卯	乙辰
亥卯未年	艮寅	甲卯	乙辰	巽巳	丙午	丁未	坤申	庚酉	辛戌	乾亥	壬子	癸丑

巡山二十四神煞

年支神煞随二十四山顺行者,从太岁逼近之方起,以次渐推而远,还归于太岁之方。假如子年癸,名曰:巡山罗睺,凶;次丑则曰:暗曜,凶;又次艮则曰:土宿,凶;又次寅则曰:瘟星,凶;又次甲则曰:水星,吉;又次卯则曰:财宝,吉;又次乙则曰:金星,凶;又次辰则曰:血光,凶;又次巽则曰:太阳,吉;又次巳则曰:吉星,吉;又次丙则曰:火星,凶;又次午则曰:炎曜,凶;又次丁则曰:紫气,吉;又次未则曰:荣官,吉;又次坤则曰:计都,凶;又次申则曰:刀兵,凶;又次庚则曰:木星,吉;又次酉则曰:旺田,吉;又次辛则曰:鬼煞,凶;又次戌则曰:伤亡,凶;又次乾则曰:太阴,吉;又次亥则曰:吉庆,吉;又次壬则曰:摄提,凶;又次子为太岁本位则曰:旺蚕,吉。丑年则巡山罗睺从艮起,以次顺推二十四山,以居二十四煞,十二年例同之。今观其名而思其义,考其例而度其情,其为术士捏造,已属晓然。然唯巡山罗睺逼近太岁,俗所最畏,而亦尚近乎理,故台本取之,余皆不用。而犹载其例于《事类总集》中。其起例错误,辨见《义例》。又以二十四煞中有计都,遂谓罗睺属火,辨见《利用》。其余无庸深辨,观《立成》当共见矣。

年支	子	丑	寅	卯	辰	巳	午	未	申	酉	戌	亥
巡山罗睺	癸	艮	甲	乙	巽	丙	丁	坤	庚	辛	乾	壬
暗曜	丑	寅	卯	辰	巳	午	未	申	酉	戌	亥	子
土宿	艮	甲	乙	巽	丙	丁	坤	庚	辛	乾	壬	癸
瘟星	寅	卯	辰	巳	午	未	申	酉	戌	亥	子	丑
水星	甲	乙	巽	丙	丁	坤	庚	辛	乾	壬	癸	艮
财宝	卯	辰	巳	午	未	申	酉	戌	亥	子	丑	寅
金星	乙	巽	丙	丁	坤	庚	辛	乾	壬	癸	艮	甲
血光	辰	巳	午	未	申	酉	戌	亥	子	丑	寅	卯

（续表）

年支	子	丑	寅	卯	辰	巳	午	未	申	酉	戌	亥
太阳	巽	丙	丁	坤	庚	辛	乾	壬	癸	艮	甲	乙
吉星	巳	午	未	申	酉	戌	亥	子	丑	寅	卯	辰
火星	丙	丁	坤	庚	辛	乾	壬	癸	艮	甲	乙	巽
炎曜	午	未	申	酉	戌	亥	子	丑	寅	卯	辰	巳
紫气	丁	坤	庚	辛	乾	壬	癸	艮	甲	乙	巽	丙
荣官	未	申	酉	戌	亥	子	丑	寅	卯	辰	巳	午
计都	坤	庚	辛	乾	壬	癸	艮	甲	乙	巽	丙	丁
刀兵	申	酉	戌	亥	子	丑	寅	卯	辰	巳	午	未
木星	庚	辛	乾	壬	癸	艮	甲	乙	巽	丙	丁	坤
旺田	酉	戌	亥	子	丑	寅	卯	辰	巳	午	未	申
鬼煞	辛	乾	壬	癸	艮	甲	乙	巽	丙	丁	坤	庚
伤亡	戌	亥	子	丑	寅	卯	辰	巳	午	未	申	酉
太阴	乾	壬	癸	艮	甲	乙	巽	丙	丁	坤	庚	辛
吉庆	亥	子	丑	寅	卯	辰	巳	午	未	申	酉	戌
摄提	壬	癸	艮	甲	乙	巽	丙	丁	坤	庚	辛	乾
旺蚕	子	丑	寅	卯	辰	巳	午	未	申	酉	戌	亥

驿马临官

驿马临官，即驿马前二干及其对方。俗术又以驿马前一干为马前六害，对方为金童撞命煞。夫同一马前也，以为临官即吉，以为六害即凶，显然自相矛盾。究之三合，长生对冲为驿马，与前后干支了无干涉，命吉命凶皆妄谈也。临官六害,已非其义,金童撞命尤为怪诞不经,今一并删去不用。

年支	子	丑	寅	卯	辰	巳	午	未	申	酉	戌	亥
驿马临官	甲乙 庚辛	壬癸 丙丁	庚辛 甲乙	丙丁 壬癸	甲乙 庚辛	壬庚 丙丁	庚辛 甲乙	丙丁 壬癸	甲乙 庚辛	壬癸 丙丁	庚辛 甲乙	丙丁 壬癸
马前六害	甲	壬	庚	丙	甲	壬	庚	丙	甲	壬	庚	丙
金童撞命煞	庚	丙	甲	壬	庚	丙	甲	壬	庚	丙	甲	壬

刀砧火血

隐伏血刃、千金血刃、五子打劫血刃、山家火血、山家刀砧,或从年干起,或从年支起,其余生克治化之理了不相干。《选择宗镜》曰:民间最畏刀砧火血。术士捏造恶名以吓人耳!

年干	甲	乙	丙	丁	戊	己	庚	辛	壬	癸
隐伏血刀	乾巽	子未	寅戌	亥乾	丑卯	乾巽	子未	寅戌	亥乾	丑卯
千金血刃	申寅	寅辰	子丑	亥	巳	申寅	寅辰	子丑	亥	巳

年支	子	丑	寅	卯	辰	巳	午	未	申	酉	戌	亥
五子打劫血刃	寅艮	子坎	戌乾	申坤	午离	辰巽	寅艮	子坎	戌乾	申坤	午离	辰巽
山家火血	甲庚	乙辛	丙壬	丁癸	庚甲	辛乙	壬丙	癸丁	甲庚	乙辛	丙壬	丁癸
山家刀砧	乙辛	丙壬	丁癸	庚甲	辛乙	壬丙	癸丁	甲庚	乙辛	丙壬	丁癸	甲庚

逆血刃　九良星　暗刀煞

逆血刃以八干四维分布六十甲子,各占一字,而不用十二支,毫无理路,但取三字之可怕以恐吓愚人耳。九良星亦分布六十甲子,每日在一处。暗刀煞则六十月各占十二处,五年一周,至为谬妄。今为合表列后。观表即知其妄,无须深辨也。

	逆血刃	九良星	暗刀煞
甲子	癸	社庙	厅堂
乙丑	庚	厨	牛栏
丙寅	丙	天	犬楼
丁卯	辛	后门寅艮方神庙道观	猪牢
戊辰	艮	寅辰方寺观	厅堂
己巳	丙	申方寺观	牛栏
庚午	艮	天	蚕畜
辛未	乾	天	厨灶
壬申	甲	正厅	仓库
癸酉	丁	艮寅卯方 午方后门	仓库
甲戌	乾	神庙州县	门厅
乙亥	丁	寺观	羊栈
丙子	乙	中庭	奴婢
丁丑	坤	寅方厨井	鸡栖
戊寅	壬	东北方	奴婢
己卯	乙	僧尼寺观后门	鸡栖
庚辰	壬	寺观	犬楼
辛巳	庚	天	猪牢
壬午	癸	神庙	厅堂
癸未	巽	水步井	牛栏
甲申	庚	正厅中庭	蚕畜
乙酉	巽	天	厨灶
丙戌	艮	天	仓库
丁亥	丙	巳方大门僧寺	仓库
戊子	辛	厨灶	门厅
己丑	艮	寅方厨舍	羊栈
庚寅	辛	午方	门厅

(续表)

	逆血刃	九良星	暗刀煞
辛卯	丁	天	羊栈
壬辰	乾	天	奴婢
癸巳	甲	大门僧寺	鸡栖
甲午	丁	戌亥方	犬楼
乙未	甲	水步井亥方	猪牢
丙申	壬	天	厅堂
丁酉	乙	寺观	牛栏
戊戌	坤	州县僧堂城隍社庙	蚕畜
己亥	壬	寺观	厨灶
庚子	坤	中庭厅	仓库
辛丑	巽	天	仓库
壬寅	庚	东北丑午方庙井桥门路	仓库
癸卯	癸	天	仓库
甲辰	巽	僧堂社庙	门厅
乙巳	癸	天	羊栈
丙午	辛	天	奴婢
丁未	艮	僧堂城隍社庙	鸡栖
戊申	丙	中庭厅	犬楼
己酉	辛	寺观社庙	猪牢
庚戌	丙	社庙	厅堂
辛亥	甲	寺观	牛栏
壬子	丁	天	蚕畜
癸丑	乾	僧堂寺观社庙	厨灶
甲寅	甲	丑方	蚕畜
乙卯	乾	天	厨灶

(续表)

	逆血刃	九良星	暗刀煞
丙辰	坤	寅辰方	仓库
丁巳	壬	前门	仓库
戊午	乙	戌亥方并厨灶	门厅
己未	坤	井	羊栈
庚申	乙	桥井门路社庙	奴婢
辛酉	癸	午方	鸡栖
壬戌	巽	寺观	犬楼
癸亥	庚	船巳方	猪牢

支退流财

按《起例》支神退方，子年起巳，逆行十二支，又谓之流财。从月起者为月流财，从日起者为日流财。盖以一阳生于子而至于巳之六阳，一阴生于午而至于亥之六阴，乃阴阳顺生之序。今子年起巳，至巳年而在子，是阳之退也；午年起亥，至亥年而在午，是阴之退也。然师以左次而无咎，壮以触藩而无攸利。阴阳之义，正不以进退为吉凶，且又非实有一物起巳而逆行，徒曰年各一方，更无取义。即子年巳方、午年亥方为劫煞，丑年辰方、未年戌方为岁煞，乃别从三合起例，与支退了不相干。特俗情兢进而好财，术士遂诡词以动听。其与刀砧、火血雅俗虽有不同，而其为捏造则一也。况由是而进焉以取支之卦位，子年巳、丑年辰皆巽也，寅年卯则震也，卯年寅、辰年丑皆艮也，巳年子则坎也，午年亥、未年戌皆乾也，申年酉则兑也，酉年申、戌年未皆坤也，亥年午则离也。又或兼取双山，愈引愈远而本义遂不可晓，今《通书》支退唯子丑巳午未酉亥年与起例合，流财唯辰午未酉戌年与起例合，余年皆误。然则今之所谓退者亦非退，而流者亦非流也。俗术流失，至于此极，故删而辨之，作者复起，当亦爽然。

年支	子	丑	寅	卯	辰	巳	午	未	申	酉	戌	亥
支退流财	巳巽	辰巽	卯震	寅艮	丑艮	子坎	亥乾	戌乾	酉兑	申坤	未坤	午离

神煞同位异名

年月神煞由来旧矣，术士好奇，每事捏造。造之不得，则犹是神煞而捏为别名，又略为改窜，以文其陋而神煞由此日纷。即如一浮天空亡也，又名之曰头白空亡，又名之曰八山空亡。一坐煞向煞也，又名之曰翎毛禁向，又名之曰八山刀砧。而亦自厌其重复也，则于八山刀砧而加之以三合月，于头白空亡而加之以八卦山，而又参互错讹，世本遂并列之，以为数煞而莫之辨。又如六害则别名之曰阴中太岁、阴中煞，小耗则别名之曰净栏煞，而皆隐其本名。又如黄道、黑道则又别立名色，名曰明星、黑星，而雷公与天岳吉凶互异，雷公即青龙，本吉星也。天岳即天牢，本凶星也。因天牢而别名曰天狱，因狱而讹狱，又因狱而讹岳，遂以天岳为吉，而雷公为凶。曹震圭、邵泰衢已辨其误，而未之改正。又如王、官、守、相、民日，则衍之而至于十二（说见《义例》），而又别为福厚、恩胜等名。建除十二神已有同位异名，而又别为朱雀、贵人等号。夫神煞一也，而名号旁见侧出，惑人耳目，深可厌恶。今查明，概行删去，而具《立成》于左。此外可以类推，亦不能悉举也。

年干	甲	乙	丙	丁	戊	己	庚	辛	壬	癸
浮天空亡头白空亡 八山空亡	离壬	坎癸	巽辛	震庚	坤乙	乾甲	兑丁	艮丙	乾甲	坤乙

年支	子	丑	寅	卯	辰	巳	午	未	申	酉	戌	亥
坐煞向煞翎毛禁向 八山刀砧	丙丁 壬癸	甲乙 庚辛	壬癸 丙丁	庚辛 甲乙	丙丁 壬癸	甲乙 庚辛	壬癸 丙丁	庚辛 甲乙	丙丁 壬癸	甲乙 庚辛	壬癸 丙丁	庚辛 甲乙
六害阴中太岁 阴中煞	未	午	巳	辰	卯	寅	丑	子	亥	戌	酉	申
小耗净栏煞	巳	午	未	申	酉	戌	亥	子	丑	寅	卯	辰

月日支	子	丑	寅	卯	辰	巳	午	未	申	酉	戌	亥
青龙雷公黑星	申	戌	子	寅	辰	午	申	戌	子	寅	辰	午
明堂执储明星 天寿星 财帛星	酉	亥	丑	卯	巳	未	酉	亥	丑	卯	巳	未
天刑蚩尤黑星	戌	子	寅	辰	午	申	戌	子	寅	辰	午	申
朱雀飞流黑星	亥	丑	卯	巳	未	酉	亥	丑	卯	巳	未	酉
金匮天宝明星 天财星	子	寅	辰	午	申	戌	子	寅	辰	午	申	戌
天德天对明星 地财星 宝光星	丑	卯	巳	未	酉	亥	丑	卯	巳	未	酉	亥
白虎天棒黑星	寅	辰	午	申	戌	子	寅	辰	午	申	戌	子
玉堂天玉明星 天嗣星	卯	巳	未	酉	亥	丑	卯	巳	未	酉	亥	丑
天牢天岳明星	辰	午	申	戌	子	寅	辰	午	申	戌	子	寅
元武阴私黑星	巳	未	酉	亥	丑	卯	巳	未	酉	亥	丑	卯
司命天府明星 天宝星	午	申	戌	子	寅	辰	午	申	戌	子	寅	辰
勾陈土勃黑星	未	酉	亥	丑	卯	巳	未	酉	亥	丑	卯	巳

	春	夏	秋	冬
王日福厚 蚕旺	寅	巳	申	亥
王日天狗守塘 天寡	卯	午	酉	子
守日帝舍 斧头煞	辰	未	戌	丑
相日恩胜 孤辰	巳	申	亥	寅
民日成勋	午	酉	子	卯
狱日徒日	未	戌	丑	辰
徒隶隶日 宅空	申	亥	寅	巳
牢日地寡	酉	子	卯	午
死别喜神	戌	丑	辰	未
伏罪罪日	亥	寅	巳	申
不举牧日 离日	子	卯	午	酉

	春			夏			秋			冬		
罪刑 刑狱 寡宿	丑			辰			未			戌		
年月支	子	丑	寅	卯	辰	巳	午	未	申	酉	戌	亥
建 福厚 地仓 白浪 朱雀	子	丑	寅	卯	辰	巳	午	未	申	酉	戌	亥
除 捉财贵人	丑	寅	卯	辰	巳	午	未	申	酉	戌	亥	子
满 进爵 地雌 土瘟 损伤	寅	卯	辰	巳	午	未	申	酉	戌	亥	子	丑
平 土曲 诛罚	卯	辰	巳	午	未	申	酉	戌	亥	子	丑	寅
定 岁位合 年魁星 五龙 极富星 三台星 显星	辰	巳	午	未	申	酉	戌	亥	子	丑	寅	卯
执 岁支德 三财星 净栏煞 哭曜	巳	午	未	申	酉	戌	亥	子	丑	寅	卯	辰
破 岁财星 天府星 覆舟 孤宿	午	未	申	酉	戌	亥	子	丑	寅	卯	辰	巳
危 杀将星 武库 地辂	未	申	酉	戌	亥	子	丑	寅	卯	辰	巳	午
成 天寿星 地雄 阴祸	申	酉	戌	亥	子	丑	寅	卯	辰	巳	午	未
收 天仓星 田宅星 月命座 地破 破家煞 荧惑	酉	戌	亥	子	丑	寅	卯	辰	巳	午	未	申
开 天财星 青龙星 华盖 五库	戌	亥	子	丑	寅	卯	辰	巳	午	未	申	酉
闭 将官星 官国星 黑煞	亥	子	丑	寅	卯	辰	巳	午	未	申	酉	戌

斗首五行

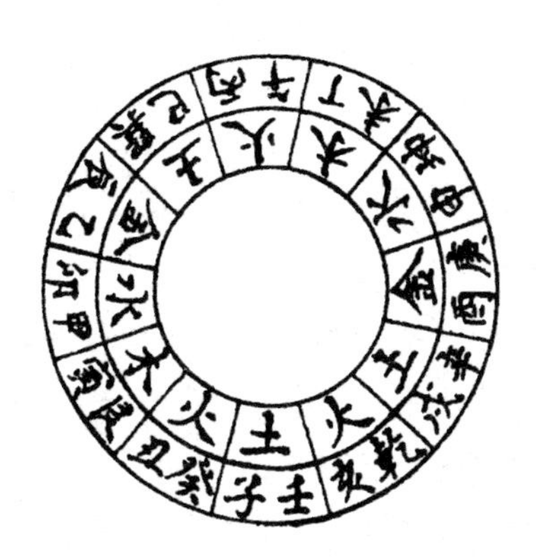

壬、子、巽、巳、辛、戌六山属土，乙、辰、庚、酉四山属金，甲、卯、坤、申四山属水，艮、寅、丁、未四山属木，癸、丑、丙、午、乾、亥六山属火。魏鉴曰：此十干化气所生也。其法用五子元遁，视化气天干所加之支即为同气，而同宫之干维随之。如甲己化土，依五子元遁得甲子、己巳、甲戌，故子、巳、戌属土，而壬与子，巽与巳，辛与戌俱同宫，故六山俱属土。乙庚化金，依五子元遁得庚辰、乙酉，故辰、酉属金，而乙与辰，庚与酉俱同宫，故四山俱属金也。余仿此。

凡斗首，俱以坐山所属五行为主、为我、为元辰。我生者，为廉贞，为子孙。生我者，为贪狼，为官星。我克者，为武曲，为妻财。克我者，为破军，为鬼贼。

凡择日期，以年月为上、为外、为出，日时为下、为内、为入。元辰宜生旺有气，宜生出不宜死绝受克。廉贞、子孙只喜一位，重见则泄气，损子孙。贪狼、官星不宜生入克入，宜休囚。武曲、妻财宜生旺有气，宜生入克入，不宜生出克出。破、鬼宜休囚克出，不宜生旺有气。

按：斗首五行，不知其所自起，为其说者皆托之杨筠松。及观筠松所著诸篇，绝无一语论及斗首，其为伪托可知。今台本亦不载，而四方术士多挟之，以为秘诀，举世莫能别其是非，不知其说则固支离之甚者也。如因甲己化土，遂以甲己遁出之，甲己二干所临之支，及其同宫干维皆属土，而甲己反不属土。其大旨已离其宗，而廉贞、贪狼诸名又非卦变本义。由兹而推衍之，别为吉凶格局,更不可问。故撮其大要而辨之,观者知其无稽,自不惑于其说,而好奇以自逞者,其亦可息矣。

尊星帝星

《选择宗镜》曰:凡选择,取用尊帝二星到山、到向、到方,能压一切凶煞,召吉致祥。若会岁命贵人禄马同到,修造遇之发福最快。

年起例,凡上元下元甲子年尊星起乾六,乙丑兑七,丙寅艮八顺行。中元甲子年尊星起坎一,亦顺行,俱不入中宫,轮六十年,其对宫为帝星。如下元甲子年造乾山巽向,尊星到乾,帝星到巽,大吉。

月起例,凡甲丙戊庚壬五阳年,正月、九月尊星到艮,二月、十月到离,三月、十一月到坎,四月、十二月到坤,五月到震,六月到巽,七月到乾,八月到兑。乙丁己辛癸五阴年,正月、九月到震,二月、十月到巽,三月、十一月到乾,四月、十二月到兑,五月到艮,六月到离,七月到坎,八月到坤,其对宫为帝星。

日起例,凡冬至后甲子日尊星起乾,夏至后甲子日尊星起坎,顺行六十日,不入中宫,其对宫为帝星。

时起例,凡子寅辰午申戌六阳日,甲子时尊星起乾。丑卯巳未酉亥六阴日,甲子时尊星起坎,俱顺行,不入中宫,其对宫为帝星。

按:《选择宗镜》极言尊帝二星之吉,今考其起例,甚无义理,宜乎台本之不用也。其曰:年例上元,下元甲子起乾六,中元甲子起坎一者,盖自上元甲子年起乾六,至己未年而七周。庚申年又值乾六,则中元甲子必起坎一也。又至己未年而七周,庚申年又起坎一,则下元甲子必起乾六也。然下元甲子六十年既尽,而再起上元则不能复至乾六,与三元九宫周而复始之义不合。且既用飞九宫而不用中五,亦属非理。大抵亦术士之捏造耳。其阳年正月起艮八,亦即月九星正月起八白之义,然年例已不合,月、日、时益不足论矣。

神　在

《通书》以甲子、乙丑、丁卯、戊辰、辛未、壬申、癸酉、甲戌、丁丑、己卯、庚辰、壬午、甲申、乙酉、丙戌、丁亥、己丑、辛卯、甲午、乙未、丙申、丁酉、乙巳、丙午、丁未、戊申、己酉、庚戌、乙卯、丙辰、丁巳、戊午、己未、辛酉、癸亥三十五日为神在日，其日宜祭祀。曹震圭作《明原》，谓为唐贾耽所集曲为之解而不能通。又引《撮要》曰：旧本错误十有八日，今依官本改正，未审旧本为非，新本为是。《选择宗镜》则曰：神无所不在，以此三十五日为神在日。其不在日又何在乎？今遍查诸家《通书》，皆无解说。惟道藏《玉匣记》云：许真君考天曹案簿，三十一日诸神在人间地府，祭祀受福，余日诸神在天，求福反祸。察其日数，虽比《通书》少四日，不同九日，然其为根本于《玉匣记》，而又加之以传讹亦可断矣。查《玉匣记》出道续藏，乃明嘉靖年所添。许旌阳，晋代人，有传可考。荒诞不经，莫此为甚！

上吉七圣

辛未、壬申、癸酉、己卯、壬午、甲申、壬寅、甲辰、丙午、己酉、庚戌、丙辰、己未、庚申、辛酉十五日为大明日，今《通书》称上吉日。《明原》谓是李淳风所集。又以丙寅、丁卯、戊辰、己巳、壬申、癸酉、甲戌、乙亥、丙子、丁丑、庚辰、辛巳、甲申、乙酉、戊子、己丑、庚寅、辛卯、甲午、乙未、戊戌、己亥、壬寅、癸卯、甲辰、乙巳、戊申、己酉、庚戌、壬子、癸丑、甲寅、乙卯、戊午、己未、庚申、辛酉三十七日为七圣日，《明原》谓是贾耽所集。

七圣者：黄帝、元女、文王、周公、孔子、天老、董仲舒也。其日宜举百事。天老为黄帝时人，尚未知其有无。至元女之说，更为误谬。元者，天之色也；女者，母万物者也。亥在子前，至于子而天开矣。子前为亥，则亥乃生天之本也，故乾在亥。宋儒曰：以形体言之谓之天，以主宰言之谓之帝，以性情言之谓之乾。故乾者，天之性情也。性情在形体之先，故天开于子，而乾在亥也。

乾在亥即是生天者矣,故又以元女名之。元,即天也。女,为母义。故六壬之术于十干中配壬为名,谓是元女所传壬即亥云尔。乃以元女为实有此人,又能与黄帝、文王、周公、孔子同,集此三十七日流传人世,亦可嗤矣。又以董仲舒配成七圣,益为怪谬不伦。

伏断日　密日　裁衣日

伏断日、密日、裁衣日,皆以值宿起算。查二十八宿选择之法来自西域。伏断以日配宿,略似旬空、路空,八十四日而一周。其法以子日起虚丑,值斗亥、值壁亥,子丑属水,而又值水宫之宿,以水遇水为嫌,是与路空之义相似也。以下按支逆数则进四宿,顺数则退四宿。盖支十二,而宿二十八,支轮二周必差四位,故连本位隔四取之。戌值胃,酉值觜,申值鬼,未值张,午值角,巳值房,辰值箕,卯值斗,寅值室,其值日之宿,皆在日支后二宫,是与旬空之义相似也。然寅卯日在后三宫,则因隔四所致,必不能合。较之旬空、路空之义,亦又疏矣。且伏断本选时之法,兼取亢、牛、娄、鬼四金宿为暗金伏断时。其法以一元甲子日起虚,二元甲子日起奎,三元甲子日起毕,四元甲子日起鬼,五元甲子日起翼,六元甲子日起氐,七元甲子日起箕。七元既尽,而甲子日又起虚,周而复始,各从甲子日起子时,历六十日七百二十时而止。然其数则亦七日八十四时而一周也。如一元甲子日起虚宿,即从子时起虚,寅时值室,巳时值娄,酉时值觜,故一元甲子日子时、寅时、酉时,皆为伏断,巳时为暗金。由是顺数,乙丑日子时起鬼,丙寅日子时起箕,丁卯日子时起毕,戊辰日子时起氐,己巳日子时起奎,庚午日子时起翼,至辛未日子时又起虚,与甲子日同。二元甲子日起奎宿,即从子时起奎,丑时值娄,申时值鬼,故二元甲子日丑时、申时皆为暗金,申时又为伏断。以次顺数,乙丑日子时起翼,丙寅日子时起虚,丁卯日子时起鬼,戊辰日子时起箕,己巳日子时起毕,庚午日子时起氐,至辛未日子时又起奎,亦与甲子日同。三元以后皆仿此。但以日而论,则七元四百二十日而一周;而以时而论,则六十日七百二十时。自一元甲子日子时起虚,至癸亥日亥时至亢而止,与二元甲子日子时起奎者,尚隔十有二宿不能轮转,则是虽有七元之说,而其义实不能通。夫理非自然,数非吻合,皆属捏造,宜今选时之不用也。

密日者，乃房、虚、星、昴四宿，七政属日，西语曰密。彼地以为主喜事，而中国遂以其日忌安葬、启攒凶事，亦无谓矣。且西域二十八宿分属七政，其日各有宜忌，与中国风俗迥然不同，专取密日，更属无谓。

至以角、亢、房、斗、牛、虚、壁、奎、娄、鬼、张、翼、轸十三宿，为宜裁衣，亦出彼地俗忌，并不可从。密日、裁衣日易明，不列立成。伏断日、时各列立成于后。

伏断日立成

日	子	丑	寅	卯	辰	巳	午	未	申	酉	戌	亥
一元	虚 伏断	危	室 伏断	壁	奎	娄 暗金	胃	昴	毕	觜 伏断	参	井
四元	鬼 暗金	柳	星	张	翼	轸	角 伏断	亢 暗金	氐	房	心	尾
七元	箕	斗 伏断	牛 暗金	女 伏断	虚	危	室	壁	奎	娄 暗金	胃 伏断	昴
三元	毕	觜	参	井	鬼 暗金	柳	星	张 伏断	翼	轸	角	亢 暗金
六元	氐	房	心	尾	箕 伏断	斗	牛 暗金	女	虚	危	室	壁 伏断
二元	奎	娄 暗金	胃	昴	毕	觜	参	井	鬼 伏断 暗金	柳	星	张
五元	翼	轸	角	亢 暗金	氐	房 伏断	心	尾	箕	斗	牛 暗金	女

上兀下兀

宋《王明清谈录》载，丁顾言宦蜀，至官有期，驻舟江浒，游憩山寺，遇老僧，问何为而至？丁具以告。又问期在何时，丁又以告。僧曰：是取为兀日，不可视事，勿避之，君必以事去。丁笑而不应。既至官，月余，以事免归。是兀日之说，自宋已有之矣。顾详其取义，不过小六壬之留连、赤口日耳。阳年正月初一日起小吉，阴年正月初一日起留连，按日顺数，毫无深义。然则宋时老僧亦偶中耳。人之以事去官者，岂尽由视事之遇兀日耶？以兀日视事者，又岂尽去官耶？

六阳年	正	二	三	四	五	六	七	八	九	十	十一	十二
小吉	初一 初七 十三 十九 二十五	初六 十二 十八 二十四 三十	初五 十一 十七 二十三 二十九	初四 初十 十六 二十二 二十八	初三 初九 十五 二十一 二十七	初二 初八 十四 二十 二十六	初一 初七 十三 十九 二十五	初六 十二 十八 二十四 三十	初五 十一 十七 二十三 二十九	初四 初十 十六 二十二 二十八	初三 初九 十五 二十一 二十七	初二 初八 十四 二十 二十六
空亡	初二 初八 十四 二十 二十六	初一 初七 十三 十九 二十五	初六 十二 十八 二十四 三十	初五 十一 十七 十十三 二十九	初四 初十 十六 二十二 二十八	初三 初九 十五 二十一 二十七	初二 初八 十四 二十 二十六	初一 初七 十三 十九 二十五	初六 十二 十八 二十四 三十	初五 十一 十七 二十三 二十九	初四 初十 十六 二十二 二十八	初三 初九 十五 二十一 二十七
大安	初三 初九 十五 二十一 二十七	初二 初八 十四 二十 二十六	初一 初七 十三 十九 二十五	初六 十二 十八 二十四 三十	初五 十一 十七 二十三 二十九	初四 初十 十六 二十二 二十八	初三 初九 十五 二十一 二十七	初二 初八 十四 二十 二十六	初一 初七 十三 十九 二十五	初六 十二 十八 二十四 三十	初五 十一 十七 二十三 二十九	初四 初十 十六 二十二 二十八
上兀 留连	初四 初十 十六 二十二 二十八	初三 初九 十五 二十一 二十七	初二 初八 十四 二十 二十六	初一 初七 十三 十九 二十五	初六 十二 十八 二十四 三十	初二 十一 十七 二十三 二十九	初四 初十 十六 二十二 二十八	初三 初九 十五 二十一 二十七	初二 初八 十四 二十 二十六	初一 初七 十三 十九 二十五	初六 十二 十八 二十四 三十	初五 十一 十七 二十三 二十九
速喜	初五 十一 十七 二十三 二十九	初四 初十 十六 二十二 二十八	初三 初九 十五 二十一 二十七	初二 初八 十四 二十 二十六	初一 初七 十三 十九 二十五	初六 十二 十八 二十四 三十	初五 十一 十七 二十三 二十九	初四 初十 十六 二十二 二十八	初三 初九 十五 二十一 二十七	初二 初八 十四 二十 二十六	初一 初七 十三 十九 二十五	初六 十二 十八 二十四 三十
下兀 赤口	初六 十二 十八 二十四 三十	初五 十一 十七 二十三 二十九	初四 初十 十六 二十二 二十八	初三 初九 十五 二十一 二十七	初二 初八 十四 二十 二十六	初一 初七 十三 十九 二十五	初六 十二 十八 二十四 三十	初五 十一 十七 二十三 二十九	初四 初十 十六 二十二 二十八	初三 初九 十五 二十一 二十七	初二 初八 十四 二十 二十六	初一 初七 十三 十九 二十五

六阴年	正	二	三	四	五	六	七	八	九	十	十一	十二
上元留连	初一 初七 十三 十九 二十五	初六 十二 十八 二十四 三十	初五 十一 十七 二十三 二十九	初四 初十 十六 二十二 二十八	初三 初九 十五 二十一 二十七	初二 初八 十四 二十 二十六	初一 初七 十三 十九 二十五	初六 十二 十八 二十四 三十	初五 十一 十七 二十三 二十九	初四 初十 十六 二十 二十八	初三 初九 十五 二十一 二十七	初二 初八 十四 二十二 二十六
速喜	初二 初八 十四 二十 二十六	初七 初七 十三 十九 二十五	初六 十二 十八 二十四 三十	初五 十一 十七 二十三 二十九	初四 初十 十六 二十二 二十八	初三 初九 十五 二十一 二十七	初二 初八 十四 二十 二十六	初一 初七 十三 十九 二十五	初六 十二 十八 二十四 三十	初五 十一 十七 二十三 二十九	初四 初十 十六 二十二 二十八	初三 初九 十五 二十一 二十七
下元赤口	初三 初九 十五 二十一 二十七	初二 初八 十四 二十 二十六	初一 初七 十三 十九 二十五	初六 十二 十八 二十四 三十	初五 十一 十七 二十三 二十九	初四 初十 十六 二十二 二十八	初三 初九 十五 二十一 二十七	初二 初八 十四 二十 二十六	初一 初七 十三 十九 二十五	初六 十二 十八 二十四 三十	初五 十一 十七 二十三 二十九	初四 初十 十六 二十二 二十八
小吉	初四 初十 十六 二十二 二十八	初三 初九 十五 二十一 二十七	初二 初八 十四 二十 二十六	初一 初七 十三 十九 二十五	初六 十二 十八 二十四 三十	初二 十一 十七 二十三 二十九	初四 初十 十六 二十二 二十八	初三 初九 十五 二十一 二十七	初二 初八 十四 二十 二十六	初一 初七 十三 十九 二十五	初六 十二 十八 二十四 三十	初五 十一 十七 二十三 二十九
空亡	初五 十一 十七 二十三 二十九	初四 初十 十六 二十二 二十八	初三 初九 十五 二十一 二十七	初二 初八 十四 二十 二十六	初一 初七 十三 十九 二十五	初六 十二 十八 二十四 三十	初五 十一 十七 二十三 二十九	初四 初十 十六 二十二 二十八	初三 初九 十五 二十一 二十七	初二 初八 十四 二十 二十六	初一 初七 十三 十九 二十五	初六 十二 十八 二十四 三十
大安	初六 十二 十八 二十四 三十	初五 十一 十七 二十三 二十九	初四 初十 十六 二十二 二十八	初三 初九 十五 二十一 二十七	初二 初八 十四 二十 二十六	初一 初七 十三 十九 二十五	初六 十二 十八 二十四 三十	初五 十一 十七 二十三 二十九	初四 初十 十六 二十二 二十八	初三 初九 十五 二十一 二十七	初二 初八 十四 二十 二十六	初一 初七 十三 十九 二十五

四不祥

《通书》以每月初四、初七、十六、十九、二十八，凡五日谓之四不祥，忌上官赴任，临政亲民。世俗信之惟谨。今按其起例，盖以隔三为破，对七为冲，乃月朔地支冲破之日，犹建除家之平、破日也。假如月朔是子日，子破卯而冲午，此五日者，非卯日则午日也。月朔是丑日，丑破辰而冲未，此五日者非辰日则未日也。自寅至亥皆仿此。盖古者以月朔为吉月，故术士遂以冲破之日为不祥。然日统于月，月建当令气王，故以冲破为凶。若月朔亦月中之一日耳，余日干支无与月朔冲破之理，则四不祥之名，亦附会支离之甚者也。今删去不用。

红　沙

《转神历》曰:红沙者,孟月酉,仲月巳,季月丑。其日忌嫁娶。

储泳《祛疑说》曰:巳酉丑之所以为煞者,先天数之四冲也。夫子午之数各九,卯酉各六,总为三十。自子顺行,极三十而见巳,是为四仲之正煞。寅申各七,巳亥各四,总二十二。自子顺行,极二十二而见酉,是为四孟之正煞。辰戌各五,丑未各八,总二十六。自子顺行,极二十六而见丑,是为四季之正煞。此申壬三煞之所由起也。

按:红沙即身壬煞,储华谷以为极数。然驿马亦是极数,是不得以极为凶也。即谓驿马为三合,身壬为四冲,然四冲为建破平收。而平收亦不尽以为忌,况酉月巳日则是三合,亥月酉日则是生气,亦未可以其为四冲之总数,而遂谓之冲,非若驿马,实有动象。若四季月丑日,则真建破魁罡,不待以红沙,而后为忌也。又一本孟月取巳,仲月取酉,皆与季月例同,《通书》《万年书》皆不用,故今仍之,不以《转神》为据云。

章　光

《堪舆经》以月厌前一辰为章光,后一辰为无翘。盖堪舆家专忌月厌,故前后并忌,然亦是后人附会耳。无翘即太阳,辨见《义例》。堪舆家专取不将,乃厌前干配厌后支,章光已是厌前支,自在不用之内,不须又立章光名色也。且日辰非同方位比连,无前后并忌之理。别本又以厌后为金乌,厌前为玉兔,并为岁神吉方,然则方且不忌,何况于日?曹震圭谓章光者,能为月厌章显其光,故凶。将又谓月厌能为太阳章显其光,而以为吉也耶。

五合五离

五合五离，见《义例》。俗术又以甲寅、乙卯为日月合，丙寅、丁卯为阴阳合，戊寅、己卯为人民合，庚寅、辛卯为金石合，壬寅、癸卯为江河合。甲申、乙酉为日月离，丙申、丁酉为阴阳离，戊申、己酉为人民离，庚申、辛酉为金石离，壬申、癸酉为江河离。就五行而立五名，不惟非五合、五离本义，且甲乙何以为日月？丙丁何以为阴阳？皆不可晓。而世俗遂以戊寅、己卯为大吉，戊申、己酉为大凶，亦可怪也。附会之害，理多类此。

入殓安葬的呼日

甲子辛丑生人	乙丑辛巳	丙寅丙午	丁卯甲午甲戌
戊辰癸未癸酉	己巳甲辰己未	庚午壬戌	辛未己亥
壬申丁巳	癸酉辛丑	甲戌戊子	乙亥乙未
丙子丁丑	丁丑癸未	戊寅甲辰丙午	己卯丁亥己未
庚辰戊辰戊戌	辛巳己未	壬午壬寅	癸未甲申
甲申壬辰	乙酉丙子	丙戌甲子	丁亥丁亥丁巳
戊子己卯	己丑丁未	庚寅丙申	辛卯辛未
壬辰壬申	癸巳甲午	甲午丁酉庚子	乙未丙子丙申
丙申乙丑	丁酉丁酉	戊戌癸亥	己亥辛未
庚子乙未	辛丑壬子	壬寅甲辰	癸卯丁己丙辰
甲辰庚辰	乙巳丙子	丙午丁巳丁未	丁未己未
戊申庚戌	己酉庚申	庚戌辛丑	辛亥辛亥
壬子乙亥	癸丑丁亥甲寅	甲寅癸巳癸未	乙卯戊子丙辰
丙辰甲辰甲申	丁巳庚子	戊午辛未	己未丙戌
庚申辛巳辛酉	辛酉庚辰	壬戌辛酉辛丑	癸亥丙寅

按《通书》曰:已上的呼临事之日,被呼之人避之。而世俗误于其说,孝子生命值被呼者,甚至不亲殓、不临穴,败俗伤化,莫此为甚。而考其所忌之日,又毫无义理。殆术士捏造中之尤不通者。外此又有通忌之命,取本月建、破、平、收,而谓有服者,则不忌。皆属谬妄,今皆删之。

殃煞出去方

《通书》云:以月将加死时,男取天罡下,女取河魁下,为殃出日时。假令五月,甲子日、巳时,阳人死,以月将小吉加巳,天罡临寅,殃出当寅日寅时。阳人取日干之墓方为所去方。甲干属木,木墓在未,未为去方是也。如五月己酉日、卯时,阴人死,以月将小吉加卯,河魁临午,殃出当午日午时。阴人取日辰之墓方为所去方,酉支属金,金墓在丑,丑为去方是也。余仿此。此条奉旨不用。

按:康熙七年,钦天监会议,《选择通书》阙少二十三条,于《通书大全》内取用,此条亦其一也。

今按:《通书大全》云出宋司天少监杨惟德《茔元总禄》。其凡例又云:南人并无此说,惟北方人避之。此不必信。又《吹剑录》亦深辟避煞之非。康熙二十三年重编《选择通书》,奉旨不用,诚可谓万世定论矣。

满德 吉庆

《选择宗镜》以满德、吉庆为伪吉日,信知言也。今具立成于左,观名例自见,毋庸深辨。

年月支	寅	卯	辰	巳	午	未	申	酉	戌	亥	子	丑
满德阳建阴定	寅	未	辰	酉	午	亥	申	丑	戌	卯	子	巳
神后阳除阴执	卯	申	巳	戌	未	子	酉	寅	亥	辰	丑	午
口舌阳满阴破	辰	酉	午	亥	申	丑	戌	卯	子	巳	寅	未
活曜阴平阴危	巳	戌	未	子	酉	寅	亥	辰	丑	午	卯	申
大煞阳定阴成	午	亥	申	丑	戌	卯	子	巳	寅	未	辰	酉
大祸阳执阴收	未	子	酉	寅	亥	辰	丑	午	卯	申	巳	戌
元嘉阳破阴开	申	丑	戌	卯	子	巳	寅	未	辰	酉	午	亥
吉庆阳危阴闭	酉	寅	亥	辰	丑	午	卯	申	巳	戌	未	子
大凶阳成阴建	戌	卯	子	巳	寅	未	辰	酉	午	亥	申	丑
幽微阳收阴除	亥	辰	丑	午	卯	申	巳	戌	未	子	酉	寅
死气阳开阴满	子	巳	寅	未	辰	酉	午	亥	申	丑	戌	卯
天劫阳闭阴平	丑	午	卯	申	巳	戌	未	子	酉	寅	亥	辰

冰消瓦解　灭门　大祸

冰消瓦解，又名夭命煞。以例推之，即年支之平、收也。夫平、收日已非尽凶，而年煞又轻于月煞，何年之平、收，即至于冰消瓦解而夭命乎？阳月平、阴月收为天罡，加本年遁干为灭门；阳月收、阴月平为河魁，加本年遁干为大祸。如正月巳为平日，亥为收日，甲己年五虎遁则为己巳、乙亥也。二月子为收日，午为平日，甲己年五虎遁则为庚午、丙子也。其余年月仿此。夫甲年之己为天德合，正月乙亥为天愿日，有何凶处？况其凶至于灭门、大祸，而取决于一日之干支，虽三尺童子亦知不信也。盖术家有禄马贵人，遇本年遁干为真吉之说，小人遂从而捏之，以平、收遇本年遁干为真凶。不知彼以方言，其说可通，此以日言，与方无涉也。《宗镜》以灭门、大祸为伪凶日，则冰消瓦解益不足辨。又曰：好利之徒，立一吉星，又立一凶星，谓《通书》未载，惟我独知，使人趋已，岂知抄之、刻之，遂成故典。观诸凶煞火星与官符血刃独多，盖愚民怕官非与火烛而贫者，止以六畜为生计故也。今观此条则充类至义之尽。夫名之可畏，无有过于冰消瓦解、灭门、大祸者，而究其实则止一平、收日。嘻，术士之捏造，大言妄谈祸福，乃至此极也。

冰消瓦解(夭命煞)

年支	子	丑	寅	卯	辰	巳	午	未	申	酉	戌	亥
冰消瓦解 (夭命煞)	卯 酉	辰 戌	巳 亥	午 子	未 丑	申 寅	酉 卯	戌 辰	亥 巳	子 午	丑 未	寅 申
月支	寅	卯	辰	巳	午	未	申	酉	戌	亥	子	丑
甲己年 灭门 大祸	己巳 乙亥	庚午 丙子	辛未 丁丑	壬申 丙寅	癸酉 丁卯	甲戌 戊辰	乙亥 己巳	丙子 庚午	丁丑 辛未	丙寅 壬申	丁卯 癸酉	戊辰 甲戌
乙庚年 灭门 大祸	辛巳 丁亥	壬午 戊子	癸未 乙丑	甲申 戊寅	乙酉 己卯	丙戌 庚辰	丁亥 辛巳	戊子 壬午	乙丑 癸未	戊寅 甲申	己卯 乙酉	庚辰 丙戌
丙辛年 灭门 大祸	癸己 巳亥	甲午 庚子	乙未 辛丑	丙申 庚寅	丁酉 辛卯	戊戌 壬辰	己亥 癸巳	庚子 甲午	辛丑 乙未	庚寅 丙申	辛卯 丁酉	壬辰 戊戌
丁壬年 灭门 大祸	乙巳 辛亥	丙午 壬子	丁未 癸丑	戊申 壬寅	己酉 癸卯	庚戌 甲辰	辛亥 乙巳	壬子 丙午	癸丑 丁未	壬寅 戊申	癸卯 己酉	甲辰 庚戌
戊癸年 灭门 大祸	丁巳 癸亥	戊午 甲子	己未 乙丑	庚申 甲寅	辛酉 乙卯	壬戌 丙辰	癸亥 丁己	甲子 戊午	乙丑 己未	甲寅 庚申	乙卯 辛酉	丙辰 壬戌

杨公忌

世俗多畏杨公忌，《通书》亦多载之。谓其日不宜出行，举事犯之不利。皆因未悉其原委，故为所惑耳。今按其说，乃是室火猪日。其术元旦起角宿，依二十八宿次序顺数，值室宿之日即为杨公忌。不论月之大小，二十八日一周,每月递退二日,故正月十三、二月十一,以至七月初一、二十九而终于十二月十九,凡十三日。夫以宿值日,亦如用甲子纪日,虽未必始于大挠而其来已久。每日一宿,自然顺序,不用安排,以论趋避,犹可说也。然亦未闻室宿值日有所避忌。今并非值日之宿而强以角宿起元旦,每年另起不能轮转,固不通矣。且若正月小,则二月十一日乃是危宿,二月再小,则三月初九日乃是虚宿,又安得强指为室火猪乎?《晋志》曰:营室为元宫,又名清庙,必非凶曜。《诗》曰:定之方中,作于楚宫。《尔雅》曰:营室谓之定。盖古者视营室中而兴土功,未尝以为忌也。将以其为火欤?尾、室、觜、翼皆火宿也,何独忌于室耶?将以其为猪欤?星系宫像,不系肖形,顾可实指为猪耶。邪说诬民,莫此为甚。彼杨公者,不知为何许人,其说殆与密日同出西域。彼俗恶猪,闻声辄厌,故并忌之,然岂可用之中国耶?

立　成

月支	寅	卯	辰	巳	午	未	申	酉	戌	亥	子	丑
杨公忌日	十三	十一	初九	初七	初五	初三	初一 二十九	二十七	二十五	二十三	二十一	十九

天　狗

嫁娶最忌月厌。月厌正月从戌起,戌为狗,术士遂以天狗命之。卯戌酉申者,春季之月厌也,折其中而取酉谓之春季月厌,正位命为天狗头,犯之者,小姑无子。夏午、秋卯、冬子同此例也。反之即为厌对正位,而谓之天狗尾,犯之者,妨夫主。月厌前一位为章光,正月在酉,春季酉申未,折其中而取申,谓之天狗口,忌行嫁。天喜之说,有以春戌、夏丑、秋辰、冬未论者,有以三合成日论者,又有以春季未午巳,夏季辰卯寅,秋季丑子亥,冬季戌酉申论者。今取此随月将三合逆行之天喜,而亦折其中而取春午、夏卯、秋子、冬酉谓之天喜正位，而命之天狗腹，主当年无子。春夏之天喜，即秋冬之红鸾。乃又取红鸾十二位，折其中而取春子、夏酉、秋午、冬卯，谓之红鸾正位，命之天狗背，主三年有子。春季月将亥戌酉，夏季申未午，秋季巳辰卯，冬季寅丑子，亦折其中，而取春戌、夏未、秋辰、冬丑为六合正位，而谓之天狗足，主六年生子。春季月害巳辰卯，夏季寅丑子，秋季亥戌酉，冬季申未午，亦折其中，而取春辰、夏丑、秋戌、冬未，谓之月害正位，而谓之天狗后足，主九年生子。夫月厌寅月起戌，戌则属狗，若卯月即居酉位而为鸡，以此遂以天狗名之，已属可笑。又诸神与十二辰相为参伍，乃有月厌、厌对、天喜、红鸾等名，非独重二、五、八、十一，四个月也，乃截住两头中间取一位起例，益属支离不通。以此硬配头、尾、口、腹、背、足成一天狗，而定生子之年分，妨夫、妨小姑之占断，谬悠极矣！且小姑无子与新妇何涉？而天喜正位定必大吉，而断为当年无子，盖里巷小民之情。小姑者，老妇之所钟爱，而春月行嫁，腊月生子，新妇有越礼之疑，故以小姑无子为凶，而以当年无子为吉也。术士苦心侮弄乡愚，良可悲叹。《选择宗镜》不加辨驳，转编载其说，吁可怪也。又以春卯、夏午、秋酉、冬子四正位，谓之天狗方，益属不经，何天狗之弥纶宇宙如此耶？

	春	夏	秋	冬
天狗头 小姑无子 月厌正位	酉	午	卯	子
天狗尾 妨夫主 厌对正位	卯	子	酉	午
天狗口 行嫁忌 章光正位	申	巳	寅	亥
天狗腹 当年无子 天喜正位	午	卯	子	酉
天狗背 三年有子 红鸾正位	子	酉	卯	午
天狗足 六年生子 六合正位	戌	未	辰	丑
天狗后足 九年生子 月害正位	辰	丑	戌	未
天狗方 同月建转煞	卯	午	酉	子

六 道

天、地、兵、人、鬼、死六道，四吉二凶。天、地、兵、人吉；鬼、死凶。以十二岁分为两周，自子至巳，自午至亥轮转六道。

子年，艮坤天道，甲庚地道，乙辛兵道，巽乾人道，丙壬鬼道，丁癸死道。丑年则从甲庚起天道，而艮坤转为死道，寅年则从乙辛起天道，而甲庚转为死道。六岁既周，午年即同子年之例，以达于亥。其为谬妄，不足深辨。又《黄帝龙首经》有占岁月利道吉凶法，阳岁以大吉临太岁，阴岁以小吉临太岁，视天上甲庚所临为天道，丙壬所临为人道，魁罡所临为拘检。天道、人道吉，拘检凶。假令今年太岁在寅，大吉临寅，视天上甲庚临地，乙癸为天道。天上丙壬临地，丁癸为人道，魁罡临巳亥为拘检。魁为拘，罡为检。他岁仿此。岁在子午卯酉为四仲，天道及人道皆在四维，难可移徙。阳月以大吉临月建，阴月以小吉临月建，移徙吉凶皆如太岁法。今详《龙首经》之法，必非出自黄帝，亦属后世假托。夫丑未之前一干必是甲庚，安得不论五行生克，惟取太岁月建前一位之时辰移徙修造便获吉耶？《神煞起例》天、地、兵、人、鬼、死六道，盖即《龙首经》之法而又推广之，愈凿愈陋。

年支	子	丑	寅	卯	辰	巳	午	未	申	酉	戌	亥
天道 五富星 荣昌星 迎财星	艮坤	甲庚	乙辛	巽乾	丙壬	丁癸	坤艮	庚甲	辛乙	乾巽	壬丙	癸丁
地道 子孙道 捉财星	甲庚	乙辛	巽乾	丙壬	丁癸	坤艮	庚甲	辛乙	乾巽	壬丙	癸丁	艮坤
兵道 年魁星	乙辛	巽乾	丙壬	丁癸	坤艮	庚甲	辛乙	乾巽	壬丙	癸丁	艮坤	甲庚
人道 荣官星	巽乾	丙壬	丁癸	坤艮	庚甲	辛乙	乾巽	壬丙	癸丁	艮坤	甲庚	乙辛
鬼道 李广将军箭同 又名游年五鬼	丙壬	丁癸	坤艮	庚甲	辛乙	乾巽	壬丙	癸丁	艮坤	甲庚	乙辛	巽乾
死道	丁癸	坤艮	庚甲	辛乙	乾巽	壬丙	癸丁	艮坤	甲庚	乙辛	巽乾	丙壬

五符择时

用日禄起五符，顺布十二位，名透天关。其法不过日干临时支，以临官、胎、养时为吉，余并凶耳。其名字乃术士之捏造也。然用时无专取胎、养时之理，即日禄尚须参论各神煞，况胎、养乎！今日表已删去。

立成										
日干	甲	乙	丙	丁	戊	己	庚	辛	壬	癸
五符	寅	卯	巳	午	巳	午	申	酉	亥	子
天曹	卯	辰	午	未	午	未	酉	戌	子	丑
地符	辰	巳	未	申	未	申	戌	亥	丑	寅
风伯	巳	午	申	酉	申	酉	亥	子	寅	卯
雷公	午	未	酉	戌	酉	戌	子	丑	卯	辰
雨师	未	申	戌	亥	戌	亥	丑	寅	辰	巳
风云	申	酉	亥	子	亥	子	寅	卯	巳	午
唐符	酉	戌	子	丑	子	丑	卯	辰	午	未
国印	戌	亥	丑	寅	丑	寅	辰	巳	未	申
天关	亥	子	寅	卯	寅	卯	巳	午	申	酉
地钥	子	丑	卯	辰	卯	辰	午	未	酉	戌
天贼	丑	寅	辰	巳	辰	巳	未	申	戌	亥

九仙择时

以日干支及时支太元共数，十三、十五、十六、十八、二十一、二十二、二十四、二十五、二十六为九仙，吉。十四、十七、十九、二十、二十三、二十七为六神，凶。如丙寅日巳时，丙七、寅七、巳四，共一十八数，合天德仙是也，毫无义理。《通书》时表载共数而选择亦不用,今删去。

九仙吉

十三日光仙,十五月光仙,十六金玉仙,
十八天德仙,二十一祭国仙,二十二地藏仙,
二十四送福仙,二十五大善仙,二十六大吉仙。

六神凶

十四大祸神,十七灭门神,十九天凶神,
二十地凶神,二十三丧门神,二十七吊客神。

(钦定协纪辨方书卷三十六)

附 录

《钦天监新选地理辨论》

原名为《钦天监地理醒世切要辨论》,初成于乾隆五年庚申(1740年)。后于乾隆十一年(1746年)再作增删,改名《钦天监新选风水正论》,又名《钦天监风水正论》。今存(清)光绪二年(1876年)浙昌许翼廷抄本。

赵　序[1]

康熙癸亥,《选择通书》告成,行世已久。乾隆己未,天文生高君、齐君,以某书中之袭谬承讹者,淘汰尚未净尽,且同是日也,既注“不宜出行”,旋复注“宜”,令人无所适从,诸如此类者甚多,宜加厘正,以垂久远。爰缮稿呈堂,监正进大人深然之,疏上报可,以少司空何翰如先生总其事。辛酉开雕已竣,予尝率业焉。先是予同年中丞潘絜方先生,知予两先人尚未安土,亟致书极称高君精于形家言及克择,一时无出其右者。亟延致之,果得吉壤。

承以其同官所选之《地理切要》书见贻,读之令人心目开朗,遂走笔序其次简,抑克择一道,昔尝闻唐一行禅师所著《铜函经》,故意杜撰,多增神煞,以愚海外。世俗相沿,反奉为指南。毋惑乎其颠倒吉凶,流毒无穷也。得是书正之,有吉壤何患无吉日?此予怂恿高君,劝其梓行之,一片婆心也。时君濒行唯唯作别云。

乾隆十一年十月既望都察院左副都御史年家眷弟仁和赵大鲸序

校者注　①　“赵序”二字为校者所加。

徐 序①

古堪舆书,不下数十家,后此管窥蠡测者更多,乃相度诹择之时,往往互相排诋,众人聚讼,必有一是,其非者或诋其是者,主人茫无灼见,致为非者所误,十常八九。金溪高君,执秩钦天监有年,其卓见特识,持谕皆有根抵。凡所相度与诹择,各有神验,其名倾动公卿间。其同官所选《地理切要》,相度则宗卜氏及于朱子,克日则宗杨筠松造命之说。其他一切谬讹,互相排诋,讫无一是辞之书。辞而辟之廓如也。予久慨俗士之膠执臆见,贻误主人之为罪实大。今得此书正之,资以造福弭灾,功岂在筠松下哉?

即予也年逾四十,尚艰于嗣。赖君改卜邸舍,许以孕毓,比岁果验。且近岁互选,备负卿贰,君虽歁然,不以自居,然究未可等之会逢其适也,信而有征,斯语良可移赠。

乾隆十一年十月之吉工部右侍郎年家乡眷弟南昌徐逢震序

校者注 ① “徐序”二字为校者所加。

何 序[①]

万物本乎天,人本乎祖,敦崇本根以图久大,家国一揆也。《大易》之仰观俯察,《尚书》之钦若敬授,《三百篇》之详纪物候。凡水泉土宜,毕载大礼,以日月为柄,以四时为纪,春秋之首天正,书大有,及一切灾祥,此物此志也。予家世以文章报国,旁及天文、律历诸书,荷受殊知,晋秩风宪。

然于形家言与涓择日时,则尝于备员监院时获稔,金溪高君尔父,新城齐君东野学识,此通监所交推者。即予家相度阴阳,亦尝赖以诹吉举事,靡不响应。盖二君与其同官所选《切要地理辨论》,附以涓择,实传涉群书,折衷至当,而为之者也。披阅之下,令人信从以坚,群疑顿熄,私诸枕秘,何若公之海内哉?此直为经学之功臣,奚弟司人间之福命。

乾隆十一年五月上浣都察院左副都御史兼管
钦天监监正事务加二级年家眷弟何国宗顿首拜序

校者注 ① “何序”二字为校者所加。

序

相山度形,原“其初本以候土验气,测量水脉”“以宁死者而赞慈孝”,固未始有吉凶祸福之说。然其所以候验而测量之者,虽不言吉凶祸福,而吉凶祸福存乎其中,一不致谨,使孝子慈孙陷其亲之遗体于水泉虫蚁之患,而不自觉,其为凶祸,可胜道哉!自历朝建都立陵,皆察山川情性,究阴阳之玄奥,指画天地,颠倒五行,推求八卦,如庖丁解牛,九方皋相马,以其经历而恒试之者,载之于书,书鲜文词,其法具在。挽近世为其术者恒秘,浅者执所得以自是。陋者执罗经以误人,亦一厄也。

兹因本监漏刻科,专司相度,于是出其秘典,搜辑群书,列为《切要辨论》,四科咸备,体用兼全,颁刻中外,俾孝子慈孙之欲葬其亲者,藉是以无患。死者宁,生者顺,不徼福而吉无不利矣。古人“候土验气,测量水脉”之意,不由是而彰明较者哉!是为序。

钦天监同官公序

地理切要辨论

内庭侍值

钦天监漏刻科署博士　金溪后学　高大宾

《易》曰:“俯以察于地理。”察,则详于观视,谓非目力乎?彼道眼、法眼之称,都从“察”中生出耳。地理者,条理也,即文理脉络之理也。山脉细分缕析,莫不各有条理之可察。自罗盘之制成,方位之说立,以地理之理混为方位阴阳之理,故有格龙、格穴之语。使龙穴果用格而不用察,则真龙正穴,人皆易得而知之,又何古云“三年寻龙,十年定穴”哉?倘格龙须三年,格穴须十年,则是罗盘必一怪物,而用罗盘者必一憨人矣!山灵有知,自当为之耻笑矣。愚故谓方位阴阳之理,则用格而不用察,非格则方位之分辨,选择之趋避,莫由知矣。观卜氏云:“立向辨方,的以子午针为正。”其用格而不用察也可知。地理之理,则用察而不用格。非察则脉络之贯串,龙穴之真情,无由见矣。观卜氏云:“留心四顾,相山亦似相人。”其用察而不用格也可知。噫,倘览此辨者,犹昧而弗觉,乌得谓之高明也哉!

形势切要辨论

钦天监漏刻科博士东鲁后学　齐克昌

观龙以势,察穴以形。势者,神之显也;形者,情之著也。非势无以见龙之神,非形无以察穴之情。故祖宗要有耸拔之势,落脉要有降下之势,出身要有屏障之势,过峡要有顿跌之势,行度要有起伏曲折之势,转身要有后撑前趋之势。或踊跃奔腾,若马之驰;或层级平铺,若水之波。有此势则为真龙,无此势则为假龙,虽有山脉行来,不过死梗荒岗,纵有穴形,必是花假,此一定之理也。审察之法,先要登高望之,次从龙身步之,再从左右观之,对面相之,则其真神显露之处,与其奔来止聚之所,自可得而知之矣。

至于察形之法，当辨其圆、尖、曲、直、方之五体，究其窝、钳、乳、突之四格，再以乘金、相水、穴土、印木之法证之，则穴情自难逃矣。何为“乘金”？盖五行中以圆为金，以曲为水，以直为木，凡有真穴，必有圆动之处。窝钳之圆在顶，乳之圆在下，突之圆在中。若窝钳之中，更有乳突，乳突之上，复有窝靥，名曰“罗纹土宿”，即少阴少阳之穴也。乘者，乘于圆晕动气之中也。何谓“相水”？盖有圆动可乘，左右必有微茫曲抱之水交揖于穴前小名堂内，即虾须蟹眼是也。相者，相定二水交合处而向之也。何谓“印木”？盖微茫水外，必有微微两股真砂直夹过穴前，方逼得微茫水合于小名堂木内，即蝉翼牛角是也。印者，有此水必印证于此砂，方为气止水交。若无此砂，则水泄气散，非真穴矣。何谓“穴土”？盖有此三者，又须有五土四备、裁肪切玉之土，方有生气。否则，外形与内气不相符合，亦非真穴也。穴者，如人身针灸之穴，一定于此而不可易也。苟四征既具，中间必有暖气，即火也。此察穴之要法也。故地理之要，不外乎形势而已矣。今业此术者，多以方位星卦之虚谈视为精义，而于形势之实理反目为浅说，以致地理混淆，真伪莫辨，欲不误人而不可得，故辨明形势之理，以俾后之学者指示天下，得以趋向于正而无邪路之惑也。

落脉切要辨论

钦天监五官正

真龙落脉，必顿成星体，开面展肩，挺胸突背，有大势降下。如妇人生产，努力向前推送。但对面正看，不见其形。左右睨视，方见其势。此阴体阳落之理也。至于行龙身上落脉，或起顶分落，或肩旁落，或硬腰落，或尾后落，或侧面落，或挂角落，或纽丝落，或遍开落，虽无大势降下，亦要龙身磨转，成其肩面稍有停留落下之势，其脉方真。否则，恐为枝脚砂体，非真落也。

故本监（术家）审龙，先要看其落脉，辨其真伪，不可只看到头一节，便认为真也。所谓“山之结地不结地，只看落脉便知”，故落脉一节，为龙穴之根本，不可不留心细察也。

龙身孤单切要辨论

高大宾

龙身行度,两旁无外山护送,则谓之孤单。然起顶有枝脚护从,转身有尾撑托送,则本身自卫有力,到头亦有结作,但力量稍轻耳。若龙身行度,两旁有外山护送,而本身反无枝脚撑持,则谓之真孤单,到头定无结作。

故术家审龙,先要看其本身孤与不孤,不可因其有外护而遂认以为真,无外护而遂认以为假也。至于芦鞭、串珠贵格,又不可以此概论。大要龙身真假之辨,先在落脉处讨其消息,此又不可不知也。

龙脉方位切要辨论

《海角经》以艮巽兑为三吉,乾坤坎离震为五凶。《催官篇》以亥为天皇第一,艮丙巽辛兑丁为六秀。《玉尺经》以乾坤为二老,辰戌丑未为四库,贵人不临之乡,且为四暗金煞,来龙不可犯。然则,三吉六秀,至贵龙也;二老四库五凶,至贱龙也。诚以阴龙为贵,而阳龙为贱也。又何以丑未震属阴,而亦见弃,互相矛盾耶。

今贵龙无论已,姑以贱龙言之。如广西吕氏茅潭山祖地,乾龙辰向,后出宰相,二子登甲;钱塘茅氏三台山祖地,坤龙癸向,后出状元;福建林氏狮头山祖地,辰龙戌向,后出五尚书,科第连绵;铅山费氏祖地,辰龙戌向,后出状元;余姚谢氏祖地,戌龙辰向,后出宰相;歙县黄氏祖地,戌龙辰向,后出副宪世科;会稽陶氏嵩尖祖地,丑龙丁向,后出会元;余姚谢氏祖地,未龙巽向,后出宰相、探花、会元。他如山东北五省,壬龙、子癸龙、乙龙、寅甲龙、午龙、申龙,俱有名地可考,难以尽述。果如乾坤为二老,辰戌丑未为四库,而何以反出大贵耶?又查青田元勋刘氏祖地,庚酉龙入首,作辛山乙向;丰城世科李氏祖地,艮龙入首,作戌山辰向;兰溪世宦章氏祖地,坤申龙入首,作坤山艮向;吾乡总宪刘氏祖地,戌乾龙入首,作乾山巽向,此乃阴龙阳向,阳龙阴向,是谓阴阳驳杂,又何以反出大贵耶?

由此观之,可见二十四龙皆可葬,二十四向皆可向,不可以二十四方位阴阳分为龙脉之贵贱也。盖贵贱出于祖宗来龙,非出于方位阴阳也。且龙脉不过从亥方入首,即以亥名之,从乾方入手,即以乾名之,非因有二十四方位之名分,定有二十四样龙脉也。故只可以二十四方位分辨龙脉之阴阳五行,以便于选择趋避,断不可以二十四方位分为龙脉之贵贱也。司马头陀云:"以方向别外气之符应则可,以方向定龙穴之真的则不可。盖龙穴既定,方向随之,非由方向以定龙穴也。"斯言诚足征已。

穴情方位切要辨论

户部山东司郎中

《催官篇》《玉尺经》皆言:阴龙为真气,阳龙为伪气。后人遵用二说,点穴只以罗经格之。是亥是艮,便谓气真为贵;是乾是寅,便谓气伪为贱。如来脉是亥艮,临结穴亥兼乾三分,艮兼寅三分,则扶起亥艮之阴,而放倒乾寅之阳。挨左挨右,以乘其气。或亥变为乾,壬艮变为丑寅,即乘亥艮真气扦之,截去乾壬丑寅之伪气;或亥脉到头铺阔,杂以乾壬;或艮脉到头铺阔,杂以丑寅,即提高就亥艮扦之,而弃其杂气。

又有变通其说者,如亥艮之真气多,而乾壬丑寅之伪气少,则宜留真去伪,依亥艮扦之。若乾壬艮寅之伪气多,而亥艮之真气少,又宜从阳舍阴,就乾壬丑寅扦之,不可贪亥艮之真,反致取祸也。

又有不遵其说者,谓来脉阴多为真,入首阳少为伪,来脉阳多为真,入首阴少为伪,此真来伪落。穴其真者,初退久吉;穴其伪者,初发久凶。

又谓来脉阴少为伪,入首阳多为真,来脉阳少为伪,入首阴多为真,此伪来真落。立穴惟乘入首之真甚吉。

是皆以多少分真伪,不以阴阳分真伪。总之,皆谬说也!盖天地间,一阴一阳之谓道,故孤阳不生,独阴不成,生物必两,要合阴阳。果如前说,以阴为真,以阳为伪,只用真弃伪,则是阴可有而阳可无,纵天地合而复辟,亦断断无是理矣!

即以其说推之,如冈龙来脉,尚有形迹之可格,分其阴阳多寡,若茫茫迥野,一片铺毡展席,淼淼平湖,一望无形无影,将何处格定,而分其阴阳多寡,以辨其穴之真伪贵贱耶?毋乃执而不通,是术之穷乎?且脉气止聚之处,自有一定穴情而不可易,岂可依方位阴阳多寡而挪移变迁者乎?愚故谓穴之真伪贵贱,在于来龙;龙之真伪贵贱,由于祖山。以祖宗证龙,以龙证穴,万无一失。断不可以方位阴阳多寡辨其穴情之真伪贵贱也!郭景纯云:"葬者,乘生气也。"其生气者何在?正朱子所谓阴阳五行之气化生万物者是也。由此观之,则阴真阳伪之谬,昭然可见矣。

砂形方位切要辨论

《催官篇》《玉尺经》及砂法诸书,谓文笔宜居巽辛,为天乙太乙,当出大魁。若在坤申,则为讼笔,主出讼师。天马宜居乾离,为不易之正马,定出公侯。若在东方,则为木马,主出木匠。印星不宜居坎离,非瞽目则堕胎。游鱼不宜居丑艮,非打网则僧道。

今查南城张状元祖地,文笔在坤。苏州申状元祖地,文笔在申。则文笔在坤申,而反出大魁者多矣,何必拘于巽辛也。

又查福建马尚书祖地,天马在甲。福建王总督祖地,天马在乙。则天马在东方而反出八座者多矣,何必拘于乾离也。

又查德兴张氏张水南祖地,穴前石印正当午丁方,出四神童、翰林。吾乡高吏部祖地,印亦在午丁方,并无瞽目之辈。则石印之方圆端庄,生在堂内,谓之印浮水面,世出魁元,即坎离又何嫌也。

又查玉融商氏阳基阴地,水口游鱼都在丑艮方,出兄弟三进士。吾乡蔡布政祖地,游鱼亦在艮方,并无僧道之流。则游鱼之逆流向上,填塞水口,名曰禽星守户,代产英豪,即丑艮又何妨也。

大要砂形以尖圆方正相向有情为吉,以欹斜破碎反背无情为凶,而方位不必拘也。杨公云:“山水不问吉凶方,吉在凶方亦富强。急流斜侧山尖射,虽居吉地也衰亡。”此以砂水而合言之也。又云:“砂如美女,贵贱从夫。”故术家论沙,先当以龙法推求,次宜察其形状之美恶,性情之向背,不可泥于方位而断为吉凶之应也存验。

水法方位切要辨论

礼部主客司员外郎石城后学　管志宁

诸书论水者,有谓来水宜生旺方,去水宜死绝方。其生旺死绝之说,或从来龙起,或从坐山起,或从向上起。为三合水者,有谓寅午戌申子辰六向,武曲星管局;癸艮甲辛四向,廉贞星管局;巽丁坤庚壬五向,破军星管局。俱宜右水倒左,吉。巳酉丑亥卯未六向,巨门星管局;乾丙二向,贪狼星管局;乙向,禄存星管局。俱宜左水倒右,吉。反此为凶者。

有谓贪武水宜来不宜去,文廉禄水宜去不宜来,巨辅弼水来去皆可,破军水来去皆不可者。有谓乾坤艮水可去不可来,巽水可去可来,寅申巳亥四生水宜来不宜去,辰戌丑未四库水宜蓄不宜流者。

有谓乙丙交而趋戌,辛壬会而聚辰,斗牛纳庚丁之气,金羊收癸甲之灵,为辰戌丑未四墓水者。有谓子寅辰乾丙乙属金,为阳为父;午申戌坤壬辛属木,为阴为母。卯巳丑艮庚丁属水,为阳为子;酉亥未巽甲癸属火,为阴为孙,为四经水者。

有谓来水去水,生入克入向吉;向生出来水去水,克出来水去水凶,为玄空水者。有谓生入克出为进神水,生出克入为退神水者。

有谓艮震巽兑为阴,催官水者;丙丁庚辛为阳,催官水者。有谓亥天建,艮地建,丁人建,卯财建,巽禄建,丙马建,为六建水者。有谓艮贪狼水主官禄,巽巨门水主财帛,兑武曲水主人丁,为三吉水者。

有谓巽丙丁而为三阳水者,有谓艮丙兑丁为长寿水者,有谓丙丁为赦文水者。有谓卯宝仓水,巽文笔水,丙金堂水,丁玉门水,辛学堂水,为五吉水者。

有谓艮丙巽辛兑丁为六秀水者,有谓庚酉辛为金阶水者,有谓乾坤艮巽流去为御街水者,有谓卯龙见庚水之类为纳甲归元水者。

有谓乾坤艮巽为大神水,甲庚丙壬为中神水,乙辛丁癸为小神水。小神宜流入中神,中神宜流入大神,而大神不可流入中神小神者。有谓大神小神俱要合禄马贵人,而先用支神,次用干维,或三折内不可用支神,而三折外弗拘;或专用干维,而全不用支神者。

有谓子午卯酉为桃花水者,有谓寅申巳亥为劫煞水者,有谓辰戌丑未为黄泉水者,有谓庚丁向见坤水,乙丙向见巽水,甲癸向见艮水,辛壬向见乾水,为黄泉水者。有谓乾龙忌午水,坎龙忌辰水,艮龙忌寅水,震龙忌申水,巽龙忌酉水,离龙忌亥水,坤龙忌卯水,兑龙忌巳水,为八曜水者。

其法多端,难以尽述。然究其诸说之谬,一始于卦例之徒,再杂于星学之辈,如长生桃花之说是也。故议论纷纷,互相矛盾,虽欲用之,将何为确据而适从之。无怪乎刘公渊云“一切置之弗论也”。

盖地理四用,龙穴为主,砂水为辅。龙真穴正,砂水自然合法。设或有小节之疵,则有裁剪之法在,岂可就星卦依方位而论其吉凶耶?杨公曰“水似精兵,进退由将”,诚哉是言也!

至于水法之妙,惟郭景纯《葬书》言之详矣。书云“朱雀源于生气”者,谓水居穴前,故名朱雀。气者,水之母。水者,气之子。溯其水流之源,实生气之所溢也。故曰“源于生气”。“派于未盛”者,谓水源初分,流既未长,势犹未盛也。“朝于大旺”者,谓众水同朝于明堂,其气太旺也。“泽于将衰”者,谓水将流出,必先汇为泽,其势藏蓄而将衰也。“流于囚谢”者,谓水流出处,两边沙头交插关锁,犹如囚物而不令去也。“以返不绝”者,谓气溢而为水,水又因而不去,反渍以养气,气水循生无有断绝也。“至法每一折潴而后泄”者,谓欲其曲折停蓄,不欲其直流速去也。“洋洋悠悠,顾我欲留”者,谓水于穴留恋有情也。“其来无源,其去无流”者,谓来远莫知其源,去曲不见其流也。此书通篇只谓水之形势性情,何尝有方位之说也?

再观卜氏《赋》中论水,亦只论其形势性情,并无一字言及方位也。今术家就星卦方位而论水者,则比比矣。舍星卦方位而以情势论水者,则百无一二焉。究其弊端,大约有二:一为父师相传已久,非有上智,焉能破俗?失在不明;一为以情势论水,吉凶易辨,莫可饰伪,利葬家不利术家者,故执其说而不变，弊在挟诈。以故往往为人寻地，遂使吉者不葬，葬者不吉，惑世诬民，莫此为甚，诚可慨也！

余遍目古墓以及福地，其水法情势合而不合方位，发身甚多；方位合而不合情势，发者绝少。以故愈信水法之妙，不外于形势性情而已矣。今以水之情势宜忌，具详于左。凡水来要之玄，去要屈曲，横要弯抱，逆要遮拦，流要平缓，潴要澄清，抱不欲裹，朝不欲冲，远不欲小，近不欲割，大不欲荡，对不欲斜，高不欲扑，低不欲倾，静不欲动，众不欲分，有味可尝，有声可听，合此者吉，反此者凶。明乎此，则水之利害昭昭矣，奚必拘于方位哉！

生气切要辨论

钦天监漏刻科五官挈壶正南昌　刘毓

生气之说，《赋》中葬乘生气，本注虽已详载，而尚有未及言者。盖生气固当以认脉为先，其次又当辨穴星。如金之生气聚于窝泡，木之生气聚于芽节，水之生气聚于涌突，土之生气聚于口角，火之生气聚于水窟，谓之水火既济也。

其次，又当相穴形。如孩儿动在囟门，侧掌动在合骨，仰掌动在转皮，腕蓝动在鼠肉之类。动乃生气之机也，故当以动为生。

其次，又当察穴晕。如晕上尖下圆，则气在下；上圆下尖，则气在上。圆乃生气之表也，故当以圆为生。

其次，又当分阴阳。造化一不能生，生则必两。如龙之雄者，结穴必略生窝口；龙之雌者，结穴必略生堆突，是龙穴相交，有阴阳也。穴之中心有上阴下阳，上阳下阴，有边阴边阳，有阴多阳少，阳多阴少，有阴交阳半，阳交阴半，是穴中相交有阴阳也。交乃生气之情也，固当以交为生。

其次，又当看四应。内四应者，生气之证也。上面微起圆球为后应，下面合水尖檐为前应，两边虾须蟹眼水、蝉翼牛角砂为左右应也。外四应者，生气之辅也。后头盖乐山为后应，前面朝案山为前应，两边夹耳山为左右应也。若前应有情，则气在前；后应有情，则气在后；左应有情，则气在左；右应有情，则气在右;四应俱有情,则气在中。此以四应验生气之法也。

其次,又当辨龙虎。龙虎者,生气之用也。左右砂高,则气在高处;左右砂低,则气在低处;左直右抱,则气偏在右;右直左弯,则气偏在左。此以龙虎验生气之法也。

其次,又当观朝山。朝山者,生气之配也。朝山若高,则气在高处;朝山若低,则气在低处。此以朝山验生气之法也。

其次,又当审明堂。堂水者,生气之食也。堂水聚中,则气在中;堂水聚左,则气在左;堂水聚右,则气在右。此以明堂验生气之法也。

今术家不知察生气之法,只凭罗经格之,是亥是艮,便谓阴气为真;是乾是寅,便谓阳气为伪。若亥兼乾三分,艮兼寅三分,便谓放倒乾寅之伪气,扶起亥艮之真气,偏左偏右以乘之,以故往往为人扦葬,反失生气,而受死气,贻祸于人,莫可救也。

故乘气之法,先当随龙认脉,因脉察气,次当以上诸法详之,庶不失生气之所在,得以乘之而无差也。

浅深切要辨论

金溪后学　高大宾

浅深之说多端,有以来脉定浅深者,如来脉入首强,作穴凹,出口尖,此乃脉浮而属阳,法当浅葬。来脉入首弱,作穴凸,出口圆,此乃脉沉而属阴,法当深葬。然概而言之,阳脉当浅,阴脉当深。若详而言之,阴脉中有浅深,阳脉中亦有浅深,又当变而通之也。

有以到头峡脉定浅深者,如峡脉高则宜浅,峡脉低则宜深。然此法或可施之于平冈平支,至于高垅之穴,则又非此论也。

有以从佐定浅深者,如四山高,则气浮而宜浅;四山低,则气沉而宜深。然亦当看其宽紧如何,如四山高而宽缓,则气或有浮而反沉;四山低而紧夹,则气或有沉而反浮,不可以此为拘也。

有以明堂定浅深者,如明堂水低,则宜深葬;明堂水平,则宜浅葬。然此法只可用之于平支。至于冈垅之穴,又岂可以此为法哉!

有以荫腮二合水定深浅者,然高山与平地不同,亦不可以此概论也。

有论藏于涸燥者,宜浅;藏于坦夷者,宜深。然坦夷指窝言,涸燥指突言,如突在平地则宜浅,若在高山又宜深也。窝在高山则宜深,若在平地又宜浅也。亦不宜执一而不通也。

至以地母卦尺数与紫白寸数定穴之浅深者,皆为谬说,断断不可用也。

大约浅深之法,在冈垅则察其来脉之浮沉,以四山从佐证之;在平支则相其界水之浅深,以水土厚薄度之,再辨其窝钳乳突之四穴,以支垅地势较之。总而言之,莫妙于临时斟酌,验其土色以准之。盖坚细而不松,油润而不燥,鲜明而不暗,此生气之土也。验其质,观其色,察其气,以求其中,则浅深之法,不外是矣。

若详而推之,开井除浮土外,遇此生气之土,土薄则开下一尺三四寸;土厚则开下一尺七八寸,只要包过棺内骸骨,不必论其棺之高低也。大要多留气土,以垫棺底,使其运蒸悠远。断断不可掘深,发尽土气,更不可掘过金银炉底土,打破穴底,以致受冷犯湿,不可复救也。杨公云:浅深之法,亦难定矣,然失之于深,宁失之于浅。浅如架甑,气犹可运蒸而上;深犹泼尽锅水,焉有气蒸?盖脉从后来,气从上升,土为气体,土尽则气尽,故不能上蒸也。至于平洋之穴,惟堆土成坟,不必验其土色,只看水局之大小,以堆塚高低配之,而浅深非所论也。

水不上堂休点穴辨论

石城后学 管志宁

此言水不上堂,谓真水不上小明堂也。盖结穴之处,必有两路隐隐真水交聚于小明堂内,而外有两股微微真砂交收小明堂真水,方是气止水交,而为真穴也。否则,水浅气散,焉有结作?故云"休点",非谓外来界水必欲上堂,方可点穴也。且外水不但不能入小明堂,并不可径入内堂。凡水将到内堂之处,须要一股上砂遮拦,使其屈曲环绕而来,不见有穿割冲激之势,斯内堂气聚,元辰水静,而为真明堂也。卜氏云:“逆水来朝,不许内堂之泄气。”正此之谓也。

若错认外水不上堂,便休点穴,不惟有失点穴之旨,并昧堂局之势。曷以言之?盖穴前小明堂,外水固不能入,即以内堂言之,平地之内堂,堂与外水相平,犹可使之上堂。至高山之内堂,堂与外水悬绝,必不能使之上堂,此一定之势也。若执定外水不上堂,方可点穴,则只有平地之穴可点,而高山无穴可点矣。若不必外水上堂,亦可点穴,则先贤又何为立此一言,以教后人者耶?由此详之,则堂指小堂,水指真水也明矣。

盖穴前小明堂合襟水,无论高山平地皆有之,故卜氏云:“登穴看名堂。”正谓此也。然此理亦微矣。杨公云:“有人识得明堂法,五百年中一间生。”诚叹其难也。

穴形正变巧拙辨论

上起顶,下垂乳,龙虎均停者,悬乳穴也;重龙重虎者,双劈穴也;龙虎一长一短者,弓脚穴也;或有龙无虎,有虎无龙,单股穴也;坦夷仰卧者,平面穴也。此五者,穴之正体也。

开口穴者,下无乳也;本体穴者,无龙虎也;侧脑穴者,顶不正也;没骨穴者,无顶也。此四者,穴之变体也。

何谓巧?以其穴形完美,地势异常,使人惊也。何谓拙?以其穴体丑陋,出于非常,使人疑也。此巧拙之穴,谓之怪穴也。

《怪穴篇》云:“或然高在万山巅,天巧穴堪扦。或然低在深田里,没泥穴可取。或然结在水中央,四畔水汪洋。或然结在顽石里,凿逢土脉取。”此皆穴之巧者也。

“也有穴前生尖嘴,枫叶三叉体。也有穴后是空槽,玉筋夹馒头。也有丑穴如雀爪,突露无人晓。也有丑穴似牛皮,懒坦使人疑。”此皆穴之拙者也。

又有骑龙之穴,如顺骑、倒骑、横骑、正骑、左顺侧骑、右顺侧骑、左倒侧骑、右倒侧骑,此数穴亦皆在怪穴之中也。

然穴虽有正变巧拙之异，大要不外于认龙。认得龙真，自知穴的，又何虑于怪哉！故先贤穴多怪异，非好怪也。良由认得龙真穴的，常亦扦，怪亦扦。初不知常之为常，怪之为怪也。自后人罕见之，以为怪耳。吕东莱云："怪生于罕而止于习，先贤不以为怪穴为怪者，亦习之而已。"今术家不但不知怪，并不知常，总由误于《催官篇》《玉尺经》及诸般卦例之说，审龙审穴只以罗经格之，而不知用目力之巧以察其真伪之情也。真伪尚且不能辨，又何况于怪哉！噫，亦难言矣！真正吉穴，反多隐藏不起；人眼虚花，假穴反多显露，易于动人，非传授真识见广者，鲜不为其所惑也。

龙虎切要辨论

齐克昌

青龙、白虎、朱雀、玄武，乃古人借四兽以别四方者也。盖青龙属木，故列于东方；白虎属金，故列于西方；朱雀属火，故列于南方；玄武属水，故列于北方。术家以前为朱雀，后为玄武，左为青龙，右为白虎者，因建都皆坐北朝南，左东右西，故借四兽以称之也。后人错认龙虎为真，不论水之去来，凡是青龙边便谓宜高，凡是白虎边便谓宜低。殊不知东西南北之方位，一定而不可易。非若前后左右之宫位，可随身而转之者也。若向北之地，则四兽皆易位，前玄武，后朱雀，左白虎，右青龙矣。故论墓宅左右之砂，只宜究其上下之义，不必泥于龙虎之名。如水从左来，则左为上砂，右为下砂；水从右来，则右为上砂，左为下砂。上砂宜低弱，低弱则天门开，得见水来；下砂宜高强，高强则地户闭，不见水去。此正理也。卜氏云："坛庙必居水口。"正为下砂关水而言，而龙虎无论矣。

今之庸术，专以白虎骇人，何也？管公明辨之颇详，惟高明者自究之可耳。

朝案切要辨论

大兴后学　李廷耀

龙来结穴,贵在有朝案,此常论也。然亦有有朝无案者,有有案无朝者,又有朝案俱无者,将何所取用哉?惟欲诸水聚于明堂之中耳。杨公云"也有真形无朝山,只要诸水聚其间"是也。然亦统论无朝案耳,未曾有向东向西向南向北之辨。盖南与东西无朝案犹可,向北之地无朝案则不可。从来朔风最严,使无朝案遮拦,未免飘散生气,焉有融结?杨公云:"也有大地去朝北,惟要面山高过额",正谓此也。

殊不知有不尽然者,余覆故乡东冲胡氏祖地,御屏土星挂角,入首微起金星开窝,丁山癸向,正朝北方,堂局宽阔,无近案遮拦,左右无龙虎护卫,只有大罗城水口而已。以俗眼观之,宜乎风寒气弱,不甚发福,而何以反出巨富,人丁数千,发福悠久而成大地也哉?盖有妙理存焉。一来龙系大干尽结,气旺不畏风寒。一石山土穴,体刚不畏风削。一高山跌落,平地开窝作穴,限聚不畏风吹,故发福大而且久。此亦穴之最怪者,非目睹不能知之。卜氏云:"看格尤胜看书",斯言诚是也。

本监寻地,全要认龙。龙真穴正而砂水不足,不过小节之疵,焉能减其厚福?所以,有朝案固妙,如无朝案亦可。不可拘拘于此,而反弃龙穴之真也。卜氏云:"外貌不足,内相有余;大象可观,小节可略",斯言足味。

迎水立向切要辨论

李廷耀

水本动,妙在静。静者何?潴则静,平则静,湾则静。立向之法,贵迎平、湾、聚、潴,及堂局正中,相对有情之处,方能承受外气而获福也。

今术家不知迎水之诀,只看水从某边来,便立向抢之。以致上砂逼,来水短;下砂宽,去水长。外失堂气,内失坐下,反福为祸,可胜叹哉!

今本监立向趋避之法且详于左:一避砂之顺而趋逆;一避水之动而趋静;一避砂之散而趋聚。盖上砂为顺,下砂为逆,来水为动,到堂为静。砂抱水湾为聚,砂反水走为散。学者明此,思过半矣。

束气切要辨论

南昌后学　熊佑

龙将到头,跌断束气,再起星体,落脉结穴,此正理也。然有一等疑龙,竟不过峡束气,而反结大地者,如舍山太湖吴进士祖地是也。观其龙之形势,自离地出身以来,不跌断过峡,起伏转折,只一片蛮铺,径直奔来,至将入首处闪开一边,横开钳口,抽出一线微脉结穴。甚是隐藏,难以察识。人因其无束气,多有疑之者。殊不知龙将到头,抽细过峡,起顶结穴,则谓之来龙束气。临穴化开钳口,抽脉结穴,则谓之穴上束气。然穴上束气之理,先贤俱未发明,故特表之,以广学者之见耳。

裁剪切要辨论

高大宾

裁剪者,作用之法也。龙真穴的而砂水有余不足,则方用裁剪法。今术家不论龙穴之有无,动言裁剪取用。殊不知有龙穴而后可用裁剪,未有无龙穴而裁剪成地者也。或有来龙的真而穴形变异,则用法葬者有之。如开金取水,堆土成坟之类是也。又谓小地裁剪,大地生成,岂知裁剪之说,无论地之大小,凡有砂水不足,皆用此法。

观《葬书》云:“目力之巧,工力之具;趋全避缺,增高益下”,是概论作用之法,而未尝有大小之分也。或以节取作穴,如斩关截气之类,谓之小地则可,不可谓小地全是裁剪取用也。学者思之,可以自悟矣。

大小地切要辨论

高大宾

大地有势而无形,其病在穴。非病也,言其穴之丑也。小地有形而无势,其病在龙,亦非病也,言其龙之弱也。如出局观之,祖山尊贵,龙身特起达,远山远水,无不照应,罗城水口,无不重关,及至内则堂局宽阔,本身不生龙虎,穴情隐拙,最难察识。此势有余而形不足者也。若出局观之,祖山不贵,龙身不显,四顾少情,门户少闭,及至内则堂局精密,龙虎齐抱,穴情明白,一目了然。此形有余而势不足者也。倘形势两美,此又地之更大者。

今术家只知形穴之美,而不识龙势之妙,未免以小为大,以大为小,甚至以大为假而弃者有之,岂不深可惜哉!

作用切要辨论

钦天监漏刻科博士山阴后学　钟之模

蔡牧堂云:“山川之融结在天,而山川之裁成在人。”故裁长补短,损高益下,莫不各有当然之理。其始也,不过目力之巧,工力之具。其终也,夺神功,改天命,而人与天无间矣。由此观之,则作用之法不可不知也。

窃怪乎今之术家各逞臆见,妄肆培补,或筑罗围以填没界水,或作兜金以阻塞小堂,或培金墩以壅盖倒影,或凿月池以伤残唇气,或专用规车大开圆堂损其穴晕,或先开金井砌成空圹泄其生气。更有欲饰观瞻,多加石器镇压于前,成为杀气,此又人事之不善而天损于人者哉。

故作用之法,必要认定龙穴,相其形势,当培则培,当辟则辟,再三斟酌,始无差也,岂可漫为哉!

攒基切要辨论

钟之模

葬基,诸书言之甚详矣,未有言及攒基者。以其暂攒故也。殊不知攒非其地,则坏棺朽骨,难以移葬,而人子之心何以克安?可不慎乎?今以安攒之法言之,一要藏风,藏风则气暖;一要得水,得水则气聚。然得水在于审局,注水为上,逆水次之,横水又次之。总要下砂逆关为妙。若顺水局要有近案兜收,不见水去方可。否则,言吉水未可以言得矣。一要坐下尊严,虽无真龙结作,亦要顶气靠托,朝对有情,堂局圆净,砂水环抱,方有气象可观。一要地上干燥,虽无真气熏蒸,亦要土质坚实,方无湿气之患。一要高筑罗围,使棺隈藏,如人居之有围墙,可避风雨。一要背水向南,或向东向西亦可。切不可向北,盖朔风最严,易于坏棺,不可误向,受其损伤。一要面前洁净,不可有旧冢别物阻塞胸前,拦截堂气。如此斟酌,庶几先灵暂安,而仁人孝子之心亦稍慰矣。切勿听术者之妄谈,或夺龙气,置高冈而受风寒;或就水局,置低洼而沾湿气;或单就向利,而失堂气;或半藏地下,而被水浸。凡此者皆不可不慎也!

改葬切要辨论

高大宾 著

先葬固当慎重,改葬更不可轻易。苟葬非其地,有风、水、蚁三害相侵,不得已而迁起,须要速求吉地葬之。否则,骸骨易朽,棺木易烂,暴露无归,罪莫大焉。若葬得其地,荫出富贵之人,切勿听射利之人妄言此地只出小富小贵,若葬某地当出大富大贵,轻易改迁,反招大祸。盖其人既受此地之气而生,今忽改迁彼地,则气不相续,焉能获福?即彼地胜于此地,迁而葬之,然未受彼地之气,先泄此地之气,亦必先致其祸。改葬者可不慎欤?

故人丁蕃衍者不可迁,家道平康者不可迁,无五不祥者不可迁。五不祥者:一、冢上无故自陷;二、冢上草木枯死;三、家有少亡孤寡;四、男女忤逆,癫狂劫害,刑伤瘟火;五、人丁将绝,家业耗尽,官讼不息也。有三祥瑞者不可迁。三祥瑞者:一见龟蛇生气之物;二见紫藤绕棺木;三有水珠泡如乳温暖,或有气如雾,穴中干燥也。年代深远者不可迁。当速访明师,别求吉地,接福于后,此为正理,奚必轻易改葬为哉!

宫位切要辨论

大兴后学　李廷耀

宫位之分,谓青龙管一四七,明堂管二五八,白虎管三六九,以是断验祸福,乃常论也。然亦不可泥于此也。余每见有虎无龙而发长,少虎而发幼,明堂不正而偏发中房。更有此盛而彼衰,彼盛而此衰,祸福无凭,吉凶难定者,其故何也?盖心者气之主,气者德之符,人心积德,天必降之以福,而地亦以吉气应之。人心丧德,天必降之以祸,而地亦以凶气应之。以是祸福之来,吉凶之应,为人自召,岂尽关龙穴之偏枯,砂水之不齐哉!

故人子求地,只宜择吉穴以藏先人之遗骸,勿使风水蚁三害侵之,其义备矣。至房分之不均,惟尽人事听之而已,若欲其全美,或培补此地以助之,或别求福地以衬之,亦可免其不均之患也。杨公云:"岂可一坟分宫位,必取众坟参互议",此说可推也。大抵宫位之说,只可置之弗论,切勿听术者之妄断,狃于发福之偏枯,停止不葬,暴露无休,而自陷于不孝也。河南程氏曰:"不以奉亲为计,而专以利后为谋,非孝子安厝之用心。"诚为至论。

求地切要辨论

高大宾

仁人孝子苟竭诚求地以安亲,天岂肯阻人行孝而不假以吉者哉!切勿执可遇而不可求之一言,遂置亲骸于度外也。但求地,只在一真,不在图大,图大恐犯造物所忌,故地之大小则听其所遇耳。

至求地之要有二:一在积德,盖积德为求地之本。卜氏云:“福地为神之所司,善人必天之克相。”由此观之,则知积德善人未有不得吉地者也。一在择师,得师则得地者。盖山川不言,其情自见,苟遇明师,安能遁其情哉!但择师之法,当审其宗主,则知其传授;验其往作,则知其目力;访其素行,则知其心术;察其议论,则知其学问。苟传授真,目力巧,心术正,学问通,洞识山川之情,勿狥时俗之论,超乎常格,认人之所不能认者,乃可以言师矣。断不可听入门断、入圹断、鬼灵经、江湖串课断克应、八法神针之类,遽以安厝大事托之,致陷亲骸于水蚁之中,而受莫大之罪也。吾愿天下之求地者,当以积德为本,择师为要,则庶乎安亲可望矣。

峦头天星理气切要辨论

洪文润

峦头者,山形也。形者,气之著。气者,形之微。气隐而难知,形显而易见。《葬书》云:“地有吉气,土随而起”,此形之著于外者也。盖气吉则形必秀丽,端庄圆净;气凶则形必粗顽,欹斜破碎。以此验气,气何能逃?以此推理,理自可测,奚必泥方位之理气以为吉凶也。今术家咸谓“峦头为体,天星理气为用”,总由惑于方位之天星与方位阴阳五行之理气,故以体用分之耳。殊不知阴阳五行之理气,即寓于峦头之中,非峦头之外又有理气之说也。谢双湖云:“阴阳五行之理气,不可见而见于峦头之形,形即理气之著也。”故观峦头而理气可知。

至于天星者,盖谓阴阳五行之气,在天成象,在地成形,星之所临,地之所钟,上下相感而应。如下有将相之地,则上必有将相之星临之,非若方位家以亥为天皇,艮为天市之类也。使天星地理果如方位之说,则天文可以不仰观而知,地理可以不俯察而晓,虽今三尺之童,记纸上之陈言,据盘中之遗迹,亦可按图而索骥。呜呼,天文地理,岂若是其易哉!后之君子,当惕然猛醒,专心致志熟审峦头,毋惑乎方位之天星理气,执定罗经,非分推求,反失真地之吉，而受假地之凶也！王崔泉云："尝覆人家旧坟，见有亥龙入首扦丙向，艮龙入首扦丁向，天星理气却合而子孙大败者，只因峦头不好也。"朱文公："第一要紧看峦头，有了峦头穴可求。若是峦头不齐整，纵合天星也是浮"，诚有鉴于斯也。

真行伪落伪行真落切要辨论

刘毓圻

真行伪落，是谓真龙行来，顿起星辰，转身开面落脉，或当胸正落，隐隐微微，不见其迹，或纽落偏斜，躲闪隐藏，莫辨其踪，犹如无脉落下一般，故曰"伪落"。伪行真落，是谓伪龙落脉，或贯顶抽下，或硬肩拄下，形迹显然，令人易见，反似有脉落下一般，故曰"真落"。此二句乃辨落脉真伪之要诀也。

窃怪乎术家好逞臆见，托名先贤，改换其说，以来龙节节属阴为真，入首一节属阳为伪，谓之真行伪落。以来龙节节属阳为伪，入首一节属阴为真，谓之伪行真落。后人罔察，以讹传讹，遂致落脉弗晓，真伪莫辨，误人不浅。

余受师口诀，不忍自私，故发明之。以俾今之学者，得知落脉之真诀，而不为邪说所误也。

净阴净阳切要辨论

《易》曰："一阴一阳之谓道。"盖孤阴不生，独阳不长。阴阳相配，方成造化。故以形势论之，山属阴，水属阳，是山水相配有阴阳。山静阴而动阳，水动阳而静阴。是山水各自有阴阳。阴山取阳为对，阳山取阴为对，是主客相配有阴阳。阳来阴受，阴来阳受，是龙穴相配有阴阳。至于砂之边强边弱，水之股明股暗，莫非阴阳相配也。卜氏云："一不能生，生物必两，要合阴阳"，正谓此也。

今术家不察此理,误信净阴净阳之说,登山步龙,不识龙之真伪,只以罗经格之,节节属阴,便谓纯阴为贵;节节属阳,便谓纯阳为贱。若阴中间一阳,阳中间一阴,便谓阴阳驳杂为凶。殊不知真龙行度,变幻莫测,逶迤东西,或为南北,二十四方,无位不到,岂可以方位阴阳定其贵贱吉凶耶?若使可以定之,又岂得谓之龙耶?果使贵龙系净阴,贱龙系净阳,是谓单阴单阳,又岂是造化之理耶?

即以方位阴阳论之,针盘之制,始于黄帝周公,至汉张子房,只用十二支。至唐一行禅师,因十二支年神方位不甚空利(难以择日,故除戊己二干居中,只用八干,添乾坤艮巽四卦),列于于十二支隔界之间,以为太岁所不建之方,便于择日也。至于阴阳之分,不过按先天纳甲之说,分为十二阴十二阳之理,如此术家用此为其利于辩方识向,选择趋避而已。而龙穴砂水吉凶,贵贱原不在此论。且二十四位,始于唐时,若执此可以寻地,则唐以前如周秦、汉晋、六朝,许多富贵大地,将何所凭据而寻之乎?如龙只要净阴净阳,不宜驳杂,则方位配对亦只宜以阴对阴,以阳对阳,又何以阳对阴如壬向丙,阴对阳如艮向坤之类也?由此观之,则净阴净阳之谬,亦了然可见矣。

催官切要辨论

《经》云:“气感而应,鬼福及人。”《诗》云:“惟岳降神,生甫及申。”盖谓生神得气,所生受荫,川岳降神,故产英杰。若其人已生,则所禀非此山川之灵气,安愚变愚为智,化贱为贵耶?或原有好祖坟,荫出贵人,后葬吉地即登科第者,此乃人事偶合,术家因神其说,谓之曰:催官地。其实发福非由此也。又有贫寒之士,原无好祖坟,或禀阳宅之气,或感造化之气而生,生而后葬吉地,即登科第者,此乃祖宗积德已厚,而为天之所笃生,千万中一遇耳。

今术家为人寻地,动言催官荫人,至究其催官之说,便藉口于赖公《催官篇》。殊不知赖公既著有《披肝露胆篇》,内云“切不可听信诈伪之徒,妄言星卦,自取其祸”,何又有天星之说耶?既有天星之说,则《披肝露胆》之内又何以斥诈伪之徒而自相矛盾耶?昔称杨、曾、廖、赖为四明师,杨、曾、廖三公并无星卦之说,岂赖公肯著此《催官篇》而与三公相反也？况阅《催官篇》辨龙、评穴、评砂、评水,不过以方位二十四字反复言之,究竟于理,一无可取。且内多文理舛错,不可为训。即以“天皇气从右耳接,右耳乘气无冲脑”二句推之,其谬可知。何也？盖脉如树之梗枝,聚成一线,故云“接脉气”。如枝之果实,结成一块,故云“乘气”。虽气由脉来,然脉止而气结,则脉自脉而气自气,非谓脉即气也。卜氏云:“葬乘生气,脉认来龙”,古人所以葬气而不葬脉也。如云“气从右耳接”,则以来脉为气,一不通也。右耳乘气则以坐乘为承,二不通也。接脉乘气,乃点穴紧要之义,如此混然无别,岂不大有所误哉!

予想赖公既为明师,断断无此不通之说。但不知此篇出于何人所作,冒名赖公,欺世诬民,为害不浅。惟高明之士留心详之,再以先哲之言证之,莫不了然明白,而知其必为大谬也。

书籍正邪切要辨论

南昌后学　熊佑

地理经书,有可读者,有不可读者。可读者,惟《青乌经》《葬书》《雪心赋》《倒杖篇》《疑龙经》《撼龙经》《发微论》《穴情赋》《九星篇》《入式歌》《堪舆宝镜》《趋庭经》《堪舆管见》,此皆地理之正宗,不可不读也。不可读者,如《天机》《金篆》《催官》《玉尺》《海角》《青囊》《天玉》《玄珠》等书。一系假名伪造,一系以讹传讹,此皆地理之邪说,断断不可读也。推而论之,凡言形势性情者,皆可读。凡言天星卦例者,皆不可读也。此读书又其次者也。欲习斯道者,先要明师登山,指点龙穴砂水,口传脉理真诀。次要熟识峦头,多看仙迹。稍有确见,然后读书,方为有益。否则,是亦屋里先生,开卷了了,登山茫然,乌能识山川之妙哉？所以,徒读地书,自作聪明,而反受假地之害者,举世皆然,曷可胜叹！昔人云读书不如按图,按图不如登山,洵确论也。

阳宅门向切要辨论

阳宅首重大门者,以大门为气口也。张宗道云:“大门者,气口也。气口如人之口,人之口正,便于呼吸饮食;人之门正,便于顺纳堂气,人物出入。”《博山篇》云:“门中正,家道成。”此正论也。

今术家不知气口之义,误以游年星轮数八宅方门,如遇贪狼、巨门、武曲,便谓三吉方,宜开大门,如乾宅坤门,坤宅乾门,艮宅兑门,兑宅艮门,坎宅巽门,巽宅坎门,震宅离门,离宅震门,俱在中腰及左右两角,并无正门,以致气口不顺,反福为祸,诚可慨也!

尤可笑者,议论不一,互相舛谬。如所谓市居则论宅法,乡居则论堂局,既乡居论堂局,则宜正中开门,向对堂局,于理为是,如何又用八宅游星数定门向,或左或右,而反失堂局耶?既市居论宅法,则大门宜在中腰及左右两角,如何又因邻屋阻碍,势不可必而反开正门,不以宅法论耶?

再以东西二宅辨之。兑宅开艮门,在宅左角,犹可必也。如震宅开离门,在宅中腰,定有邻宅相阻,不可得也,势必正中开门。然以游星数之,正中为绝命方,左角为祸害方,右角为五鬼方,三方俱不宜开门,又何为而开正门耶?震宅可以开正门,则兑宅亦可以开正门。若云兑宅正门是为绝命方,则震宅正门亦为绝命方,又何为此可开而彼不可开耶?

今见市中兑宅则多开艮门,震宅则多开正门,一用宅法,一背宅法,岂不大相舛谬哉!所以,不论市居乡居,俱宜正中开门,以顺通气口。至于便门者,随宅主之便而开也。而八宅游星,系伪造邪说,断断不可用也!廖公云:“市居必要傍冲衢,向首理难拘。村居必要龙神落,向首随龙作。”此正理也。再者,平阳基地,用东西二宅,按宅长年命开造,仍主安吉。设或有恶煞当前,如巷冲路射、井栏坊压等类,则宜通达权变,趋吉避凶,或左或右开门可也。切不可抢水作向,歪斜开门,如人口歪,不成相貌,为可嫌也。

此特举其一端,尚有竹节贯井,抽爻换象,谬论纷纷,难以尽辟,惟智者详之,毋滋惑可耳。

阳宅切要十不宜

一不宜，大屋厅后又起小披屋，谓之停丧屋，主损丁，不吉。

二不宜，造丁字屋，主绝，不吉。

三不宜，起屋两间者，不可用孤架梁，主鳏寡孤独，不吉。

四不宜，屋前高后低，主人丁孤苦，不吉。

五不宜，屋前后左右，莫开池塘，如斗煞，开之仍吉，但妨小口。

六不宜，门前不可对屋脊，主子孙忤逆，不吉。

七不宜，屋后不可起仓房堆囤，不吉。

八不宜，住宅朝空坐空，不吉，要坐空朝满。

九不宜，住宅下首屋宇有斜飞屋，主妇人多淫乱，不吉。

十不宜，开门正向大路，谓之川心煞，主家长横死，不吉。

已上十不宜，俱当戒之。若要开门，须按九宫东西两宅命，吉。

选择切要辨论

杨救贫云："年月要妙少人知，年月无如造命法。"吴景鸾云："选择之法，莫如造命。体用之法，可夺神功。"盖造命者，选成四柱八字，干支纯粹，成格成局，内藏补龙扶山相主之义，此造命之体也。再取日月金水三奇，尊帝紫白三德及禄马贵人，此数者乃真正吉星，得二三个到山到向到宫，自然吉利。又查岁破戊己三煞阴符箭刃月建等煞，尽行退避，不相干犯，乃为全吉。此造命之用也。

至于年方空利，诸事吉日，俱要与钦天监年方历日相合为妙。万一不能相合，遵新颁《选择通书》，选成吉日，用之可也。

今选家不知造命之法,多宗斗首奇门之说,殊不知斗首之说,一背正五行与纳音五行,二不能补龙扶山相主,三则生克舛错,吉凶无凭,大不利于造葬之家,深可恨也。究其弊端,始于唐时一行《铜函经》。夫是经之作,一行不过因有指示,故意谬撰,以愚海外者耳。其间倒装生旺,反用休囚,原不可用,嗣后好奇者窃取其义,改头换尾,托名杨公斗首,以神其说,遂致真伪难分,庸愚易惑,反以斗首为精妙,咸相遵从,误人不浅。此非一行之咎,乃误传一行者之咎也。至于奇门之说,原为出兵择吉之用,非为造葬而设也。今一概混用,殊为可笑。此略举其二说以明之,尚有谬论甚多,难以尽述,惟在高明者细阅《星书考源》《杨公造命千金歌》《造命宗旨全书》与《阴阳宝鉴通书》,及耶律楚材书、刘伯温监书,则邪正之说不待辨而自明矣。

论开山立向与修山修向不同

凡鼎新开基,倒堂竖造,皆谓开山立向,则单论立向吉凶神,至年与月之修方凶神,俱不必论。若修主原有住屋,欲于住屋后修造,谓之修山,不名开山,则忌开山凶神,兼忌修方凶神也。向上凶神,除太岁、三煞二者外,余不必论。欲于住屋前修造,谓之修向,不名立向,则忌立向凶神,兼忌修方凶神也。坐山凶神,除岁破、三煞二者外,余皆不忌。若所修之处,四围俱有屋,又兼中宫凶神论。

修山修向修方,看与修主卧房利否(利者,即是东四宅、西四宅生命合宅法),如与卧房不利,又欲急修,则宜避宅别居,俟完工入新宅可也。

论修方

修方,先定中宫,于中宫下罗经,格定所修之方属何字,先查此字何年可修，次查何月可修，然后择吉日与方生合则吉。

方之必不可修者，本年戊己方也，岁破方也，太岁到方而带戊己打头火也，金神也，月家则大月建、小儿煞也，此皆必不可犯者也。至月家丙丁火及飞宫之打头火、天地官符次之，有制可修。

修方亦有分别，不问正向横向，但在后不作住房，而止作书室、下房者，只论修方，而开山立向之吉凶不必论也。若在后欲作住房，则必以开山立向为主，而兼修方论，须山向利，方向亦利，巧可修也。此论甚确，盖虽修方而欲作正室，则是其宅以所修之屋为主房，故即同开山论。今大修方不论后面是住屋、闲屋，一概论方不论山向，大失古人之旨。

修中宫论

四围有屋则中间之屋，皆名中宫。太岁在向及戊己三煞占山占向，则中宫终年不吉，不可修。月家大月建、小儿煞、打头火占中宫，亦不可修也。又，凡修中宫，忌戊己日，盖中宫属土，又用戊己日，则助兴土煞，不可。

钦天监乾隆六年奏请

旨删除无稽术家立成，异名神煞，编集《辨伪》一本，逐条誊出，四民便识，以崇正论。

辨　伪

术士好奇而嗜利，伪言繁兴，此以为吉，彼以为凶，自汉褚少孙补《史记》已言之，况又经六代唐宋元明以来，其谬说又不知凡几。二十四向而神煞盈千，六十甲子而术家盈百，以前民利用之具，而或惑世诬民之书，不可不辨也。

顾流传民间者,遍地而异,耳目虽周,即所睹闻亦难尽驳,卷中辨论者,夫亦举一隅云尔。

计开奉旨鉴定不用神煞,名目列左。

男女合婚大利月、诸家銮驾星曜、巡山二十四神煞、驿马、临官、刀砧、火血、逆血刃、九良星、暗刀煞、支退、流财、神煞同位异名、斗首五行、尊星、帝星、神在日、上吉、七圣、伏断、密日、裁衣日、四不祥、上兀下兀、红沙、章光、五合、五离、的呼日、六道、殃煞出去方、满德、吉庆、冰消瓦解、灭门大祸日、杨公忌、天狗日、五符择时、九仙时、大岁名、地母经、太岁压本命。

以上诸名目,在官已不用,在民亦宜除之。本朝先皇帝皇后忌辰日期,奉禁鼓乐。

官民通用三十七事宜忌条目列左。

祭祀、上表章、上官、入学、冠带、结婚姻、会亲友、嫁娶、进人口、出行、移徙、安床、沐浴、剃头、疗病、裁衣、修造动土、竖柱上梁、经络、开肆店、立券、交易、纳财、修置产室、伐木、开渠沟穿井、安碓硙、扫舍宇、平治道涂、破屋坏垣、求嗣、捕捉、栽种、牧养、破土、安葬、启攒。

《大清会典》内载。